深度學習－使用 TensorFlow 2.x

莊啓宏　編著

全華圖書股份有限公司

序 Preface

近年來人工智慧 (Artificial Intelligence) 一詞已經是最熱門的搜尋詞彙之一，其原因除了 DeepMind 旗下的 AlphaGo 在 2016 年大戰贏了圍棋冠軍李世乭之外，更多的原因是有不少的人工智慧的技術應用在我們日常生活當中 (例如：停車場的自動車牌辨識、自駕車的發展、無人超商的設置等)，而這些技術的日漸成熟也慢慢地改變人類的生活，並且讓人們逐漸了解什麼是人工智慧。

而在人工智慧的研究中，深度學習是發展最快速的領域之一，其主要的原因是因為深度學習技術可以模擬人類大腦的神經網路運作。由於過去的硬體設備運算不夠快速，因此無法架出非常複雜的神經網路，但近年來於圖形處理器 (簡稱 GPU) 的興起改善電腦的運算速度，以至於各式各樣的神經網路一一出現，例如深度神經網路 (Deep Neural Network, DNN)、卷積神經網路 (Convolutional Neural Networks, CNN)、循環神經網路 (Recurrent neural network, RNN) 等，而這些神經網路也被應用在我們常用的一些應用產品，例如文字辨識、語音辨識、垃圾郵件過濾、翻譯等。

當我們知道深度學習這個技術的重要性之後，便有許多人開始準備進入深度學習的世界，筆者本人也是因為深度學習神奇的技術而踏入此研究領域多年，在一開始學習的時候除了有 Python 的程式基礎外，對於什麼是神經網路一竅不通，雖然當時網路世界已經非常發達，查詢資料相當容易，但由於網路資料寫的資訊並不統一，很難分辨資訊的對錯，因此對於當時的學習是一大困難。此外，即使世面上有許多相關書籍，仍因各書籍編輯的難度深淺不一，導致當時對於是初學者的筆者在學習的時候，往往因為看不懂書籍內容，而花費許多時間進行更進一步的查詢。

有鑑於此，筆者希望能夠撰寫一本能夠帶領想進入深度學習領域的人，能夠很容易看懂的書籍，並且希望可以藉由此書籍讓讀者了解必須知道的相關神經網路知識，讓讀者可以很快速且容易的搭上深度學習的列車。

本書特色：

1. 由淺入深的神經網路介紹：

　　本書在講解神經網路的順序是從最基本的深度神經網路架構開始敘述，接下來由淺入深的介紹各種卷積神經網路，並利用 Python 語法完成各種網路模型的架設。

2. 使用最新的 Tensorflow 2.x 框架版本：

　　本書使用 Tensorflow 2.x 框架來演練多種的神經網路模型，並在一開始利用簡短的程式範例讓讀者容易了解網路模型。

3. 配合常見的訓練資料庫訓練：

　　在本書中使用常見的資料庫作為訓練對象，讓網路訓練的過程中更加接近日常生活範例。

4. 圖表分析：

　　在書中使用大量的 2D、3D 的圖表分析，讓使用者可以更清楚的知道網路訓練情況。

5. 提供大量的網路論文模型與名稱：

　　由於本書中所介紹的網路模型大多來自於頂尖的會議論文，除了在書中會有詳細的模型解說外，並也提供相對的論文名稱可以讓讀者更深入的研讀學習。

　　本人希望本書的出版可以讓更多想進入深度學習領域的人得到更快的捷徑，但由於本人才疏學淺，因此有疏漏謬誤之處再請各位先進不吝加以指正。

莊啟宏　謹誌

編輯部序 Preface

　　「系統編輯」是我們的編輯方針，我們所提供給您的，絕不只是一本書，而是關於這門學問的所有知識，他們由淺入深，循序漸進。

　　深度學習是人工智慧 (AI) 中發展最快速的領域之一，其主要的原因是因為深度學習技術模擬了人類大腦的神經網路運作。近年來由於圖形處理器（GPU）的興起改善了電腦的運算速度，因此各式各樣的神經網路一一出現，而這些神經網路也被應用在我們常用的一些應用產品，例如文字辨識、語音辨識、垃圾郵件過濾、翻譯等。書中先講述 AI 概論、Tensorflow 的安裝、張量的基礎應用到進階應用，讓讀者能夠先掌握 Tensorflow，接著經由 Tensorflow 來講述深度學習的各種實作項目，如類神經網路、神經網路的優化與調教、卷積神經網路及循環神經網路，藉此能夠將 Tensorflow 活用，並且對深度學習有更進一步的認識。本書適合大學、科大資工、電機、電子系「深度學習」課程使用。

　　同時，為了使您能有系統且循序漸進研習相關方面的叢書，我們以流程圖方式，列出各有關圖書的閱讀順序，以減少您研習此門學問的探索時間，並能對這門學問有完整的知識。若您在這方面有任何問題，歡迎來函聯繫，我們將竭誠為您服務。

相關叢書介紹

書號：0599001
書名：人工智慧：智慧型系統導論
　　　（第三版）
編譯：李聯旺.廖珗洲.謝政勳
20K/560 頁/590 元

書號：06457007
書名：機器學習入門－R 語言
　　　（附範例光碟）
編譯：徐偉智.社團法人台灣數位
　　　經濟發展學會
16K/320 頁/420 元

書號：06487
書名：強化學習導論
編著：邱偉育
16K/232 頁/400 元

書號：06148017
書名：人工智慧－現代方法(第三版)
　　　（附部份內容光碟）
編譯：歐崇明.時文中.陳 龍
16K/720 頁/800 元

書號：06442007
書名：深度學習－從入門到實戰
　　　（使用 MATLAB)(附範例光碟)
編著：郭至恩
16K/400 頁/460 元

書號：0523972
書名：模糊理論及其應用(精裝本)
　　　（第三版）
編著：李允中.王小璠.蘇木春
20K/568 頁/600 元

書號：06453
書名：深度學習－硬體設計
編著：劉峻誠.羅明健
16K/264 頁/750 元

◎上列書價若有變動，請以
最新定價為準。

流程圖

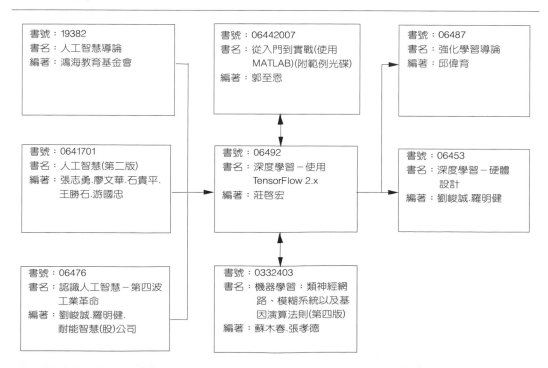

書號：19382
書名：人工智慧導論
編著：鴻海教育基金會

書號：06442007
書名：從入門到實戰(使用
　　　MATLAB)(附範例光碟)
編著：郭至恩

書號：06487
書名：強化學習導論
編著：邱偉育

書號：0641701
書名：人工智慧(第二版)
編著：張志勇.廖文華.石貴平.
　　　王勝石.游國忠

書號：06492
書名：深度學習－使用
　　　TensorFlow 2.x
編著：莊啓宏

書號：06453
書名：深度學習－硬體
　　　設計
編著：劉峻誠.羅明健

書號：06476
書名：認識人工智慧－第四波
　　　工業革命
編著：劉峻誠.羅明健.
　　　耐能智慧(股)公司

書號：0332403
書名：機器學習：類神經網
　　　路、模糊系統以及基
　　　因演算法則(第四版)
編著：蘇木春.張孝德

目錄 Contents

Chapter 1 / 人工智慧概論

1-1　人工智慧的興起 1-1

1-2　機器學習 (Machine Learning , ML) 概述 1-5

1-3　深度學習 (Deep Learning , DL) 概述 1-9

1-4　人工智慧應用領域 1-11

Chapter 2 / TensorFlow 環境安裝與介紹

2-1　TensorFlow 介紹 2-1

2-2　Keras 簡介 2-4

2-3　開發環境安裝 2-6

Chapter 3 / 常用工具介紹

3-1　NumPy 介紹 3-1

3-2　Matplotlib 介紹 3-28

3-3　Pandas 介紹 3-52

Chapter 4 / 張量的基礎與進階應用

4-1　張量 (tensor) 介紹 4-1

4-2　數據類型介紹 4-2

4-3　張量的各種運算 4-18

4-4　張量的其它操作 4-42

Chapter 5 / 類神經網路

5-1 類神經網路 (Neural Network , NN) 簡介 5-1

5-2 激勵函數 (Activation Function) 介紹 5-4

5-3 神經網路 (多層感知機 Multilayer perceptron , MLP).. 5-10

5-4 網路參數的優化 5-24

5-5 神經網路訓練實例 (MNIST 手寫數字辨識)................. 5-31

5-6 使用 Keras 模組實現神經網路訓練

(Fashion MNIST 識別) 5-40

5-7 網路的保存與載入 5-74

Chapter 6 / 神經網路的優化與調校

6-1 過擬合 (overfitting) 與欠擬合 (underfitting) 問題 6-1

6-2 數據集劃分 6-6

6-3 提前停止 (Early stopping) 6-10

6-4 設定模型層數 6-13

6-5 使用 Dropout 6-18

6-6 使用正則化 (regularization) 6-25

6-7 數據增強 (Data Augmentation) 6-28

Chapter 7 / 卷積神經網路

7-1 淺談卷積神經 (Convolutional Neural Network) 網路 7-1

7-2   卷積層 (Convolution Layer) 7-6

7-3   池化層 (Pooling Layer) 7-24

7-4   Flatten(展平) 層與 Dense(全連接) 層 7-30

7-5   卷積神經網路實作 (LeNet-5 實作)............................... 7-33

7-6   常見卷積神經網路 (一)—AlexNet 網路...................... 7-40

7-7   常見卷積神經網路 (二)—VGG 網路 7-49

7-8   常見卷積神經網路 (三)—GoogLeNet 網路 7-62

7-9   常見卷積神經網路 (四)—ResNet 網路 7-82

7-10   常見卷積神經網路 (五)—DenseNet 網路 7-97

Chapter **8** / 循環神經網路

8-1   淺談循環神經網路 8-1

8-2   循環神經網路 (Recurrent Neural Network) 8-2

8-3   循環神經網路 (RNN) 的梯度消失與爆炸 8-36

8-4   長短期記憶 (Long Short-Term Memory，LSTM) 8-44

8-5   門控循環單元 (Gate Recurrent Unit，GRU) 8-65

參考文獻

習題

程式範例 **QRcode**

x

Chapter 1
人工智慧概論

1-1 人工智慧的興起

　　人工智慧 (Artificial Intelligence, AI) 發展至今已有 70 年時間，在 1940 年，便有不少領域 (數學、心理學、工程學……) 的科學家探討製造人工大腦的可能性，而美國神經科學家沃倫·麥卡洛克 (Warren McCulloch) 與數學家沃爾特·皮茨 (Walter Pitts) 提出的數學模型，其論文「神經活動中內在思想的邏輯演算」，被視為人工智慧最基礎的概念。1940 年代末，由加拿大神經心理學家赫布 (Hebbian) 提出：當兩細胞如果總是被激活，那其中必有某種關聯，其關聯度與同時激活的概念成正比關係。這概念被稱為「赫布理論」。不過，即便在 1940 年就提出人工智慧的相關概念，但直到 1950 年代，人工智慧才算正式起步。

　　在 1950 年代，一位美國的大四學生 Marvin Minsky 建造了第一台神經網路計算機，在 1955 年，與主要發起人麥卡錫 (John McCarthy)、Nathaniel Rochester 和 Claude Shannon 共建達特茅斯會議，並於隔年招開研討會，「人工智慧」一詞在該會議首次被提出，人工智慧就此誕生，1956 年又被稱為「人工智慧元年」。

　　人工智慧的發展並沒有想像的順利，自 1956 年發展至今，共經歷 3 次發展及 2 次的寒冬時期：

一、第一次發展－ 1956 年～ 1974 年

自 1956 年達特茅斯會議後的十多年，大發明時代來臨，人工智慧的研究在機器學習、模型識別、問題解決、專家系統及人工智慧語言……等方面都贏得許多成就。

當時的研究方式是讓電腦了解「人類的思考邏輯」，且當時的電腦是藉由數理邏輯建立，因此在 1960 年代的人工智慧，主要以「True」和「False」這種二分法方式來理解，當時的人工智慧多應用在代數題與數學證明等數理問題上。而 1960 年代末，國際人工智慧聯合會議 (IJCAI) 成立，該會議成立讓「人工智慧」這個學科受到世界的肯定，而 1970 年創立的國際人工智慧雜誌，也積極推崇人工智慧的發展。

二、第一次的寒冬－ 1974 年～ 1980 年

雖然人工智慧在發展初期有非常多的科學家研究，衍生出不少相關成品，在應用上，與其說人工智慧，倒不如像是台「更快速的計算機」。此外，人類的邏輯思考本身就是非常複雜的「變數」，甚至可以說人類的邏輯思考是「毫無邏輯」的變數，只要突然多一個變數，該機器就可能無法運作。另外，當時也有不少人擔心被人工智慧完全取代，甚至侵略人類社會。

1960 年代後的人工智慧發展相當緩慢，即便有許多專業人士支持，但進展速度還是緩慢到接近停滯不前。在預期與投資成反比的情況下，有人提出《語言與機器：翻譯和語言學中的計算機》和《人工智慧普查報告》兩個報告表示不應該再向人工智慧這個無底洞砸錢。此外，又有人提出「莫拉維克悖論」，更讓人工智慧的發展在 1974 年陷入「第一次的寒冬」。

不過，即便在這樣的狀況下，仍有人在持續研究，而機器學習、信息數學等新詞也慢慢地湧現。

三、第二次發展－ 1980 年～ 1987 年

隨著電腦普及，人工智慧的發展也漸漸回春，並隨著「專家系統」的開發，開啓第二次人工智慧發展熱潮。

　　第一套專家系統「DENDRAL」由費根堡 (Edward Feigenbaum) 研發，和以往人工智慧的判斷方式不同，利用統計與機率表現事情的發生狀況，從原始的二分法增加為量化概念，而「類神經網路」與「淺層深度學習」等新名詞也被提出，所以費根堡又被稱為「專家系統之父」。

　　自 1980 年起，專家系統的 AI 程序漸漸被全世界的公司使用，值得一提的是卡內基梅隆大學為數字設備公司 DEC 設計一套 XCON 專家系統，讓 DEC 每年省下數千萬美金的成本，由此可知，一套優秀的專家系統獲得的利潤是非常可觀。

　　實際上，專家系統並沒有想像中美好。一套優秀的專家系統，需要投入大量的時間與財力，且需要一位對該領域非常熟悉的專家來告訴機器該如何做事，此外，專家系統運作時，如果發生預期外的事件，將有可能造成系統無法運作。同時，假設需要額外的一個專家系統，儘管這套系統與之前系統的功能很類似，還是要重新設計一套，無法直接沿用舊有的系統。

　　所以，專家系統雖然有很便利的成效，但需要的時間過長，成本過高，且需長時間維護，在當時，電腦已漸漸普及化，比起特別訓練一台機器讓人詢問，直接尋找需要的資料更輕鬆。基於機會成本，這種投資無法準確大於成效的系統，讓投資人工智慧的金主們漸漸退出，更讓人工智慧在 1987 年進入第二次的寒冬。

四、第二次的寒冬－ 1987 年～ 1993 年

　　這樣看下來會發現，人工智慧發展到現在，兩次進入寒冬的主因都是「投資報酬率過低」引起的，面對失去金援協助的人工智慧，研究與開發都會緩慢下來甚至停擺。而脫離寒冬的方法只有一個，就是找更好的方法來製作人工智慧的相關機器，因此在 1990 年後，「機器學習」和「深度學習」開啟第三次人工智慧的發展。

五、第三次發展－ 1993 年～現在

　　1990 年代，誕生聊天機器人與深藍超級電腦，前者為人工智能與機器人和人機界面結合，產生具有情感和情緒的智能代理，情緒／情感計算得以迅速發展；後者由 IBM 開發，於 1997 年擊敗世界象棋冠軍卡斯帕洛夫 (Garry Kasparov)，此消息不僅震驚人類，也讓研究人員了解到人工智慧的發展性。

以下為第三次人工智慧興起時所發生的重要事件：

1993 年	聊天機器人與深藍超級電腦問世。
1997 年	IBM 的計算機系統 Deep Blue 擊敗世界象棋冠軍卡斯帕洛夫 (Garry Kasparov)。
2006 年	機器學習大師 Geoffrey Hinton 提出多層神經網路的深度學習算法。
2010 年	Sebastian Thrun 的 Google 無人駕駛車曝光，創下超過 16 萬公里無事故紀錄。
2011 年	IBM 公司計算機 Waston 參加智力遊戲《危險邊緣》，打敗兩名總冠軍肯 - 詹寧斯和布拉德 - 魯特爾。
2011 年	Apple Siri 問世。
2012 年	Google 發布個人助理 Google Now 並在 Google I/O 中亮相。
2013 年	Facebook 創始人 Mark Zuckerberg 參加的神經信息處理系統 (NIPS) 技術會議，讓人工智慧從學術研究走向商業領域。
2016 年	人工智慧程序「AlphaGo」擊敗韓國圍棋棋手李世乭。
2017 年	人工智慧程序「AlphaGo」在中國烏鎮圍棋峰會，以 3 比 0 戰勝世界排名第一的圍棋柯潔。

藉由機器學習，開發者將需要訓練的資料給電腦，讓電腦自己學習所需要的知識，不再是開發者教電腦。由於是電腦自行學習，因此不受時間的訓練，也不再受限於先前的限制；另外，藉由圖像處理器進行深度學習，讓人工智慧的能力逐漸超越人類，像 2015 年 10 月由 AlphaGO 對戰職業圍棋手，以 0：5 的戰績擊敗職業圍棋手，都是人工智慧進步的象徵。

現代的人工智慧雖然沒辦法與人的思考完全切合，但已經可以取代許多人力工作，應用在機器視覺、自然語言處理、專家系統等發展，可見未來會有更多工作逐漸被人工智慧取代，而我們現在正處這波浪潮，這波浪潮不像先前緩慢地進行，而是如火如荼的追趕社會，甚至可以說正在改變世界。

1-2　機器學習 (Machine Learning ,ML) 概述

　　機器學習，直白的解釋就是讓機器自己學習，將資料交給機器，讓機器自己了解知識的內容。但機器並不會平白無故地學習，我們還是要先教機器「如何學習」。

　　機器學習會透過演算法將收集到的資料進行分類或預測模型訓練，在未來得到新資料時，可以透過訓練的模型進行預測，如果這些效能評估可以利用過往資料來提升，這也是與專家系統不同的地方，可以大大減少維修的問題。

一、機器學習的種類

　　目前機器學習的方式主要分為監督式學習 (Suprevised Learning)、非監督式學習 (Unsupervised Learning) 及強化式學習 (Reinforcement Learning) 三種，如圖 1-1 所示。

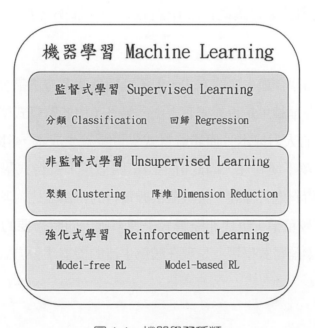

圖 1-1　機器學習種類

1. 監督式學習

將標籤或架構提供給資料集，資料扮演老師的角色並「訓練機器」，提高預測或角色的準確度。常見的監督學習演算法包括『迴歸分析 (Regression Analysis)』和『統計分類 (Classification)』。

2. 非監督式學習

不將任何標籤或架構提供給資料集，透過將資料分組至叢集來尋找模式和關聯。

3. 增強式學習

機器為了達成目標，隨著環境的變動，逐步調整其行為，並評估每一個行動所得到的回饋是正向或負向，若回饋後的變化是離目標更接近，這時就會給予正向反饋 (Positive Reward)；若離目標更遠，則給予負向反饋 (Negative Reward)，這樣主要是讓電腦知道學習這一步到底好不好。

以上幾種為機器學習最主要的方式，但不論哪種學習方法都會進行誤差分析，從而知道所提的方法在理論上是否誤差有上限。另外，由於監督式學習需要提前標籤或架構，會花費較高的人力成本，而非監督式學習雖減少成本，但結果每次都不太一樣，使用上會有很多不便利性，因此衍生出第四種「半監督式學習」。半監督式學習僅針對少部分的資料進行標註，讓機器根據資料的特徵並比對其他資料進行分類，這樣可以在預測時較精準，也比非監督式學習準確，同時需要的人力成本也比監督式學習少，因此「半監督式學習」是現在較為主流的機器學習方式。

二、機器學習的運作方式

機器學習的運作方式，如圖 1-2 所示。

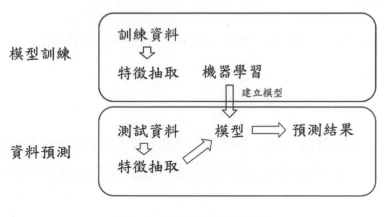

圖 1-2　機器學習運作方式

1. **收集並準備資料**

   收集要用於辨識的資料，並標註能判斷的『特徵』以利機器分類。

2. **訓練模型**

   將收集好的資料分成『訓練組』與『測試組』，由訓練組訓練模型以提高正確率。

3. **驗證模型**

   訓練組訓練好最終資料模型時，由測試組來評估最終結果與精確度。

4. **解釋結果**

   檢視結果並得出結論與預測結果。

三、機器學習的用途

機器學習的用途如下：

1. 預測價值

迴歸演算法的研究能協助預測未來，可以預測一些新產品的銷售狀況，以利產品日後修改。

2. 識別不尋常事件

找出預期外的資料，像汽車的維修保養，藉由機器學習了解汽車構造，在保養時可以辨識出故障或有危險性的故障，能防範於未然。

3. 尋找結構

演算法叢集化會在資料集中展現基礎結構。叢集化常用於市場區隔，能將常見項目分類，提供協助選取價格和推測客戶偏好的見解。

4. 預測類別

分類演算法能協助判斷資訊的正確類別。分類和叢集化相似，相異之處在於其會應用於監督式學習，會指派預先定義的標籤。

現階段的機器學習已被廣泛利用到各行各業，像是資料探勘、電腦視覺、自然語言處理、生物特徵辨識、搜尋引擎、醫學診斷、檢測信用卡欺詐、證券市場分析、DNA 序列定序、語音和手寫辨識、戰略遊戲和機器人等領域，但仍不是最完美的型態。目前的機器無法像人類思考，且在處理資料時，藉由機器學習可以去除不需要和多餘的資料，但並不是全部，還是有需要人工處理的部分。

1-3　深度學習 (Deep Learning ,DL) 概述

「機器學習技術，就是讓機器可以自我學習的技術。」實際上機器是如何學習的呢？機器學習是讓機器根據訓練資料，自動找出有用的模型函數 (Model Function)。這種機器學習會稱為「深度」，是因為包含許多層神經網路，及大量複雜且離散的數據。

深度學習 (Deep Learning ,DL) 是機器學習的一種方法，原理是使用類神經網路，組成多層具深度的神經網路堆疊，而類神經網路是一種大致模擬人類頭腦運作模式的演算法，將接收到的資訊輸入到類神經網路，該網路再將這些資料藉由分類、分群和轉譯等方式作為模型識別使用。

一、深度學習的神經網路結構

目前主流作法有 CNN(Convolutional Neural Network)、RNN(Recurrent Neural Network) 和 GAN(Generative Adversarial Network) 等。

1. CNN- 卷機神經網路

善於處理空間上連續的資料，例如影像辨識 (本書第 7 章會仔細說明)。

2. RNN- 循環神經網路

適合處理有時間序列、語意結構的資料，例如分析 ptt 電影版的文章是好評或負評 (本書第 8 章會仔細說明)。

3. GAN 生成式對抗網路

此網路架構是在 2014 年，由 Ian Goodfellow 所提出的一個「非監督式學習」的網路架構。GAN 主要是由兩個網路構成，分別為判別網路 (Discriminating Network) 及生成網路 (Generative Network)，透過兩者相互對抗而產生更好的生成結果。例如可以利用網路產生仿真的人臉、將圖形轉換畫風風格等。

二、深度學習的運作方式

深度學習的概念主要是仿造人的學習方式，其運作方式分為兩階段：

1. 類神經網路模型訓練 -training (如圖 1-3)

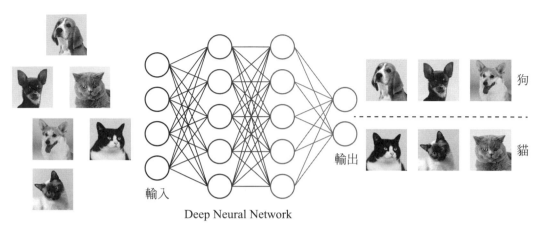

圖 1-3　類神經網路模型訓練

2. 模型推論階段 -inference

在機器學習中通常會準備「訓練資料」與「測試資料」，深度學習需要大量的訓練資料，以提供電腦在訓練階段可以大量訓練，提高辨識的準確性；最後會有一個最終模型版本，會需要一開始準備的「測試資料」來進行評估準確性和效率，也就是「模型推論階段」。

深度學習可以協助分類和分群的動作，前者能透過輸入樣本間的相似度，將無任何標記的資料群組化，有標記的資料則可以成為訓練樣本，並在經過訓練後可以針對未標記的樣本進行類別辨識；後者是經常被使用到的「分類工作」，所有的分類任務皆須仰賴已完成類別標示的資料集，就是人類先標記好資料夾分類及標註號資料，讓機器去分類，也稱作「監督式學習」。

深度學習方式相較於之前的專家系統的學習方式，開發者不需要具備過多專業領域知識，機器也不會像填鴨式教育不斷接收資訊，卻不清楚資訊是有用還是沒用，這也是讓深度學習崛起的原因之一。

　　深度學習雖然不需要具備過多專業領域的知識，但該領域準備的資料仍需要非常龐大，並且我們無法得知需要多少資料才能訓練好，解決的問題越複雜，準備的資料就越多，而且有些問題的答案可能會產生多種不一樣的解答，因為彼此差異非常小，所以得製作更多的資料集讓機器可以區分這些問題的答案。

　　資料的準備決定深度學習的內容，如果是簡單的問題可能只需要標註較少的資料就可以完成，但大多數的問題都需要極龐大的資料，以人工方式標註反而會發生更費時的問題，因此對於資料的準備，通常會人機交互運作，藉此減少資料準備時間。不過，如果機器尚未學習就開始分類，通常會有極高的錯誤率，因此需要逐漸增加數量，才不會造成大量錯誤，這樣和純人工標註幾乎沒兩樣。

 # 1-4　人工智慧應用領域

　　在 21 世紀的今天，AI 人工智慧的應用已漸漸散布各行各業，例如智慧醫療、智慧交通、智慧金融、手機 AI 助理等，以下整理一些目前人工智慧常見的應用：

1. 自動駕駛汽車

　　長久以來，自動駕駛汽車一直是 AI 行業的熱門應用，最讓人耳熟的應該就是特斯拉的自駕車技術，在特斯拉的自駕車中，AI 技術實現電腦視覺與影像分析等項目，讓此車能夠自動檢測前方是否有物體並在無人操縱的情況下行駛汽車。雖然目前還是有問題要解決，但將 AI 技術應用在自駕車上是目前各汽車大廠未來的目標。

2. 遊戲產業

在遊戲產業中，人工智慧已成為不可或缺的一部分，例如 Deepmind 創造的 AlphaGo 擊敗兩位頂尖圍棋高手李世乭和柯潔，因此 AI 在遊戲領域顯得十分成功。在擊敗李世乭後不久，DeepMind 又創造出 AlphaGo Zero，它是 AlphaGo 兄弟版本，並在訓練 72 小時後，AlphaGo Zero 就能打敗戰勝李世乭的 AlphaGo。不同於最初的 AlphaGo，AlphaGo Zero 是無監督學習的產物，而它的雙胞胎兄弟 Master 則用了監督學習的方法。

3. 市場行銷

一個成功行銷的關鍵因素在於了解客戶需求及知道客戶心中在想什麼。在還未利用 AI 技術前，如果要找尋一樣商品，可是不知道產品的確實名稱，這種情況下在網路上搜尋產品是非常困難的，因為不知如何描述它，但是現在在網路上任何電商平台搜尋商品時，即使不知道產品正確名稱，也可以輕鬆的找到類似的商品。例如 YouTube、Facebook 等平台。有時在某些電商平台找尋商品後，我們登陸 YouTube、Facebook 這些平台會出現類似的商品供我們點選，這代表他們運用 AI 演算法的預測相關技術，收集用戶之前的瀏覽與操作，並檢查數百萬條記錄，分類客戶可能喜歡的商品類型，接下來便不斷顯示相關產品或服務的廣告。過去如果要達到這種精確的行銷便要透過對客戶不斷的調查、問卷分析來進行，現在只要將大數據資料庫提供給 AI 分析並進而行銷，不但節省人力且省時，其精準度更是人類難以匹敵的。

除了上述的領域外，還有不少領域也用到 AI 的相關技術。AI 的重點在於它數據分析的方法和能力。如果能好好利用 AI 的相關技術並協助人類，為世界做出貢獻，那 AI 將是非常有價值的商業資產。

Chapter 2
TensorFlow
環境安裝與介紹

 2-1 TensorFlow 簡介

　　TensorFlow 一開始由 Google Brain Team 團隊開發。原本是一個內部的機器學習工具。在 2015 年 11 月宣布開源,並遵守 Apache 2.0 開源協議,為現今重要深度學習框架之一,支援各式不同的深度學習演算法,並應用於各大企業服務,例如:Google、Youtube、Airbnb、Paypal 等。此外,TensorFlow 也支援各式不同的裝置運行深度學習,例如:TensorFlow Lite 、TensorFlow.js 等。

　　TensorFlow 為目前最受歡迎的機器學習、深度學習的學習工具之一。命名為 TensorFlow,主要是因為其輸入與輸出資料型態都是一種稱為『張量 (Tensor)』的資料結構 (如程式範例 ch02_1)。

程式範例	ch02_1

```python
import tensorflow as tf
# 利用 tf 創造張量 w
w = tf.Variable([3.],dtype= tf.float32)
# 利用 tf 創造張量 x
x = tf.Variable([2.],dtype= tf.float32)
# 利用 tf 創造張量 b
b = tf.Variable([5.],dtype= tf.float32)
# o = sigmoid(w*x+b)

print(w*x+b)
o = tf.sigmoid(w*x+b)
print(o)
```

程式輸出

```
tf.Tensor([11.], shape=(1,), dtype=float32)
tf.Tensor([0.9999833], shape=(1,), dtype=float32)
```

　　建立機器學習或深度學習模型時，所用的演算法與數值運算操作過程會被繪製成稱爲計算圖 (Computational Graphs) 的圖形 (如圖 2-1)，是一種低階運算描述的圖形，建立的資料張量就是在圖路徑上流動 (Flow)，最後得到結果，因此 Tensor + Flow 加起來就是 TensorFlow。

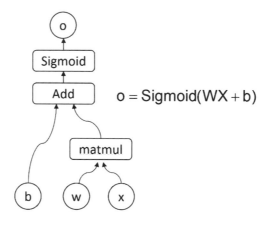

圖 2-1　程式範例 ch02_1 Sigmoid(wx+b) 的計算圖

　　在程式範例 ch02_1，利用 tf.Variable() 函數創造張量 w、x 與 b，並計算 $w \cdot x + b$ 的值帶入 Sigmoid 函數，再把結果印出，發現得到的結果仍是張量結構。

　　TensorFlow 會受歡迎，第一是 TensorFlow 能夠直接應用在不同硬體設備上，不論是使用 CPU 或 GPU 都能夠共用，且可以在很多作業軟體 (Linux、Mac OS X、Windows、Android、iOS) 執行；第二是 TensorFlow 的 API 具有不同級別的複雜度，既可讓初級使用者直接呼叫已完成的類別物件完成網路運算，也可以讓研究人員創造更複雜的網路模型。從 TensorFlow 2.0 Alpha 版開始，系統針對不同等級開發者設定兩種版本開發模式：

1. **初學者開發模式**

   使用 Keras Sequential API，是最簡單的 TensorFlow 2.x 入門開發模式。(詳見第 5 章)

2. **研究人員開發模式**

   可讓開發人員直接撰寫指令執行正向傳遞，並使用 GradientTape 計算梯度，自訂優化器 (Optimizer) 和損失函數 (losses) 等。(詳見第 5 章)

以下訂出 TensorFlow 2.x 的層次結構 (如圖 2-2)：

圖 2-2　TensorFlow 架構圖

1. **高階 API**

   包含 tf,keras.models。

2. **中間 API**

   包含 tf.keras.layers、tf.keras.optimizers、tf.keras.losses、tf.data.Dataset……等。

3. **低階 API**

   包含 tf.Variable、tf.constant、tf.GradientTape、tf.function……等。

4. Kernel 層

Kernel 層採用 C++ 實現，效率高、可跨平台、可在多種作業系統上運行，內部支援 200 多種以上標準操作，例如矩陣計算、數學運算、控制資料流等，運算子在不同硬件設備的運行和實現，負責執行具體運算。TF 使用 cuDNN 庫，更高效的 Kernel 實現。

5. 硬體層

通過多 CPU 和 GPU 或其他設備使得 Kernel 層資料能夠並行執行。

2-2 Keras 簡介

　　Keras 由 Google AI 開發人員 FrançoisChollet 創建開發，是一款用 Python 編寫成的開源神經網路庫，可運行在 Theano 或 TensorFlow 上。作者同時是 Google 的工程師曾說過：Keras 被認爲是一個包裝層，而不是獨立的機器學習框架，它可以讓用戶運用提供的工具輕鬆開發深度學習模型。Keras 提供一致而簡潔的 API，能大大減少使用者設計神經網路的工作量。由於 Keras 不處理低階計算，它使用其他庫來執行，稱爲「後端」(如圖 2-3)。

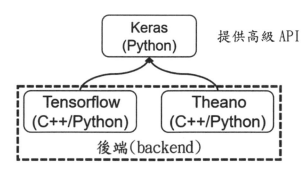

圖 2-3　Keras 與其他框架後端關係圖

從圖 2-3 看到 Keras 可以選擇 TensorFlow、Theano 作為 Keras 的後端 (當然還有其他後端可以選擇)。只要後端遵守某些規則，在 Keras 寫的程式碼就不需更改。因此，可以把 Keras 看作一組用來簡化深度學習操作的封裝 (abstraction)，可根據需要的項目選擇不同的後端，因為每個後端都有自己的優勢。

一、Keras 的歷史

為訓練自定義神經網路，Keras 需要一個後端，Keras 在 v1.1.0 之前，後端默認都是 Theano。但 2015 年 11 月 9 日，Google 發布 TensorFlow 是用於機器學習和神經網路訓練的開源函式庫，Keras 開始支持 TensorFlow 作為後端。漸漸地，TensorFlow 成為最受歡迎的後端，也使得 TensorFlow 從 Keras v1.1.0 發行版成為 Keras 的默認後端。tf.keras 正是在 TensorFlow v1.10.0 中引入，也是將 Keras 直接整合到 TensorFlow 內部的第一步。

Google 在 2019 年 6 月釋出 TensorFlow 2.0，宣布 Keras 成為 TensorFlow 的官方高階 API。在 Keras 2.3.0 版本 (multi-backend Keras) 釋出時，François 表示此版本 API 與 TensorFlow 2.0 的 tf.keras API 同步 (這是 Keras 第一個與 tf.keras 同步的版本)，也是 Keras 支援 Theano 等多個後端的最終版本。

開發團隊表示 2020 年 4 月前會繼續維護 multi-backend Keras，且未來 TensorFlow 內的 tf.keras 將取代 Keras，因此建議用戶將其程式碼轉換成 TensorFlow 2.0 和 tf.keras，這也意味二者密不可分的關係。

大多數用戶發現使用 Keras 構建深度神經網路較容易，因為它將來自後端之一的多行代碼包裝成幾行。但特別注意的是 Keras 本來產生的目的就是與神經網路一起使用。因此，在 Keras 中開發其他機器學習算法，例如支持向量機 (support vector machine)、回歸分析 (Regression Analysis) 等，就不如其他機器學習庫方便，例如 Scikit-learn。

二、Keras 的優點

以下總結 Keras 的優點：

1. 專門為設計人員提供易懂的 API，讓 Keras 易於使用。
2. 被工業界與學術界廣泛採用。
3. 可以輕鬆地利用第三方軟體將模型轉化成產品。
4. Keras 支持多個後端引擎，不會只鎖定一個系統框架中。
5. Keras 擁有強大的多 GPU 分散訓練模式支援。

2-3 開發環境安裝

2-3-1　安裝 Anaconda

在開發深度學習專案時，會遇到各項 Package 版本不同的問題，例如 Python 版本不同、TensorFlow 版本不同等，為了讓多個版本的軟體可以同時安裝在同一部電腦上而不互相影響，必須建立多個虛擬環境 (virtual environment)，而安裝 Anaconda 的特點是可同時建立多個全新的虛擬環境，安裝所需的各項軟體。

STEP 1 下載 Anaconda：https://www.anaconda.com/products/individual，如圖 2-4。

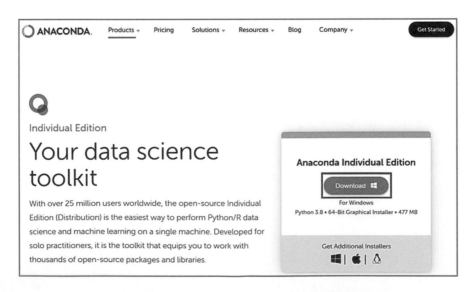

圖 2-4　Anaconda 安裝軟體下載介面

STEP 2 打開安裝程式，按「Next」閱讀許可協議後按「I Agree」，如圖 2-5 及圖 2-6。

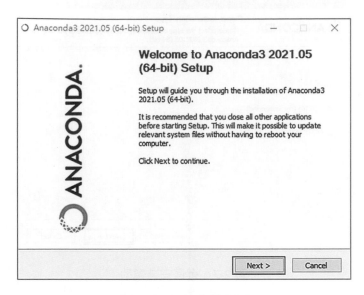

圖 2-5 初始安裝介面

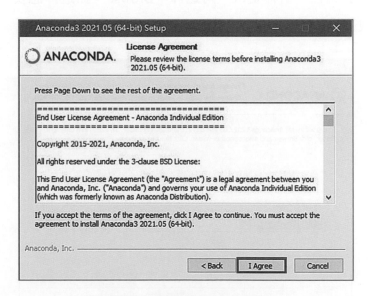

圖 2-6 軟體安裝許可協議

STEP 3 選擇欲安裝對象，建議依預設選擇「Just Me」，如圖 2-7。

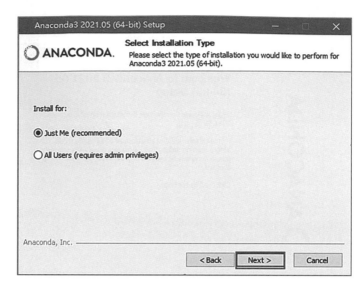

圖 2-7　選擇安裝類型

STEP 4 確認安裝路徑，若需更改，可選擇"Browse"並選擇想安裝的路徑，若沒有變更直接按「Next」，如圖 2-8。

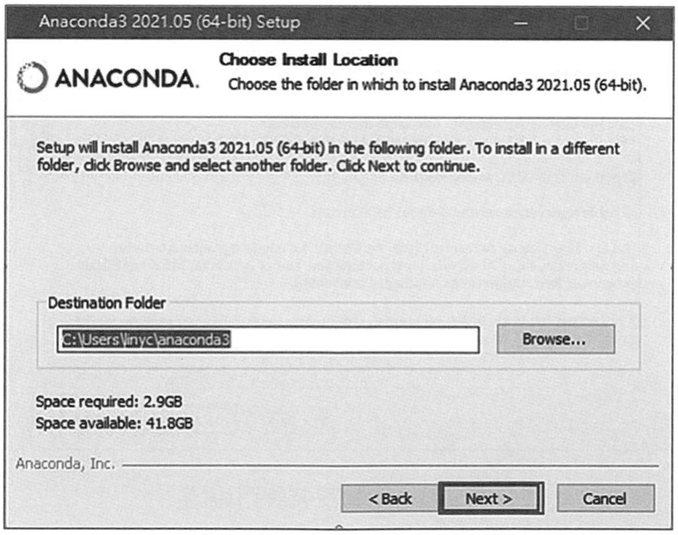

圖 2-8　選擇安裝路徑

STEP 5 第一個選項是為了方便後續不需要更改環境變數,如今 Anaconda 已將
Python 整個包在一起,且將第二個選項勾選由 Anaconda 來帶動 Python,所
以官方不建議勾選第一個選項,因此直接按「Install」等待安裝完成,如圖
2-9 及圖 2-10。

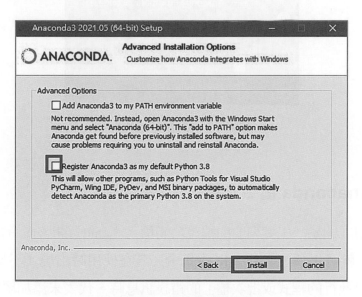

圖 2-9　高級安裝選項

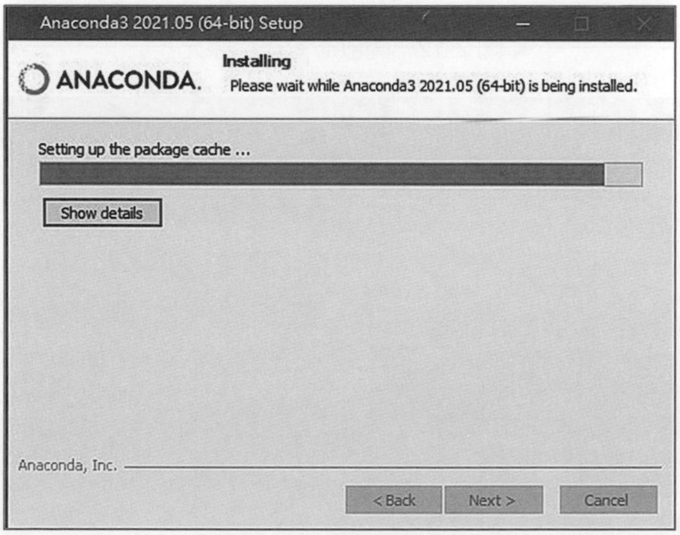

圖 2-10　等待軟體安裝過程

STEP 6 按下「Finish」可於開始功能表找到 Anaconda，軟體安裝完成，如圖 2-11。

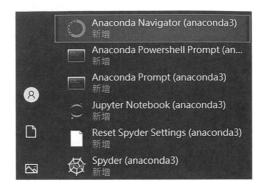

圖 2-11　軟體執行捷徑

2-3-2　Anaconda 指令介紹

STEP 1 可利用「開始→工具列」的搜尋功能輸入『cmd』開啟命令提示字元，如圖 2-12，就可以練習如圖 2-13 之指令。若在使用時出現「不是內部或外部命令、可執行的程式或批次檔」的錯誤訊息時，代表未添加環境變數。

圖 2-12　開啟命令提示字元

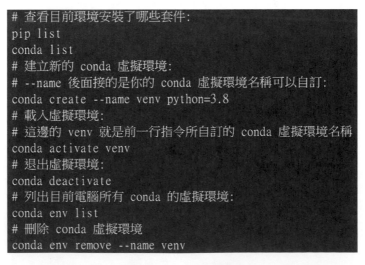

圖 2-13　指令練習

STEP 2 利用功能列的搜尋輸入『環境變數』，如圖 2-14。

圖 2-14 環境變數設定

STEP 3 找到系統變數的 Path，按下「編輯」，新增剛安裝的 Anaconda 目錄，如圖 2-15。

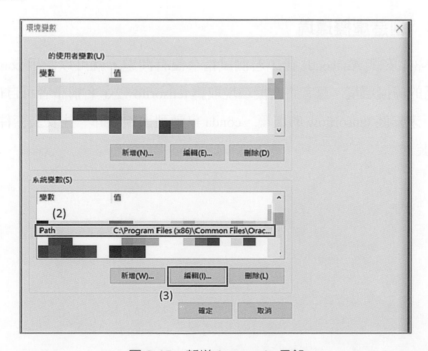

圖 2-15 新增 Anaconda 目錄

STEP 4　建議連同 Anaconda 目錄底下的 Scripts、bin、Library\bin 一併加進環境變數，完成後一路按「確定」，並重新開啟命令提示字元就可使用指令，如圖 2-16。

圖 2-16　完成環境變數編輯

● 2-3-3　創造虛擬環境

經過 2-3-1 安裝 Anaconda 後，若測試指令沒有問題，就可以使用 conda 指令來創建一個新的虛擬環境。筆者將虛擬環境取為 tensorflow2x(名稱讀者可自行決定)，來作為接下來安裝 tensorflow 的環境，conda 自動列出預設的一些安裝套件輸入 y 按下 enter 安裝。

STEP 1 在命令提示符裡輸入『conda create -n tensorflow2x python=3.8』，建立一個虛擬環境，名為 tensorflow2x，並安裝相關套件，如圖 2-17。此命令的意思是建立一個名稱為 tensorflow2x 的虛擬環境，並指定 python 版本為 3.8(conda 會自動找 3.8 中最新版本下載)。

```
The following NEW packages will be INSTALLED:

  ca-certificates    pkgs/main/win-64::ca-certificates-2021.10.26-haa95532_2
  certifi            pkgs/main/win-64::certifi-2021.10.8-py38haa95532_0
  openssl            pkgs/main/win-64::openssl-1.1.11-h2bbff1b_0
  pip                pkgs/main/win-64::pip-21.0.1-py38haa95532_0
  python             pkgs/main/win-64::python-3.8.12-h6244533_0
  setuptools         pkgs/main/win-64::setuptools-58.0.4-py38haa95532_0
  sqlite             pkgs/main/win-64::sqlite-3.36.0-h2bbff1b_0
  vc                 pkgs/main/win-64::vc-14.2-h21ff451_1
  vs2015_runtime     pkgs/main/win-64::vs2015_runtime-14.27.29016-h5e58377_2
  wheel              pkgs/main/noarch::wheel-0.37.0-pyhd3eb1b0_1
  wincertstore       pkgs/main/win-64::wincertstore-0.2-py38haa95532_2

Proceed ([y]/n)? 創造這個環境所需要的包是否要安裝？按下 y
```

圖 2-17 建立虛擬環境及安裝套件

安裝成功會出現一個視窗，如圖 2-18 所示，接下來便開始激活此環境。

```
done
#
# To activate this environment, use
#
#     $ conda activate Tensorflow2x
#
# To deactivate an active environment, use
#
#     $ conda deactivate

(base) C:\Users\JackyChuang>
```

圖 2-18 套件完成後結果視窗

STEP 2 接下來要進入 tensorflow2x 環境中，安裝 Tensorflow，使用如圖 2-19 之指令，進入 tensorflow2x 環境。(其中 Jacky Chuang 為目前使用者帳戶名稱)

```
(base) C:\Users\JackyChuang>conda activate tensorflow2x
```

圖 2-19 進入 tensorflow2x 環境

注意在載入環境後，資料夾位置前會有剛設定的環境名稱 (tensorflow2)，以利使用時檢查目前環境，如圖 2-20。

```
(tensorflow2x) C:\Users\JackyChuang>
```

圖 2-20　載入環境及名稱顯示

STEP 3　安裝 Tensorflow 這個步驟最重要的是到以下網站 (務必切換英文版取得最新版本資訊) 查詢目前 CPU 或 GPU 所對應的各版本編號，一定要確定各軟體安裝是否正確，否則安裝完成也有可能無法使用，如圖 2-21。(查詢網址：https://www.tensorflow.org/install/source_windows)

CPU

Version	Python version	Compiler	Build tools
tensorflow-2.5.0	3.6-3.9	MSVC 2019	Bazel 3.7.2
tensorflow-2.4.0	3.6-3.8	MSVC 2019	Bazel 3.1.0
tensorflow-2.3.0	3.5-3.8	MSVC 2019	Bazel 3.1.0
tensorflow-2.2.0	3.5-3.8	MSVC 2019	Bazel 2.0.0
tensorflow-2.1.0	3.5-3.7	MSVC 2019	Bazel 0.27.1-0.29.1
tensorflow-2.0.0	3.5-3.7	MSVC 2017	Bazel 0.26.1
tensorflow-1.15.0	3.5-3.7	MSVC 2017	Bazel 0.26.1
tensorflow-1.14.0	3.5-3.7	MSVC 2017	Bazel 0.24.1-0.25.2
tensorflow-1.13.0	3.5-3.7	MSVC 2015 update 3	Bazel 0.19.0-0.21.0
tensorflow-1.12.0	3.5-3.6	MSVC 2015 update 3	Bazel 0.15.0
tensorflow-1.11.0	3.5-3.6	MSVC 2015 update 3	Bazel 0.15.0
tensorflow-1.10.0	3.5-3.6	MSVC 2015 update 3	Cmake v3.6.3
tensorflow-1.9.0	3.5-3.6	MSVC 2015 update 3	Cmake v3.6.3
tensorflow-1.8.0	3.5-3.6	MSVC 2015 update 3	Cmake v3.6.3
tensorflow-1.7.0	3.5-3.6	MSVC 2015 update 3	Cmake v3.6.3
tensorflow-1.6.0	3.5-3.6	MSVC 2015 update 3	Cmake v3.6.3

GPU

Version	Python version	Compiler	Build tools	cuDNN	CUDA
tensorflow_gpu-2.5.0	3.6-3.9	MSVC 2019	Bazel 3.7.2	8.1	11.2
tensorflow_gpu-2.4.0	3.6-3.8	MSVC 2019	Bazel 3.1.0	8.0	11.0
tensorflow_gpu-2.3.0	3.5-3.8	MSVC 2019	Bazel 3.1.0	7.6	10.1
tensorflow_gpu-2.2.0	3.5-3.8	MSVC 2019	Bazel 2.0.0	7.6	10.1
tensorflow_gpu-2.1.0	3.5-3.7	MSVC 2019	Bazel 0.27.1-0.29.1	7.6	10.1
tensorflow_gpu-2.0.0	3.5-3.7	MSVC 2017	Bazel 0.26.1	7.4	10
tensorflow_gpu-1.15.0	3.5-3.7	MSVC 2017	Bazel 0.26.1	7.4	10
tensorflow_gpu-1.14.0	3.5-3.7	MSVC 2017	Bazel 0.24.1-0.25.2	7.4	10
tensorflow_gpu-1.13.0	3.5-3.7	MSVC 2015 update 3	Bazel 0.19.0-0.21.0	7.4	10
tensorflow_gpu-1.12.0	3.5-3.6	MSVC 2015 update 3	Bazel 0.15.0	7.2	9.0
tensorflow_gpu-1.11.0	3.5-3.6	MSVC 2015 update 3	Bazel 0.15.0	7	9
tensorflow_gpu-1.10.0	3.5-3.6	MSVC 2015 update 3	Cmake v3.6.3	7	9
tensorflow_gpu-1.9.0	3.5-3.6	MSVC 2015 update 3	Cmake v3.6.3	7	9
tensorflow_gpu-1.8.0	3.5-3.6	MSVC 2015 update 3	Cmake v3.6.3	7	9
tensorflow_gpu-1.7.0	3.5-3.6	MSVC 2015 update 3	Cmake v3.6.3	7	9

圖 2-21　Tensorflow 版本編號查詢 (CPU 及 GPU)

可以看到 CPU 版本最新的穩定版 Tensorflow 是 2.5.0，不指定版本時，就會安裝此版，2.5.0 所對應的 Python 版本為 3.6-3.9，以 Anaconda 前面安裝的 3.8 版作為 Python 版本，使用 Anaconda 預設版本可確保穩定性較高，較新的版本可能會有預期外的錯誤。在命令列下輸入『pip install tensorflow == 2.5』，如圖 2-22。

```
(tensorflow2x) C:\Users\JackyChuang>pip install tensorflow==2.5
```

圖 2-22　安裝 Tensorflow 2.5.0 (CPU) 版本

STEP 4 CUDA Toolkit 和 cuDNN 的安裝，從 STEP5 可以看到 GPU 版會多兩個欄位，一個是 CUDA，是 Nvidia 用 GPU 來運作平行運算所開發出的一套框架，另一個 cuDNN 是 Nvidia 針對神經網路加速的套件。安裝的 Tensorflow 是 2.5.0 所對應的 CUDA=11.2 和 cuDNN=8.2，對應版本必須嚴格按照 Tensorflow 官方網站說明的版本進行安裝。

安裝前要先確保電腦有 GPU 的驅動程式，大部分電腦在出廠時都已安裝，但仍可能有版本過舊，這時可直接到 Nvidia 官網下載對應型號，若不知道自己電腦 GPU 驅動版本，可在命令提示字元中輸入如圖 2-23 之指令，查詢型號。

```
nvidia-smi.exe
```

```
(base) C:\Users\JackyChuang>nvidia-smi
Sun Nov  7 01:18:11 2021          驅動版本型號          CUDA Driver API 的型號
+-----------------------------------------------------------------------------+
| NVIDIA-SMI 496.49       Driver Version: 496.49       CUDA Version: 11.5     |
|-------------------------------+----------------------+----------------------+
| GPU  Name            TCC/WDDM | Bus-Id        Disp.A | Volatile Uncorr. ECC |
| Fan  Temp  Perf  Pwr:Usage/Cap|         Memory-Usage | GPU-Util  Compute M. |
|                               |                      |               MIG M. |
|===============================+======================+======================|
|   0  NVIDIA GeForce ... WDDM  | 00000000:01:00.0  On |                  N/A |
|  0%   47C    P8    25W / 350W |   1880MiB / 24576MiB |      1%      Default |
|                               |                      |                  N/A |
+-------------------------------+----------------------+----------------------+

+-----------------------------------------------------------------------------+
| Processes:                                                                  |
|  GPU   GI   CI        PID   Type   Process name                  GPU Memory |
|        ID   ID                                                   Usage      |
|=============================================================================|
|    0   N/A  N/A      1624    C+G   ...e\Current\LogiOverlay.exe    N/A      |
|    0   N/A  N/A      2588    C+G   ...root\Office16\WINWORD.EXE    N/A      |
|    0   N/A  N/A      3556    C+G   ...oot\Office16\POWERPNT.EXE    N/A      |
|    0   N/A  N/A      4620    C+G   ...perience\NVIDIA Share.exe    N/A      |
|    0   N/A  N/A      9556    C+G   ...nputApp\TextInputHost.exe    N/A      |
|    0   N/A  N/A     10648    C+G   ...t\Teams\current\Teams.exe    N/A      |
|    0   N/A  N/A     14484    C+G   Insufficient Permissions        N/A      |
|    0   N/A  N/A     20116    C+G   ...5n1h2txyewy\SearchApp.exe    N/A      |
|    0   N/A  N/A     20736    C+G   ...ge\Application\msedge.exe    N/A      |
|    0   N/A  N/A     21396    C+G   ...me\Application\chrome.exe    N/A      |
|    0   N/A  N/A     23156    C+G   C:\Windows\explorer.exe         N/A      |
|    0   N/A  N/A     32944    C+G   ...artMenuExperienceHost.exe    N/A      |
+-----------------------------------------------------------------------------+
```

圖 2-23 查詢 GPU 驅動版本型號

STEP 5 安裝前，可輸入指令『conda search cudatoolkit』和『conda search cudnn』
搜尋 conda 能支援的版本號，如圖 2-24。

```
(tensorflow2x) C:\Users\JackyChuang>conda search cudatoolkit
Loading channels: done
# Name                    Version           Build  Channel
cudatoolkit                   8.0               4  pkgs/main
cudatoolkit                   9.0               1  pkgs/main
cudatoolkit                   9.2               0  pkgs/main
cudatoolkit                10.0.130              0  pkgs/main
cudatoolkit                10.1.168              0  pkgs/main
cudatoolkit                10.1.243       h74a9793_0  pkgs/main
cudatoolkit                 10.2.89       h74a9793_0  pkgs/main
cudatoolkit                 10.2.89       h74a9793_1  pkgs/main
cudatoolkit                11.0.221       h74a9793_0  pkgs/main
cudatoolkit                  11.3.1       h59b6b97_2  pkgs/main

(tensorflow2x) C:\Users\JackyChuang>conda search cudnn
Loading channels: done
# Name                    Version           Build  Channel
cudnn                         7.1.4        cuda8.0_0  pkgs/main
cudnn                         7.1.4        cuda9.0_0  pkgs/main
cudnn                         7.3.1       cuda10.0_0  pkgs/main
cudnn                         7.3.1        cuda9.0_0  pkgs/main
cudnn                         7.6.0       cuda10.0_0  pkgs/main
cudnn                         7.6.0       cuda10.1_0  pkgs/main
cudnn                         7.6.0        cuda9.0_0  pkgs/main
cudnn                         7.6.4       cuda10.0_0  pkgs/main
cudnn                         7.6.4       cuda10.1_0  pkgs/main
cudnn                         7.6.4        cuda9.0_0  pkgs/main
cudnn                         7.6.5       cuda10.0_0  pkgs/main
cudnn                         7.6.5       cuda10.1_0  pkgs/main
cudnn                         7.6.5       cuda10.2_0  pkgs/main
cudnn                         7.6.5        cuda9.0_0  pkgs/main
cudnn                         7.6.5        cuda9.2_0  pkgs/main
cudnn                         8.2.1       cuda11.3_0  pkgs/main
```

圖 2-24　搜尋 conda 支援的版本號

讀者也可以到 Nvidia 官網下載前一節安裝版本所需的 CUDA11.2 和 cuDNN8.1，一定要確定版本對應無誤，避免造成後續錯誤。讀者可以到下列網站進行對應的版本下載。

(1)　對應的 CUDA Toolkit 下載，如圖 2-25 及圖 2-26。

（下載網址：https://developer.nvidia.com/cuda-toolkit-archive）

```
Download Latest CUDA Toolkit
Latest Release
CUDA Toolkit 11.5.0 (October 2021), Versioned Online Documentation

Archived Releases
CUDA Toolkit 11.4.3 (November 2021), Versioned Online Documentation
CUDA Toolkit 11.4.2 (September 2021), Versioned Online Documentation
CUDA Toolkit 11.4.1 (August 2021), Versioned Online Documentation
CUDA Toolkit 11.4.0 (June 2021), Versioned Online Documentation
CUDA Toolkit 11.3.1 (May 2021), Versioned Online Documentation
CUDA Toolkit 11.3.0 (April 2021), Versioned Online Documentation
CUDA Toolkit 11.2.2 (March 2021), Versioned Online Documentation
CUDA Toolkit 11.2.1 (Feb 2021), Versioned Online Documentation
CUDA Toolkit 11.2.0 (Dec 2020), Versioned Online Documentation
CUDA Toolkit 11.1.1 (Oct 2020), Versioned Online Documentation
CUDA Toolkit 11.1.0 (Sept 2020), Versioned Online Documentation
CUDA Toolkit 11.0 Update1 (Aug 2020), Versioned Online Documentation
CUDA Toolkit 11.0 (May 2020), Versioned Online Documentation
```

圖 2-25　選擇對應版本的 CUDA Toolkit

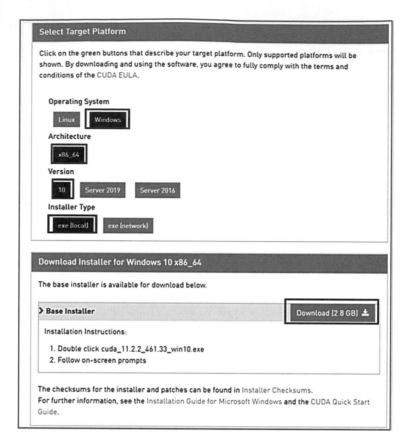

圖 2-26 根據作業系統下載 CUDA Toolkit

(2) 對應的 cuDNN 下載，如圖 2-27 及圖 2-28。

（下載網址：https://developer.nvidia.com/rdp/cudnn-archive）

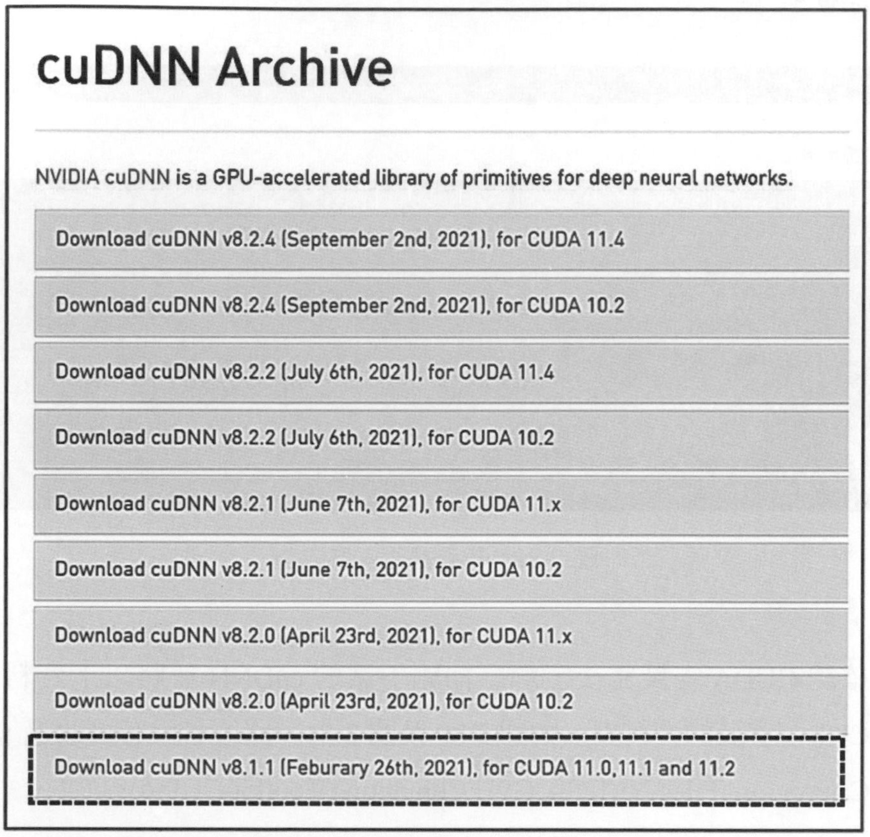

cuDNN Archive

NVIDIA cuDNN is a GPU-accelerated library of primitives for deep neural networks.

Download cuDNN v8.2.4 (September 2nd, 2021), for CUDA 11.4

Download cuDNN v8.2.4 (September 2nd, 2021), for CUDA 10.2

Download cuDNN v8.2.2 (July 6th, 2021), for CUDA 11.4

Download cuDNN v8.2.2 (July 6th, 2021), for CUDA 10.2

Download cuDNN v8.2.1 (June 7th, 2021), for CUDA 11.x

Download cuDNN v8.2.1 (June 7th, 2021), for CUDA 10.2

Download cuDNN v8.2.0 (April 23rd, 2021), for CUDA 11.x

Download cuDNN v8.2.0 (April 23rd, 2021), for CUDA 10.2

Download cuDNN v8.1.1 (Feburary 26th, 2021), for CUDA 11.0,11.1 and 11.2

圖 2-27　選擇對應版本的 cuDNN Archive

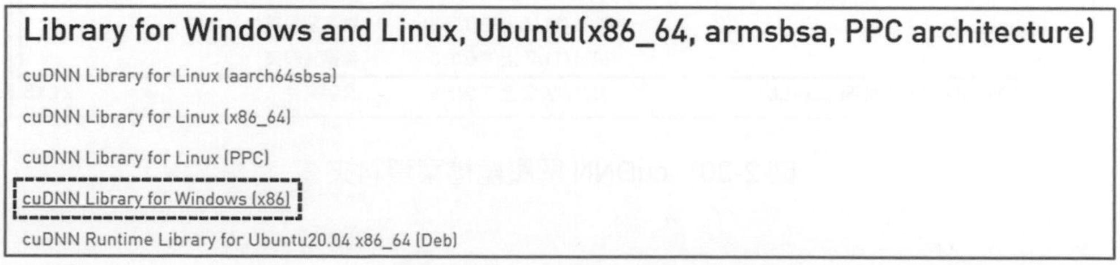

Library for Windows and Linux, Ubuntu(x86_64, armsbsa, PPC architecture)

cuDNN Library for Linux (aarch64sbsa)

cuDNN Library for Linux (x86_64)

cuDNN Library for Linux (PPC)

cuDNN Library for Windows (x86)

cuDNN Runtime Library for Ubuntu20.04 x86_64 (Deb)

圖 2-28　根據作業系統下載 cuDNN Archive

STEP 6 下載結束後，CUDA 安裝過程基本上一路按下一步即可安裝完成。安裝完成可以輸入以下指令檢查 cuda 安裝是否成功並為對應安裝版本，如圖 2-29。

圖 2-29　檢查是否安裝成功

STEP 7 確認 CUDA 安裝完後，解壓縮剛下載的 cuDNN 並將以下資料夾複製到 CUDA 安裝的資料夾，如圖 2-30 及圖 2-31。路經若沒有更改過，通常為：
C:\Program Files\NVIDIA GPU Computing Toolkit\CUDA\v11.2

名稱	修改日期	類型	大小
bin	2021/11/7 上午 07:58	檔案資料夾	
include	2021/11/7 上午 07:58	檔案資料夾	
lib	2021/11/7 上午 07:58	檔案資料夾	
NVIDIA_SLA_cuDNN_Support.txt	2021/2/22 上午 01:15	文字文件	21 KB

圖 2-30　cuDNN 解壓縮檔案資料夾

名稱	修改日期	類型	大小
bin	2021/11/7 上午 02:22	檔案資料夾	
compute-sanitizer	2021/11/7 上午 02:22	檔案資料夾	
extras	2021/11/7 上午 02:22	檔案資料夾	
include	2021/11/7 上午 02:22	檔案資料夾	
lib	2021/11/7 上午 02:22	檔案資料夾	
libnvvp	2021/11/7 上午 02:22	檔案資料夾	
nvml	2021/11/7 上午 02:22	檔案資料夾	
nvvm	2021/11/7 上午 02:22	檔案資料夾	
nvvm-prev	2021/11/7 上午 02:22	檔案資料夾	
src	2021/11/7 上午 02:22	檔案資料夾	
tools	2021/11/7 上午 02:22	檔案資料夾	
CUDA_Toolkit_Release_Notes.txt	2021/2/24 下午 09:40	文字文件	26 KB
DOCS	2021/2/24 下午 09:40	檔案	1 KB
EULA.txt	2021/2/24 下午 09:40	文字文件	62 KB
README	2021/2/24 下午 09:40	檔案	1 KB
version.json	2021/2/27 上午 04:38	JSON File	3 KB

圖 2-31 CUDA 安裝資料夾

STEP 8 最後檢查是否已在環境變數加入，如圖 2-32。

圖 2-32 檢查環境變數是否成功加入

STEP 9 安裝完後，編寫一個簡單的程式驗證安裝。在終端機下輸入『conda activate tensorflow2x』，進入之前建立安裝有 TensorFlow 的 Conda 虛擬環境，再輸入『python』進入 Python 環境，逐行輸入如圖 2-33 之程式碼，並逐項驗證。

圖 2-33　檢查環境變數是否成功加入

2-3-4 安裝 Visual Studio

STEP 1 安裝 Visual Studio 是因為 CUDA 中部分工具需執行在 Visual Studio 之上，以支援更多 CUDA 套件。(下載網址：https://visualstudio.microsoft.com/zh-hant/) 可以看到 Visual Studio 已有 2022 的預覽版，但可回到 2-3-3 之圖 2-21 查詢 Compiler 欄位對應版本為 MSVC2019，所以仍以 Tensorflow 官網文檔為主，如圖 2-34。

圖 2-34 Visual Studio 安裝軟體下載介面

<u>STEP 2</u>　勾選使用 C++ 的桌面開發，再按下安裝，過程需一段時間，且安裝完程式
　　　　 會要求重新啟動，如圖 2-35。

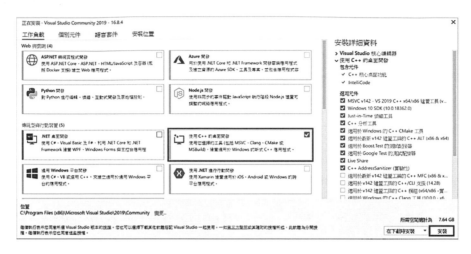

圖 2-35　選擇「使用 C++ 的桌面開發」進行安裝

<u>STEP 3</u>　選完，點擊安裝，正式安裝過程需要等待一會時間，如圖 2-36。

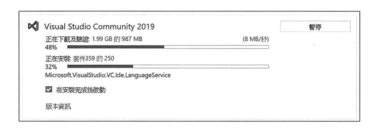

圖 2-36　Visual Studio 安裝過程

2-3-5　PyCharm 安裝

　　PyCharm 是 JetBrains 開發的強大整合式開發環境 (IDE)，PyCharm 分兩版本，分
別為 Professional 版和 Community 版，對初學者最大不同是 Profession 版可以直接在
IDE 上撰寫 jupyter notebook。

STEP 1 安裝 Community 版，如圖 2-37 及圖 2-38。詳細差異可以參考 JetBrains 的
網站說明。(查詢網站：https://www.jetbrains.com/products/compare/?product
=pycharm&product=pycharm-ce)

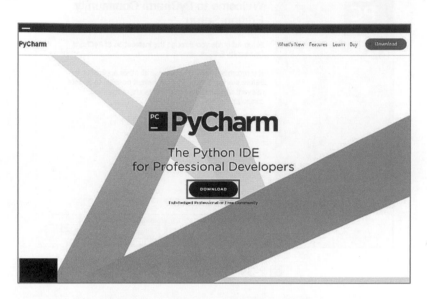

圖 2-37　PyCharm 安裝軟體下載介面

圖 2-38　選擇 Community 進行下載

STEP 2　開啟安裝檔，一路按下一步，如圖 2-39 及圖 2-40。

圖 2-39　初始安裝介面

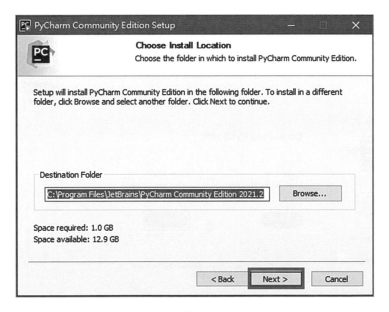

圖 2-40　選擇安裝路徑

STEP 3 建議勾選 Create Associations、Update PATH Variable，其他選項依個人需要
勾選。接著繼續按下一步，如圖 2-41 ～圖 2-44。

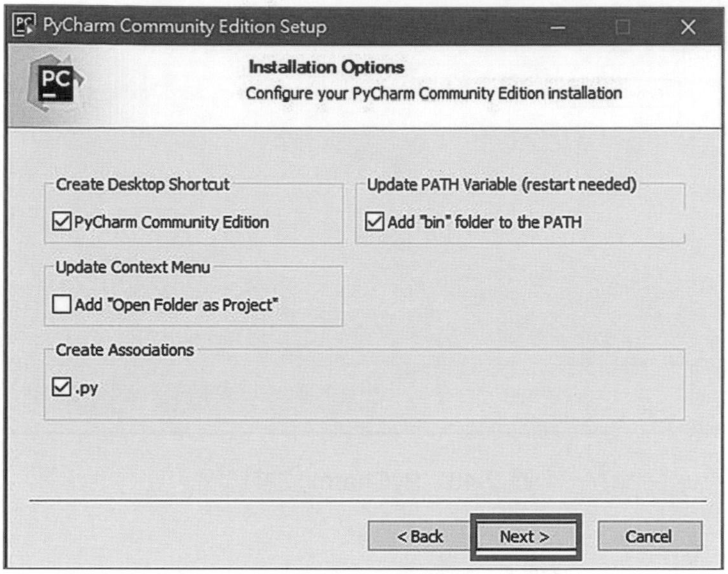

圖 2-41　安裝選項

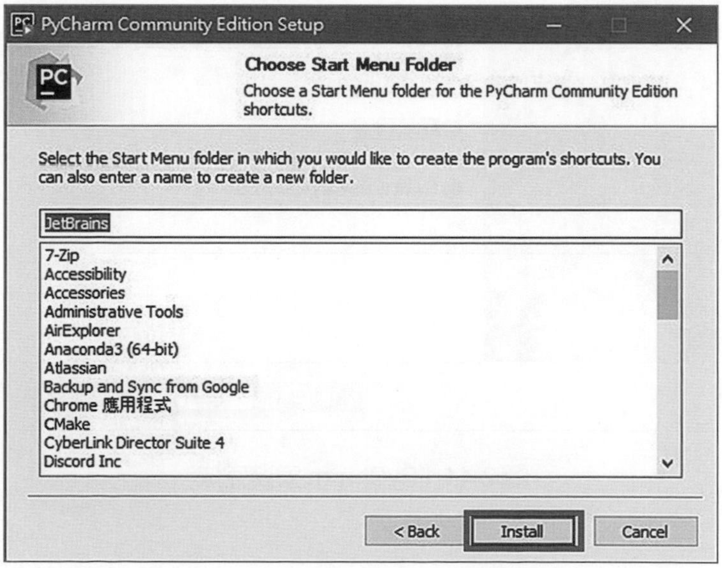

圖 2-42　選擇「開始」功能表資料夾

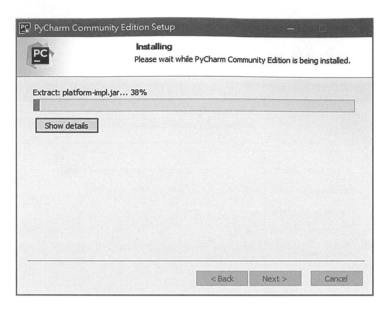

圖 2-43　PyCharm 安裝過程

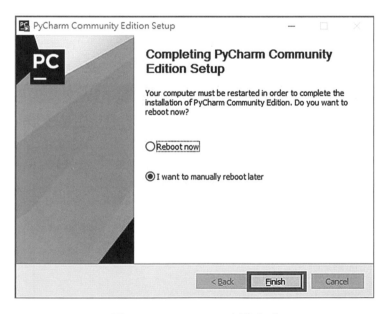

圖 2-44　PyCharm 安裝完成

STEP 4 安裝後打開 PyCharm，閱讀用戶合約後勾選並按下 Continue 等待開啓按下 New Project，如圖 2-45 及圖 2-46。

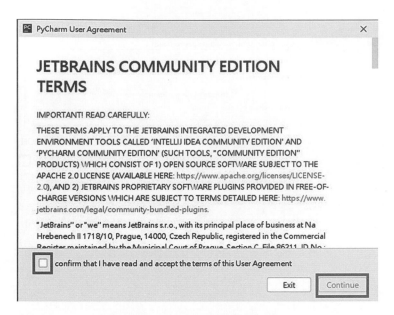

圖 2-45　軟體使用用戶合約

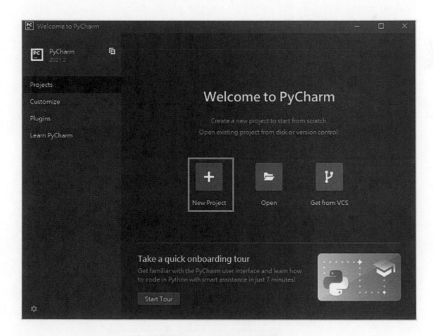

圖 2-46　開啟新專案

STEP 5 選擇專案路徑，點選 Previously configured interpreter 選擇前面建好的
Anaconda 虛擬環境，如圖 2-47。

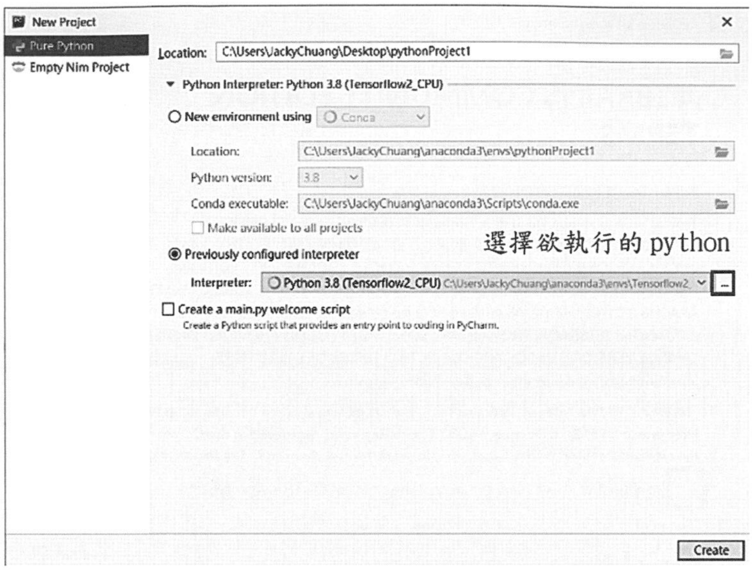

圖 2-47　新專案環境設定

STEP 6 在 Interpreter 選擇虛擬環境資料夾底下的 python.exe，如圖 2-48。

C:\Users\$user\anaconda3\envs\tensorflow2x\python.exe

圖 2-48　選擇 Python 直譯器

STEP 7 設定專案路徑，如圖 2-49。

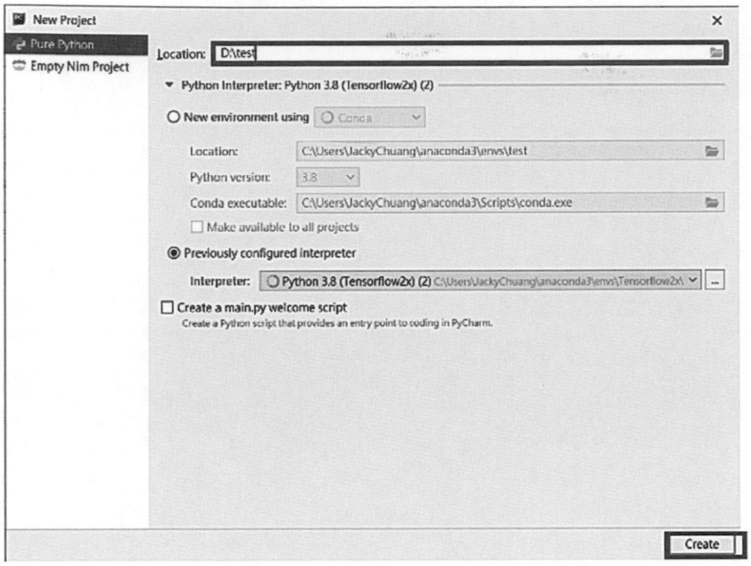

圖 2-49　設定專案路徑

STEP 8 創造一個新的 Python 檔測試。

```python
import tensorflow as tf

print(tf.__version__)
print('GPU',tf.test.is_gpu_available())
a = tf.constant(2.0)
b = tf.constant(2.0)
print(a+b)
```

程式輸出

```
tf.Tensor(4.0, shape=(), dtype=float32)
```

若讀者執行結果沒有錯誤，就代表環境安裝完成。

Chapter **3**
常用工具介紹

3-1　NumPy 介紹

NumPy (Numerical Python) 是提供 Python 於科學計算的重要套件，主要用於陣列 / 矩陣計算，最早由 Travis Oliphant 於 2005 年創建，以 Numeric (Numpy 的前身) 結合 Numarray 為基礎，並加入其他擴充功能發展而來。NumPy 執行效率非常好，例如 Python 中，雖有 list 的資料型態存放資料，但處理速度很慢，而 Numpy 處理陣列的速度為 Python 的 50 倍。此外，Numpy 還具備以下特性：

1. 強大的多維類別類型。

2. 內建大量科學 / 數學計算的實作函數 (線性代數、指數與對數、三角函數等)。

3. 矩陣廣播運算 (Broadcast) 的特性 (在神經網路中很常用到)。

3-1-1　建立 NumPy array (陣列)

NumPy 提供一種相同類型元素的多維數組 (陣列) 型態 (如圖 3-1)，可通過索引值對陣列內部做存取動作。

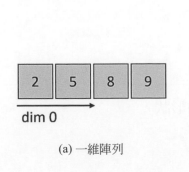

(a) 一維陣列

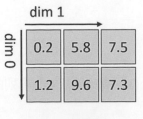

(b) 二維陣列

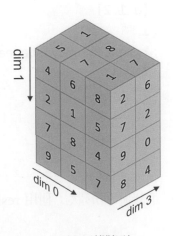

(c) 三維陣列

圖 3-1　陣列空間結構圖

想創造 N-dimensional array，要先引入 numpy 模組，再傳入 list 到 numpy.array() 創建陣列，範例如下：

程式範例 | ch03_1

```
import numpy as np

arr1 = np.array([0,1,2]) # 傳入 tuple 創建一維陣列
print(type(arr1))        # 列出 arr1 類別型態
print(arr1.shape)        # 列出 arr1 陣列大小
print(arr1.ndim)         # 列出 arr1 維度大小
print(arr1)              # 列出 arr1 內容
print(arr1[1])           # 找出arr1索引值為 1 的內容


arr2 = np.array([[0,1,2],
                 [4,5,6]]) # 傳入 tuple 創建二維陣列
print(type(arr2))        # 列出 arr2 類別型態
print(arr2.shape)        # 列出 arr2 陣列大小
print(arr2.ndim)         # 列出 arr2 維度大小
print(arr2)              # 列出 arr2 內容
print(arr2[1][1])        # 找出 arr2索引值為 1 的內容
```

程式輸出

```
<class 'numpy.ndarray'>
(3,)
1
[0 1 2]
1
<class 'numpy.ndarray'>
(2, 3)
2
[[0 1 2]
 [4 5 6]]
5
```

重設陣列形狀：利用 reshape() 函數可以改變陣列的形狀。

程式範例 │ **ch03_2**

```python
import numpy as np

arr1 = np.array([0,1,2,3,4,5,6,7,
                 8,9,10,11,12,13,14,15])
print(arr1.shape)
arr2 = arr1.reshape(2,8)   # 將維度改為 2x8
print(arr2)
print(arr2.shape)
arr3 = arr1.reshape(4,4)   # 將維度改為 4x4
print(arr3)
print(arr3.shape)
```

程式輸出

```
(16,)
[[ 0  1  2  3  4  5  6  7]
 [ 8  9 10 11 12 13 14 15]]
(2, 8)
[[ 0  1  2  3]
 [ 4  5  6  7]
 [ 8  9 10 11]
 [12 13 14 15]]
(4, 4)
```

以下有些內建方式可以建立 NumPy 陣列。

1. numpy.arange() 函數：在半開間隔內 (step) 生成值 [start, stop) 均勻間隔的值 (生成的陣列包含 start，但不包含 stop 值)。

函數原型：

numpy.arange(start, stop, step, dtype)

參數介紹：

(1) start：起始值。

(2) stop：結束值。

(3) step：值與值之間差距。

(4) dtype：返回 ndarray 的數據類型，如果沒有提供，則會使用輸入數據的類型。

程式範例　｜　ch03_3

```python
import numpy as np

x1 = np.arange(5)
print (x1)
print(x1.dtype)
x2 = np.arange(0,5,dtype = np.float32)
print (x2)
print (x2.dtype)
x3 = np.arange(0,10,2,dtype = np.float64)
print (x3)
print (x3.dtype)
```

程式輸出

```
[0 1 2 3 4]
int32
[0. 1. 2. 3. 4.]
float32
[0. 2. 4. 6. 8.]
float64
```

---

2. numpy.linspace() 函數：numpy.linspace() 函數用於創建一維陣列，陣列內部是 [開始，停止] 計算 num 個均勻間隔的樣本數字 (為一個等差數列)。

函數原型：

```
numpy.linspace(start, stop, num=50, endpoint=True, retstep=False, dtype=None)
```

參數介紹：

(1) start：序列的起始值。

(2) stop：序列的終止值，如果 endpoint 為 true，該值包含於數列中。

(3) num：要生成的等步長的樣本數量，默認為 50，必須為非負數。

(4) endpoint：該值為 true 時，則停止最後一個樣本。否則，不包括在內。默認值為 True。

(5) retstep：若為 True 時，生成的數組會顯示間距 (返回 (樣本，步長))，反之不顯示。

(6) dtype：ndarray 的數據類型。

程式範例 | **ch03_4**

```python
import numpy as np

# 從 1-10產生10個值
arr1 = np.linspace(1,10,10)
print(arr1)
# 從 1-10產生5個值
arr2 = np.linspace(1,10,5)
print(arr2)
# 從 1-1產生10個值
arr3 = np.linspace(1,1,10)
print(arr3)
# 從 1-10產生5個值,不包含10
arr4 = np.linspace(1, 10, 5, endpoint = False)
print(arr4)
```

程式輸出

```
[ 1.  2.  3.  4.  5.  6.  7.  8.  9. 10.]
[ 1.    3.25  5.5   7.75 10.  ]
[1. 1. 1. 1. 1. 1. 1. 1. 1. 1.]
[1.  2.8 4.6 6.4 8.2]
```

3. numpy.logspace() 函數：創建一個等比數列。

函數原型：

> numpy.logspace(start, stop, num=50, endpoint=True, base=10.0, dtype=None)

參數介紹：

(1) start：序列的起始值。

(2) stop：序列的終止值為 base** stop，若 endpoint 為 true，該值包含於數列中。

(3) num：要生成的等步長的樣本數量，默認為 50。

(4) endpoint：該值為 true 時，數列中包含 stop 值，反之不包含，默認是 True。

(5) base：對數 log 的底數。

(6) dtype：ndarray 的數據類型。

程式範例 │ ch03_5

```python
import numpy as np
# 默認底數是 10
arr1 = np.logspace(1.0, 2.0,num=10)
print (arr1)
# 底數為 2
arr2 = np.logspace(1,5,num=5,base=3)
print (arr2)
```

程式輸出

```
[ 10.          12.91549665  16.68100537  21.5443469   27.82559402
  35.93813664  46.41588834  59.94842503  77.42636827 100.          ]
[  3.   9.  27.  81. 243.]
```

4. numpy.empty() 函數：numpy.empty 函數用來創建一個指定形狀（shape）、資料類型（dtype）且未初始化的陣列。

函數原型：

```
numpy.empty(shape, dtype = float, order = 'C')
```

參數介紹：

(1) shape：陣列形狀。

(2) dtype：資料類型，可選。

(3) order：有 "C" 和 "F" 兩個選項，分別代表在計算機記憶體中，儲存元素的順序是行優先和列優先。

程式範例 | ch03_6

```python
import numpy as np
# 創建一個兩列三行, 未初始化的函數
x = np.empty([2,3], dtype = int)
print (x)
```

程式輸出

```
[[-591138624       32766 -591134080]
 [      32766     7602287     6488165]]
```

5. numpy.zeros() 函數：創建指定大小的數組，陣列元素初始為 0。

函數原型：

```
numpy.zeros(shape, dtype = float, order = 'C')
```

參數介紹：

(1) shape：陣列形狀。

(2) dtype：資料類型，可選。

(3) order：有 "C" 和 "F" 兩個選項，分別代表在計算機記憶體中，儲存元素的順序是行優先和列優先。

| 程式範例 | ch03_7 |

```
import numpy as np
# 資料型態默認為浮點數
a1 = np.zeros(5)
print(a1)
# 資料型設定為整數
a2 = np.zeros((5,), dtype=np.int)
print(a2)
```

程式輸出

```
[0. 0. 0. 0. 0.]
[0 0 0 0 0]
```

6. numpy.ones() 函數：創建指定形狀的陣列，陣列元素初始為 1。

函數原型：

> numpy.ones(shape, dtype = float, order = 'C')

參數介紹：

(1) shape：陣列形狀。

(2) dtype：資料類型，可選。

(3) order：有 "C" 和 "F" 兩個選項，分別代表在計算機記憶體中，儲存元素的順序是行優先和列優先。

| 程式範例 | ch03_8 |

```
import numpy as np
# 資料型態默認為浮點數
a1 = np.ones(6)
print(a1)
# 資料型設定為整數
a2 = np.ones([3, 2], dtype=int)
print(a2)
```

程式輸出

```
[1. 1. 1. 1. 1. 1.]
[[1 1]
 [1 1]
 [1 1]]
```

● 3-1-2 切片與索引

numpy 的 ndarray 內容可通過索引或切片訪問和修改，操作就像 Python 內建的 list 對象。

使用切片訪問陣列時，先通過內建的 slice 函數創建一個切片對象，該對象儲存創建時傳入的 start、stop 和 step 參數，把切片對象傳給陣列，就可以截取陣列的一部分切片返回。

函數原型：

slice(start, stop, step) or arr_name[start: end: step]

參數介紹：

(1) start：起始位置。

(2) stop：終止位置。

(3) step：步長。

(4) 負的 index 表示從後往前，-1 表示最後一個元素。

程式範例 | ch03_9

```python
import numpy as np
arr = np.arange(10)
# 設定切片範圍
s1 = slice(0,8,2)
print(arr[s1])
# 意思與上面同
s2 = arr[0:8:2]
print(s2)
# 從索引2開始往後提取
s3 = arr[2:]
print(s3)
```

程式輸出

```
[0 2 4 6]
[0 2 4 6]
[2 3 4 5 6 7 8 9]
```

相對於一維陣列，二維（多維）陣列用到的地方更多。一般語法是 arr_name[列操作 , 行操作]，可通過使用切片 : 或省略號 ... 組合使用。

程式範例 | ch03_10

```python
import numpy as np

arr = np.array([[0, 1, 2], [3, 4, 5], [6, 7, 8]])
print(arr)

# 從維度 1 開始截取
print(arr[1:])
print(arr[...,1])     # 第2行元素
print(arr[1,...])     # 第2列元素
print(arr[...,1:])    # 第2行之後的所有元素
```

程式輸出

```
[[0 1 2]
 [3 4 5]
 [6 7 8]]
[[3 4 5]
 [6 7 8]]
[1 4 7]
[3 4 5]
[[1 2]
 [4 5]
 [7 8]]
```

程式範例 | ch03_11

```
import numpy as np

arr = np.array([0, 1, 2, 3, 4, 5, 6, 7, 8])
arr1 = arr.reshape((3,3))
print(arr1.shape)
print(arr1)
# 取第一維的索引1到索引2之間的元素，也就是第二列
# 取第二維的索引1到索引3之間的元素，也就是第二行和第三行
arr2 = arr1[1:2, 1:3]
print(arr2)
```

程式輸出

```
(3, 3)
[[0 1 2]
 [3 4 5]
 [6 7 8]]
[[4 5]]
```

另外切片索引也可使用負整數，如果使用負整數，索引會從末尾倒著開始。

程式範例　｜　ch03_12

```python
import numpy as np

arr = np.array([[0, 1, 2], [3, 4, 5], [6, 7, 8]])
print(arr[-1,-1])
print(arr[-1])
# 第 1 列
print(arr[1:-1])
# 第 2 列第 2 行
print(arr[1:-1,1:-1])
```

程式輸出

```
8
[6 7 8]
[[3 4 5]]
[[4]]
```

3-1-3　陣列上的迭代

NumPy 內包含一個迭代器對象 numpy.nditer，可以拜訪多維陣列內部元素。

程式範例　｜　ch03_13

```python
import numpy as np
a = np.arange(0,60,5)
a1 = a.reshape(3,4)
# 列出陣列內部元素
print(a1)
print('拜訪陣列內部元素：')
for x in np.nditer(a):
    print(x)
```

程式輸出

```
[[ 0  5 10 15]
 [20 25 30 35]
 [40 45 50 55]]
拜訪陣列內部元素：

    0 5 10 15 20 25 30 35 40 45 50 55
```

3-1-4 NumPy–Broadcast(廣播)

Broadcast 機制的功能是爲了方便不同 shape 的陣列進行數學運算。

程式範例 | **ch03_14**

```python
import numpy as np

a = np.array([[0, 0, 0],
              [5, 5, 5],
              [10, 10, 10],
              [15, 15, 15]])
b = np.array([5, 10, 15])
print(a + b)
```

程式輸出

```
[[ 5 10 15]
 [10 15 20]
 [15 20 25]
 [20 25 30]]
```

如果兩個陣列的維度大小不相同，則元素到元素的運算操作是不可能的。但是，在 NumPy 中仍可以對形狀大小不同的陣列進行操作，因為可以用 Broadcast(廣播) 的功能，如圖 3-2 中 b 陣列會擴展至跟圖 3-2 中 a 同維度大小，使較小陣列會廣播到較大陣列的大小，以便它們的形狀可兼容

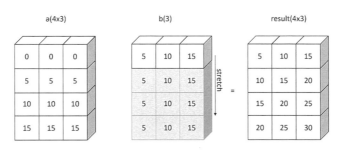

圖 3-2　Broadcast 示意圖

注意：可執行 broadcast 的前提在於兩個 ndarray 執行的是 element-wise（按相對位置加減乘除）的運算，而不是矩陣乘法的運算，矩陣乘法運算時，維度之間需嚴格匹配。

程式範例	ch03_15

```
import numpy as np
a = np.array([[0.0,0.0,0.0],
              [3.0,3.0,3.0],
              [6.0,6.0,6.0],
              [9.0,9.0,9.0]])
b = np.array([1.0,2.0,3.0])
print(a+b)
print(a-b)
print(a*b)
print(a/b)
```

程式輸出

```
[[ 1.  2.  3.]    [[-1. -2. -3.]   [[ 0.  0.  0.]   [[0.  0.  0. ]
 [ 4.  5.  6.]     [ 2.  1.  0.]    [ 3.  6.  9.]    [3.  1.5 1. ]
 [ 7.  8.  9.]     [ 5.  4.  3.]    [ 6. 12. 18.]    [6.  3.  2. ]
 [10. 11. 12.]]    [ 8.  7.  6.]]   [ 9. 18. 27.]]   [9.  4.5 3. ]]
```

3-1-5 布林索引運算

NumPy 陣列也可以傳回滿足某一個條件的元素。例如 a[a>3]，取得的陣列只會包含 a 中元素值大於 3 的部份。

程式範例 | ch03_16

```python
import numpy as np
x = np.array([[0,1,2],[3,4,5],[6,7,8],[9,10,11]])
# 將大於 3 的數值印出
print(x[x>3])

x1 = np.array([[0,1,2],[3,4,5],[6,7,8],[9,10,11]])
y1 = np.array([[1],[3],[6],[9]])
# 判斷 x1 內的元素是否大於 y1
print(x1>y1)
# 將 x1 內的元素大於 y1 的元素印出
print(x1[x1>y1])
```

程式輸出

```
[ 4  5  6  7  8  9 10 11]
[[False False  True]
 [False  True  True]
 [False  True  True]
 [False  True  True]]
[ 2  4  5  7  8 10 11]
```

● 3-1-6   數學函數計算

1. NumPy 提供標準的三角函數計算，例如 sin()、cos()、tan()……等。這些三角函數為弧度制單位的給定角度，最後返回三角函數比值。

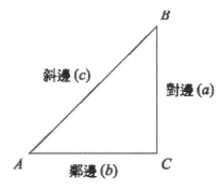

(1) 正弦 (sin)：$\sin A = \dfrac{對邊}{斜邊} = \dfrac{a}{c}$ (2) 餘弦 (cos)：$\cos A = \dfrac{鄰邊}{斜邊} = \dfrac{b}{c}$

(3) 正切 (tan)：$\tan A = \dfrac{對邊}{鄰邊} = \dfrac{a}{b}$ (4) 餘切 (cot)：$\cot A = \dfrac{鄰邊}{對邊} = \dfrac{b}{a}$

(5) 正割 (sec)：$\sec A = \dfrac{斜邊}{鄰邊} = \dfrac{c}{b}$ (6) 餘割 (csc)：$\csc A = \dfrac{斜邊}{對邊} = \dfrac{c}{a}$

程式範例　｜　ch03_17

```python
import numpy as np
a = np.array([0, 30, 45, 60, 90])

print('不同角度的正弦值：')
# 乘 pi/180 轉成弧度
print(np.sin(a * np.pi / 180))
print('不同角度的餘弦值：')
print(np.cos(a * np.pi / 180))
print('不同角度的正切值：')
print(np.tan(a * np.pi / 180))
```

程式輸出

不同角度的正弦值：
```
[0.         0.5        0.70710678 0.8660254  1.        ]
```
不同角度的餘弦值：
```
[1.00000000e+00 8.66025404e-01 7.07106781e-01 5.00000000e-01
 6.12323400e-17]
```
不同角度的正切值：
```
[0.00000000e+00 5.77350269e-01 1.00000000e+00 1.73205081e+00
 1.63312394e+16]
```
不同角度的正切值：

arcsin、arccos 和 arctan 函數返回給定角度的 sin，cos 和 tan 的反三角函數。函數的結果可通過 numpy.degrees() 函數將弧度轉換為角度。

程式範例 | **ch03_18**

```python
import numpy as np

a = np.array([0,30,45,60,90])
sin = np.sin(a*np.pi/180)
print ('正弦值：')
print (sin)
print ('利用正弦值計算角度，返回值以弧度為單位：')
inv = np.arcsin(sin)
print (inv)
print ('轉換為角度：')
print (np.degrees(inv))
print ('餘弦值：')
cos = np.cos(a*np.pi/180)
print (cos)
```

```
print ('利用餘弦值計算角度，返回值以弧度為單位：')
inv = np.arccos(cos)
print (inv)
print ('轉換為角度：')
print (np.degrees(inv))
print ('正切值：')
tan = np.tan(a*np.pi/180)
print (tan)
print ('利用正切值計算角度，返回值以弧度為單位：')
inv = np.arctan(tan)
print (inv)
print ('轉換為角度：')
print (np.degrees(inv))
```

程式輸出

```
正弦值：
[0.          0.5          0.70710678 0.8660254  1.          ]
利用正弦值計算角度，返回值以弧度為單位：
[0.          0.52359878 0.78539816 1.04719755 1.57079633]
轉換為角度：
[ 0. 30. 45. 60. 90.]

餘弦值：
[1.00000000e+00 8.66025404e-01 7.07106781e-01 5.00000000e-01
 6.12323400e-17]
利用餘弦值計算角度，返回值以弧度為單位：
[0.          0.52359878 0.78539816 1.04719755 1.57079633]
 轉換為角度：
[ 0. 30. 45. 60. 90.]
正切值：
[0.00000000e+00 5.77350269e-01 1.00000000e+00 1.73205081e+00
 1.63312394e+16]
[0.00000000e+00 5.77350269e-01 1.00000000e+00 1.73205081e+00
 1.63312394e+16]
利用正切值計算角度，返回值以弧度為單位：
[0.          0.52359878 0.78539816 1.04719755 1.57079633]
轉換為角度：
[ 0. 30. 45. 60. 90.]
```

2. numpy.around() 函數：函數返回傳入數字的四捨五入值。

函數原型：

```
numpy.around(a,decimals)
```

參數介紹：

(1) a：array_like，輸入的數據。

(2) decimals：捨入的小數位數。默認值為 0。如果為負，整數將四捨五入到小數點左側位置

程式範例　|　**ch03_19**

```python
import numpy as np

a = np.array([1.2, 3.456, 125.333, 0.657, 25.567])
print ('原來的數：')
print (a)

print ('數字捨入後：')
print (np.around(a))
print (np.around(a, decimals = 2))
print (np.around(a, decimals = -1))
```

程式輸出

```
原來的數：
[  1.2      3.456 125.333   0.657   25.567]
數字捨入後：
[  1.    3. 125.    1.   26.]
[  1.2    3.46 125.33   0.66  25.57]
[  0.    0. 130.    0.   30.]
```

3. numpy.floor() 函數：numpy.floor() 返回傳入數字的向下取整數。

程式範例	ch03_20

```python
import numpy as np

a = np.array([-1.3,  1.5,  -2.7,  0.6,  2.3])
print ('輸入的數值陣列值：')

print (a)
print ('向下取整後的值：')
print (np.floor(a))
```

程式輸出

```
輸入的數值陣列值：
[-1.3  1.5 -2.7  0.6  2.3]
向下取整後的值：
[-2.  1. -3.  0.  2.]
```

4. np.ceil() 函數：np.ceil() 返回傳入數字的向上取整數。

程式範例	ch03_21

```python
import numpy as np

a = np.array([-1.3,  1.5,  -2.7,  0.6,  2.3])
print ('輸入的數值陣列值：')
print (a)
print ('向上取整後的值：')
print (np.ceil(a))
```

程式輸出

```
輸入的數值陣列值：
[-1.3  1.5 -2.7  0.6  2.3]
向上取整後的值：
[-1.  2. -2.  1.  3.]
```

5. 加減乘除函數：add()，subtract()，multiply() 和 divide()。

程式範例 | **ch03_22**

```python
import numpy as np

a = np.arange(9, dtype=np.float_).reshape(3, 3)
print('第一個陣列值組：')
print(a)

print('第二個陣列值組：')
b = np.array([10, 10, 10])
print(b)
print('兩陣列相加：')
print(np.add(a, b))
print('兩陣列相減：')
print(np.subtract(a, b))
print('兩陣列相乘：')
print(np.multiply(a, b))
print('兩陣列相除：')
print(np.divide(a, b))
```

程式輸出

```
第一個陣列值組：
[[0. 1. 2.]
 [3. 4. 5.]
 [6. 7. 8.]]
第二個陣列值組：
[10 10 10]
兩陣列相加：
[[10. 11. 12.]
 [13. 14. 15.]
 [16. 17. 18.]]
兩陣列相減：
[[-10.  -9.  -8.]
 [ -7.  -6.  -5.]
 [ -4.  -3.  -2.]]
兩陣列相乘：
[[ 0. 10. 20.]
 [30. 40. 50.]
 [60. 70. 80.]]
兩陣列相除：
[[0.  0.1 0.2]
 [0.3 0.4 0.5]
 [0.6 0.7 0.8]]
```

6.　numpy.power() 函數：power(x,y) 函數，計算 x 的 y 次方。

程式範例　│　**ch03_23**

```python
import numpy as np

a = np.array([2, 5, 10])
print('傳入的次方項是:')
print(a)
print('呼叫以2為底的 power 函數：')
print(np.power(2, a))
print('傳入的底數是:')
b = np.array([1, 2, 3])
print(b)
print('呼叫以傳入a為底,b為指數的 power 函數：')
print(np.power(a, b))
```

程式輸出

```
傳入的次方項是:
[ 2  5 10]
呼叫以2為底的 power 函數：
[   4   32 1024]
傳入的底數是:
[1 2 3]
呼叫以傳入a為底,b為指數的 power 函數：
[   2   25 1000]
```

● 3-1-7　排序與刷選函數

1.　numpy.sort() 函數：函數返回輸入陣列的排序結果。

函數原型：

```
numpy.sort(arr, axis, kind, order)
```

參數介紹：

(1) arr：要排序的陣列值。

(2) axis：需要沿著排序陣列的軸。axis=0 按行排序，axis=1 按列排序。

(3) order：此參數指定首先比較的字段。

(4) kind：['quicksort'{default}，'mergesort'，'heapsort'] 排序算法。

程式範例 | ch03_24

```python
import numpy as np

a = np.array([[3, 7], [9, 1]])
print('欲排列的陣列為：')
print(a)
print('使用sort()排列後陣列為：')
print(np.sort(a))
print('按照指定軸=0(按行)排序：')
print(np.sort(a, axis=0))
print('按照指定軸=1(按列)排序：')
print(np.sort(a, axis=1))
# 在 sort 函數中指定排序內容
dt = np.dtype([('name','S10'), ('age', int)])
a = np.array([("Jacky", 21),("Peter", 25),("Many", 17),
              ("Andy", 27)],dtype=dt)
print('原來的陣列順序內容：')
print(a)
print('按 name 排序後的陣列內容：')
print(np.sort(a, order='name'))
```

程式輸出

欲排列的陣列為：
```
[[3 7]
 [9 1]]
```
使用sort()排列後陣列為：
```
[[3 7]
 [1 9]]
```
按照指定軸=0(按行)排序：
```
[[3 1]
 [9 7]]
```
按照指定軸=1(按列)排序：
```
[[3 7]
 [1 9]]
```

原來的陣列順序內容：
```
[(b'Jacky', 21) (b'Peter', 25) (b'Many', 17) (b'Andy', 27)]
```
按 name 排序後的陣列內容：
```
[(b'Andy', 27) (b'Jacky', 21) (b'Many', 17) (b'Peter', 25)]
```

---

2. numpy.argmax() 和 numpy.argmin() 函 數：numpy.argmax() 和 numpy.argmin() 函數分別沿指定的軸傳回最大和最小元素的索引值。

程式範例　│　ch03_25

```python
import numpy as np

a = np.array([[10, 20, 30], [50, 30, 10], [70, 40, 20]])
print('陣列數值為：')
print(a)
print('使用 argmax() 函數：')
print(np.argmax(a))
print('展平陣列：')
a1 = a.flatten()
print('使用 argmax() 函數：')
print(np.argmax(a1))
print('沿軸 0 的最大值索引：')
maxindex = np.argmax(a, axis=0)
```

```
print(maxindex)
print('沿軸 1 的最大值索引：')
maxindex = np.argmax(a, axis=1)
print(maxindex)
print('使用 argmin() 函數：')
minindex = np.argmin(a)
print(minindex)
print('沿軸 0 的最小值索引：')
minindex = np.argmin(a, axis=0)
print(minindex)
print('沿軸 1 的最小值索引：')
minindex = np.argmin(a, axis=1)
print(minindex)
```

程式輸出

```
陣列數值為：
[[10 20 30]
 [50 30 10]
 [70 40 20]]
使用 argmax() 函數：
6
展平陣列：
使用 argmax() 函數：
6
沿軸 0 的最大值索引：
[2 2 0]

沿軸 1 的最大值索引：
[2 0 0]
使用 argmin() 函數：
0
沿軸 0 的最小值索引：
[0 0 1]
沿軸 1 的最小值索引：
[0 2 2]
```

● 3-1-8　矩陣運算

1. 矩陣的矩陣相乘、逆矩陣、轉置矩陣、判斷矩陣是否相等運算。

程式範例 | **ch03_26**

```python
import numpy as np

A = np.array([
    [1,2],
    [3,3]])
B = np.array([
    [4,2],
    [2,3]])

# 矩陣相乘
print("A.dot(B) = ", A.dot(B))
print("A@B = ", A@B)
print("np.matmul(A,B) = ",np.matmul(A,B))
# 矩陣對應元素相乘(請與上面公式比較)
print("np.multiply(A,B) = ",np.multiply(A,B))
# 當A可逆的時候，求A的反矩陣
print("np.linalg.inv(A) = ",np.linalg.inv(A))
# 求A的轉置矩陣
print("A.T = ",A.T)
# 判斷A, B兩個矩陣是否相等
print("np.array_equal(A,B) = ",np.array_equal(A,B))
```

程式輸出

```
A.dot(B) =  [[ 8  8]
 [18 15]]
A@B =  [[ 8  8]
 [18 15]]
np.matmul(A,B) =  [[ 8  8]
 [18 15]]
np.multiply(A,B) =  [[4 4]
 [6 9]]
np.linalg.inv(A) = [[-1.          0.66666667]
 [ 1.         -0.33333333]]
A.T =  [[1 3]
 [2 3]]
np.array_equal(A,B) =  False
```

在程式範例 ch03_26 中，A.dot(B)、A@B 與 matmul(A,B) 三種方式皆為相同矩陣運算，其作法如下公式：

$$\begin{bmatrix} a & b \\ c & d \end{bmatrix} @ \begin{bmatrix} e & f \\ g & h \end{bmatrix} = \begin{bmatrix} ae+bg & af+bh \\ ce+dg & cf+dh \end{bmatrix}$$

2. 矩陣合併、調整大小。

　　numpy 中的 hstack 方法和 vstack 分別可做「水平合併」與「垂直合併」。

程式範例 | ch03_27

```python
import numpy as np

A = np.array([
    [1,2],
    [3,4]])
B = np.array([
    [5,6],
    [7,8]])
# 水平合併
print(np.hstack((A,B)))
# 垂直合併
print(np.vstack((A,B)))
```

程式輸出

```
[[1 2 5 6]        [[1 2]
 [3 4 7 8]]        [3 4]
                   [5 6]
                   [7 8]]
```

 3-2 **Matplotlib 介紹**

　　Matplotlib 是 Python 用來繪圖、圖表呈現及數據表示非常重要的繪圖庫，可與 NumPy 一起使用。提供一整套和 matlab 相似的命令 API，適合進行互動式製圖。通常，通過添加以下語句將此繪圖庫導入導入到 Python 腳本中：

from matplotlib import pyplot as plt

　　其中 pyplot() 包含一系列類似 MATLAB 繪圖函數的相關函數，用於繪製 2D 數據。

● 3-2-1　標籤、標題與圖例

　　圖形上如果有標題和標籤，一看就能知道在表達什麼，而如何替圖加上標籤與標題便非常重要。

程式範例 | ch03_28

```python
import matplotlib.pyplot as plt
# 設定第一條線的三個點
x1 = [1,2,3]
y1 = [2,1,2]
# 設定第二條線的三個點
x2 = [1,2,3]
y2 = [1,3,1]
# 繪製兩條曲線
plt.plot(x1, y1, label='First Line')
plt.plot(x2, y2, label='Second Line')
plt.xlabel('x')
plt.ylabel('y')
plt.title('curve figure')
plt.legend()
plt.show()
```

程式輸出

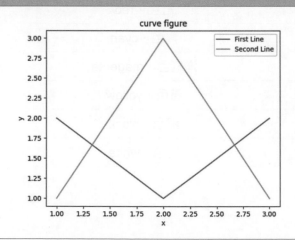

一、**plot()** 函式說明：

函數原型：

plt.plot(x, y, format_string, **kwargs)

參數介紹：

(1) x：X 軸資料，列表或陣列。

(2) y：Y 軸資料，列表或陣列。

(3) format_string：控制曲線的格式字串，可選。

(4) **kwargs：第二組或更多 (x, y, format_string)。

(5) format_string：控制曲線的格式字串表格如下：

1. 表示顏色的字元符號參數有：

字元符號	代表顏色
'b'	藍色，blue
'g'	綠色，green
'r'	紅色，red
'c'	青色，cyan
'm'	洋紅色，magenta
'y'	黃色，yellow
'k'	黑色，black
'w'	白色，white

2. 表示符號樣式的字元符號參數有：

字元符號	類型	字元符號	類型
'+'	加號	's'	正方形
'o'	圓形	'∨'	向下三角形
'd'	菱形	'∧'	向上三角形
'x'	叉號	'<'	向左三角形
'p'	五角形	'>'	向右三角形
'*'	星號	'.'	點
'h'	六邊形點 1	'H'	六邊形點 2

3. 表示線條樣式的字元符號參數有：

字元符號	類型
'-'	實線
'--'	虛線
':'	點線
'-.'	點虛線

4. 擺放格式如下所示：

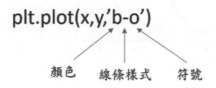

程式範例 ｜ **ch03_29**

```python
import matplotlib.pyplot as plt
import numpy as np
x1 = np.linspace(0.0,2*np.pi)
y1 = np.sin(x1)

x2 = np.linspace(0.0,2*np.pi)
y2 = np.cos(x2)
plt.plot(x1, y1, 'r', label='sin')      # 紅色線
plt.plot(x2, y2, 'b-o', label='cos')   # 藍色實線加圓形圈圈
plt.legend()
plt.show()
```

程式輸出

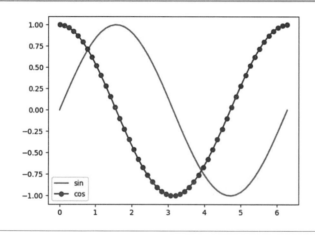

5. 其他函數說明：

    (1) plt.title('string',fontsize=n)：加標題。

    (2) plt.xlabel('string',fontsize=n)：加 X 軸文字。

    (3) plt.ylabel('string',fontsize=n)：加 Y 軸文字。

    (4) plt.show()：顯示圖形 (matplotlib.pyplot 不會直接顯示圖像，必須使用此函數才會顯示影像)。

    (5) plt.legend()：顯示數據的名稱，名稱定義在 label 中。

        語法：legend(*argd)

其中一個 args 為 loc，主要是設定顯示的位置。

下表為設置圖例位置：使用 loc 參數，設定值與數字方法如下表。

值	數字	描述
best	0	最適宜
upper right	1	右上角
upper left	2	左上角
lower right	3	右下角
lower left	4	左下角
right	5	右側
center left	6	左側中間
center right	7	右側中間
lower center	8	下方中間
upper center	9	上方中間
center	10	最適宜

程式範例　｜ ch03_30（設定標籤在不同地方）

```
import matplotlib.pyplot as plt
import numpy as np

x1 = np.linspace(0.0,2*np.pi)
y1 = np.sin(x1)
x2 = np.linspace(0.0,2*np.pi)
y2 = np.cos(x2)
x3 = np.linspace(0.0,2*np.pi)
y3 = np.sinc(x3)
```

```
line1, = plt.plot(x1, y1, 'r')
line2, = plt.plot(x2, y2, 'b-o')
plt.ylim(-2, 2)    # 設定 y 軸範圍
l1 = plt.legend(handles=[line1,line2],labels=['sin','cos'],loc='upper right')
line3, = plt.plot(x3, y3, 'g-x')
# 此行加入會移走 l1
plt.legend(handles=[line3], labels=['tan'],loc='lower left')
# 將 l1    加入至目前的 Axes
plt.gca().add_artist(l1)
plt.show()
```

注意：若要將繪製的線條物件指定給 line1 和 line2，line1 和 line2 後方一定要加上逗號。

程式輸出

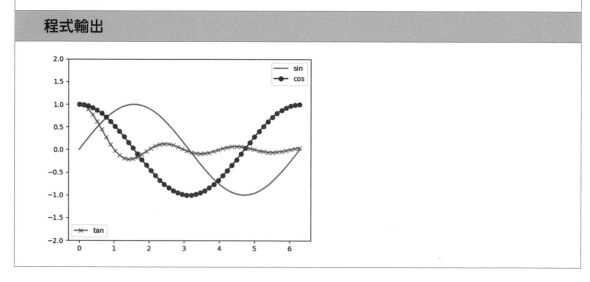

說明：使用 plt.plot() 函數時，實際上會先通過 plt.gca() 獲得當前的 Axes 對象，再調用 ax.plot() 方法實現真正的繪圖。其中 Figure、Axes 與 Axis 關係如圖 3-3。

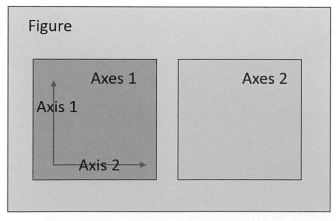

圖 3-3　Figure,Axes 與 Axis 之關係表示圖，其中 (1)Figure：為最上層元件，內部包含 Axes 物件等元件　(2) Axes：常用的繪圖物件，包含座標軸　(3) Axis：座標軸

其他函數說明：

(1) plt.gca()：Get Current Axes 縮寫，獲得當前 Axes 物件。

(2) plt.gcf()：Get Current Figure 縮寫，獲得當前 Figure 物件。

(3) Axes.add_artist() 函數：將 Artist 加到軸，其中 matplotlib.artist.Artist 是專門負責如何渲染圖。基本上大部分時間都是處理 Artists。

3-2-2 新增子圖方式

1. 使用 **Matplotlib.pyplot.subplots()** 建立帶有子圖的圖。

程式範例　　ch03_31

```python
import matplotlib.pyplot as plt
import numpy as np
# 左上塊子圖
x = np.linspace(-5,5)
y1 = np.sin(x)
y2 = np.cos(x)
y3 = np.exp(x)
y4 = np.log(x)
# 建立兩列兩行的子圖
fig,ax = plt.subplots(2,2)
ax[0, 0].plot(x, y1)   # 左上圖
ax[0, 0].text(0., 0., str((0, 0)), fontsize=18, ha='center')
ax[0, 1].plot(x, y2)   # 右上圖
```

```
ax[0, 1].text(0., 0., str((0, 1)), fontsize=18, ha='center')
ax[1, 0].plot(x, y3)  # 左下圖
ax[1, 0].text(0., 75., str((1, 0)), fontsize=18, ha='center')
ax[1, 1].plot(x, y4)  # 右下圖
ax[1, 1].text(2.5, -0.5, str((1, 1)), fontsize=18, ha='center')
# 設定標頭
ax[0, 0].set_title("Sin")
ax[0, 1].set_title("Cos")
ax[1, 0].set_title("Exponential")
ax[1, 1].set_title("log")

fig.tight_layout()
plt.show()
```

程式輸出

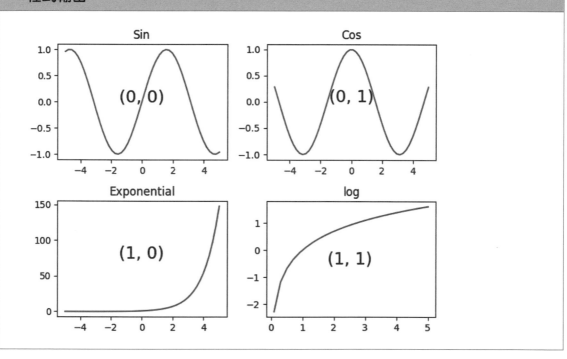

subplots() 函數說明：

```
matplotlib.pyplot.subplots(nrows=1, ncols=1, sharex='all', sharey='all')
```

參數介紹：

(1) nrows：子圖的列數。

(2) ncols：子圖的行數。

(3) sharex 與 sharey：控制 X 軸或 Y 軸間是否屬性共享。

返回值：此方法返回下列二值。

(1) fig：此方法返回圖形佈局。

(2) ax：此方法返回 axes.Axes 對象或 Axes 對象陣列 (數組)。

程式範例 ｜ ch03_32

```python
import matplotlib.pyplot as plt

fig , ax = plt.subplots(2, 3, sharex = 'all', sharey = 'all')
# sharex->是否共享x軸   sharey->是否共享y軸

for i in range(2):
    for j in range(3):
        # 在各個子網格中間寫上文字
        ax[i, j].text(0.5, 0.5, str((i, j)), fontsize=18, ha='center')
plt.show()
```

程式輸出

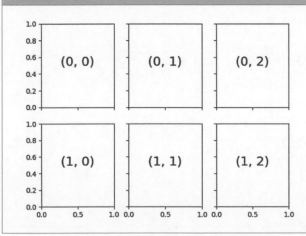

除了用 subplots() 建立子圖，也可用 subplot() 方式建立子圖，兩者差異在 subplots() 可以一次性創建需要的子圖，而利用 subplot() 函數建立則只能一個一個添加。

subplot() 函數說明：

```
matplotlib.pyplot.subplot(nrows=1, ncols=1, index=1)
```

參數介紹：

(1) nrows：子圖的列數。

(2) ncols：子圖的行數。

(3) index：索引值。第一個子圖是第一列的第一行，第二個子圖是第一列的第二行，依此類推。

程式範例　│　ch03_33

```python
import matplotlib.pyplot as plt
import numpy as np
# 建立 x 範圍
x = np.linspace(-5,5)

plt.subplot(2,2,1)
plt.plot(x,x)
plt.gca().title.set_text('y=x')
# 右上塊子圖
plt.subplot(2,2,2)
plt.plot(x,np.log(x))
plt.gca().title.set_text('y=log(x)')
# 左下塊子圖
plt.subplot(2,2,3)
plt.plot(x,-x)
plt.gca().title.set_text('y=-x')
# 右下塊子圖
plt.subplot(2,2,4)
plt.plot(x,x**2)
plt.gca().title.set_text('y=x**2')
# 改善個子圖間距
plt.tight_layout()
plt.show()
```

程式輸出

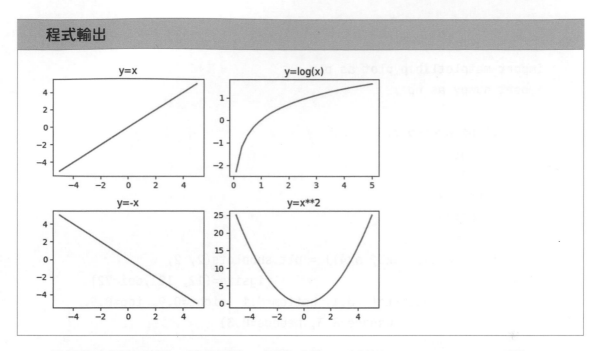

想調整小圖的位置，避免圖片、標籤重疊，可利用 subplots_adjust() 函數。

subplots_adjust() 函數說明：

matplotlib.pyplot.subplots_adjust(left=None, bottom=None, right=None, top=None, wspace=None, hspace=None)

參數介紹：

(1) left,right,bottom,top：子圖所在區域的邊界 (如圖 3-4)。

(2) wspace,hspace：子圖間的橫向間距、縱向間距分別與子圖平均寬度、平均高度的比值 (如圖 3-4)。

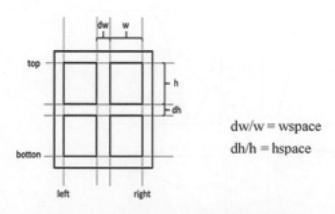

圖 3-4 subplots_adjust() 函數參數示意圖

程式範例 | ch03_34

```python
import matplotlib.pyplot as plt
import numpy as np

x = np.linspace(-5,5)
y1 = np.sin(x)
y2 = np.cos(x)
y3 = np.exp(x)
y4 = np.log(x)
# 讓四張小圖都有名稱
fig, ((ax1, ax2), (ax3, ax4)) = plt.subplots(2, 2,
                                    figsize=(12, 10),dpi=72)
fig.subplots_adjust(left=0.1, bottom=0.1, right=0.9, top=0.9,
                    wspace=0.3, hspace=0.3)
# 直接用小圖名稱代替
ax1.set_title("Sin", fontsize=16)
ax1.plot(x, y1)
ax2.set_title("Cos", fontsize=16)
ax2.plot(x, y2)
ax3.set_title("Exponential", fontsize=16)
ax3.plot(x, y3)
ax4.set_title("log", fontsize=16)
ax4.plot(x, y4)
plt.show()
```

程式輸出

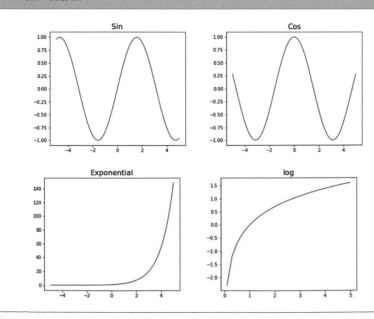

2. 使用 **Matplotlib.figure.Figure.add_subplot()** 在圖中新增子圖。

程式範例	ch03_35

```python
import matplotlib.pyplot as plt

fig=plt.figure(figsize=(8,8))
# 分割兩列兩行的子圖，從左到右從上到下的第1塊。
ax_1=fig.add_subplot(2,2,1)
ax_1.text(0.3, 0.5, 'subplot(2,2,1)')
# 分割兩列兩行的子圖，從左到右從上到下的第3塊。
ax_2=fig.add_subplot(2,2,3)
ax_2.text(0.3, 0.5, 'subplot(2,2,3)')
# 分割一列兩行的子圖，從左到右從上到下的第2塊。
ax_3=fig.add_subplot(1,2,2)
ax_3.text(0.3, 0.5, 'subplot(1,2,2)')

fig.suptitle("multiple Subplots")
plt.show()
```

程式輸出

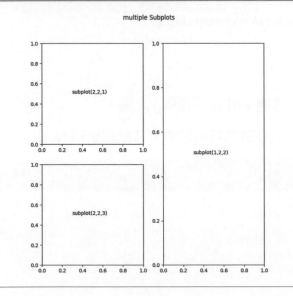

add_subplot() 畫圖方法，跟 subplot() 類似，但使用 subplot 會刪除之前畫板上已有的圖。

● 3-2-3　繪製散點圖

散點圖可以用於觀察變量與變量間的關係，matplotlib 庫的 scatter() 函數可用於繪製散點圖。

函數原型：

```
matplotlib.pyplot.scatter(x_axis_data, y_axis_data, s=None, c=None,
marker=None, cmap=None, vmin=None, vmax=None, alpha=None,
linewidths=None, edgecolors=None)
```

參數介紹：

(1) x_axis_data：資料的 X 座標。

(2) y_axis_data：資料的 Y 座標。

(3) s：標記大小。

(4) c：標記的顏色。

(5) marker：標記樣式。

(6) cmap：Colormap 可選，Matplotlib 中內置很多 Colormap 簡化工作，可參考 https://matplotlib.org/2.0.2/users/colormaps.html。

(7) linewidths：標記邊框的寬度。

(8) edgecolor：標記邊框顏色。

(9) alpha：透明程度值，介於 0(透明) 和 1(不透明) 之間。

除 x_axis_data 和 y_axis_data 外，其他參數都是可選的，其默認值為 None。

| 程式範例 | ch03_36 |

```python
import matplotlib.pyplot as plt
import numpy as np
# 從x=0到10當中產生50個x值
x = np.linspace(0,10,50)
y = np.sin(x)
plt.scatter(x, y, c='blue', marker = '*')
plt.show()
```

程式輸出

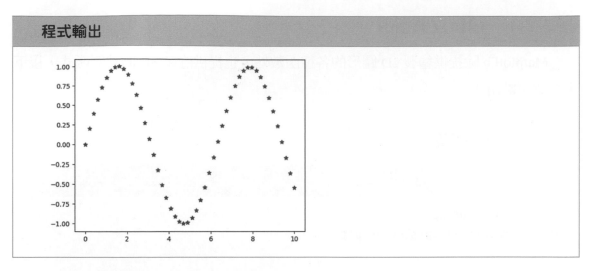

也可以繪製兩種不同數據集的散點圖。

程式範例 | **ch03_37**

```python
import matplotlib.pyplot as plt
import numpy as np

x = np.linspace(0,10,50)
y1 = np.sin(x)
y2 = np.cos(x)
# marker 的顏色設成半透明
plt.scatter(x, y1, c='blue', marker = '*', alpha = 0.5)
# marker 有加外框
plt.scatter(x, y2, c='red',edgecolor='green', linewidths = 2 ,marker = 'o')
plt.show()
```

程式輸出

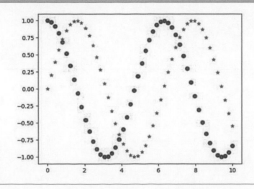

● 3-2-4　繪製立體圖形

Matplotlib 除提供繪製 2D 圖形的各種函數外，也提供許多 3D 的繪圖函式，接下來介紹函數用法。

一、繪製 3D 座標點

程式範例	ch03_38

```python
import numpy as np
import matplotlib.pyplot as plt

# 建立 3D 圖形
fig = plt.figure()
# 得到目前 Axes, 也可寫成 ax = plt.axes(projection='3d')
ax = fig.gca(projection='3d')
# 產生兩群 3D 座標資料
z1 = np.random.randint(10,50,50)
x1 = np.random.randint(10,30,50)
y1 = np.random.randint(10,40,50)
z2 = np.random.randint(10,50,50)
x2 = np.random.randint(30,50,50)
y2 = np.random.randint(10,40,50)
# 繪製 3D 座標點
ax.scatter(x1, y1, z1, c=x1, cmap='Oranges', marker='*', label='Cluster-1')
ax.scatter(x2, y2, z2, c=x2, cmap='rainbow', marker='o', label='Cluster-2')
# 設定軸的 label
ax.set_xlabel('X-axis')
ax.set_ylabel('Y-axis')
ax.set_zlabel('Z-axis')
# 顯示資料的label名稱
ax.legend()
# 顯示圖形
plt.show()
```

程式輸出

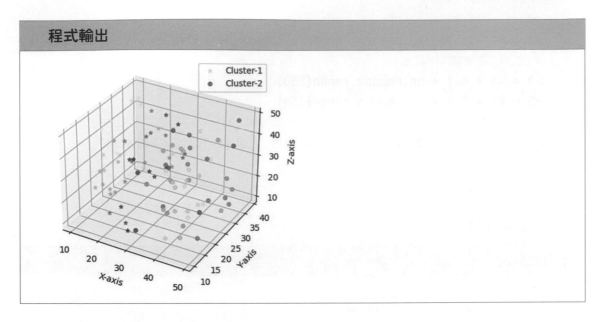

　　這裡有一行指令非常重要：ax =fig.gca(projection='3d')，主要意思是獲得目前畫布 (fig) 內的繪圖區 (利用 gca() 函數)，並將其投影方式轉成 3D 方式。此指令的寫法可改為 ax = plt.axes(projection='3d')，在後面的程式範例會看到。

二、繪製 3D 曲線

程式範例　│　ch03_39

```python
import numpy as np
import matplotlib.pyplot as plt

# 得到目前畫布
fig = plt.figure()
# 得到目前繪圖區, 並改成 3d 投影
ax = fig.gca(projection='3d')
# 產生 3D 座標資料
z = np.linspace(0, 20, 150)
x1 = np.sin(z)  # 利用 z 值產生 x 座標
y1 = np.cos(z)
# 繪製 3D 曲線
```

```
ax.plot(x1, y1, z, color= 'green', label='3D Curve')
# 產生 3D 座標資料
x2 = x1 + 0.1 * np.random.randn(150)
y2 = y1 + 0.1 * np.random.randn(150)
# 繪製 3D 座標點
ax.scatter(x2, y2, z, c=z, cmap='jet', label='Curve Points')
# 顯示資料的 label 名稱
ax.legend()
# 顯示圖形
plt.show()
```

程式輸出

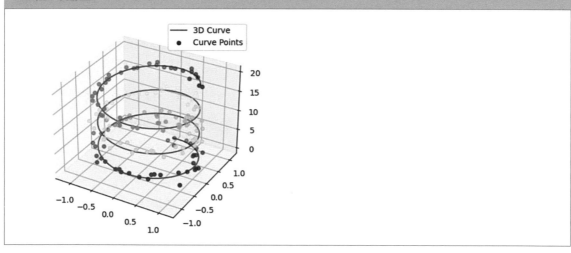

本範例主要是在 3D 空間中繪製一條曲線，並在曲線周圍繪製散點圖。

三、繪製線框圖

Matplotlib 主要利用 plot_wireframe() 函數繪製 3D 框線圖，其函數介紹如下：

Axes3D.plot_wireframe(X, Y, Z, *args, **kwargs)：**kwargs：其它關鍵字參數，為可選項，例如顏色樣式等

參數介紹：

(1) X、Y、Z：二維陣列形式的資料數據，分別代表 X 軸、Y 軸與 Z 軸數據資料。

(2) rcount,ccount：取樣數，數值越大採樣越多，預設 50。

(3) rstride：對於 X 軸步長大小，預設值為 1。

(4) cstride：對於 Y 軸步長大小，預設值為 1。

(5) color：曲線線框顏色，曲面表面顏色。

程式範例 ch03_40 與程式範例 ch03_41 說明 rcount,ccount 與 rstride, cstride 用法。

程式範例 | ch03_40

```python
import matplotlib.pyplot as plt
import numpy as np
fig = plt.figure()
axis = fig.gca(projection='3d')
# 設置 3D 線框圖點資訊
x = np.arange(-3.0, 3.0, 0.2)
y = np.arange(-3.0, 3.0, 0.2)
X, Y = np.meshgrid(x, y)
Z = X**2 - Y**2
# 繪製3D線框
surface = axis.plot_wireframe(X, Y, Z, rstride=1,
                              cstride=1, color ='green')

# 設置圖表訊息
plt.title("Z = X**2 - Y**2", fontsize=14)
# 設置 x,y,z 軸標籤
axis.set_xlabel("X", fontsize=14)
axis.set_ylabel("Y", fontsize=14)
axis.set_zlabel("Z", fontsize=14)
plt.show()
```

程式範例	ch03_41（將 plot_wireframe 內部參數修改如下）

```
surface = axis.plot_wireframe(X, Y, Z, ccount=10,
                              rcount=10, color ='red')
```

程式輸出 ch03_40	程式輸出 ch03_41

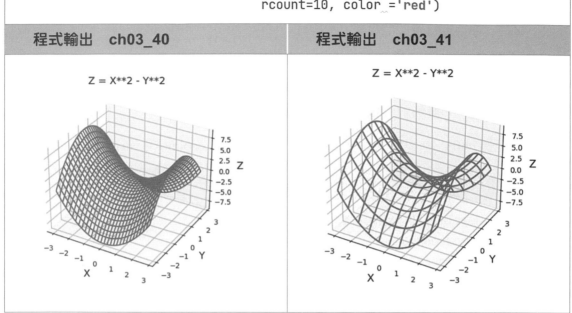

四、繪製 3D 曲面。

Matplotlib 主要利用 plot_surface() 函數繪製 3D 曲面，其函數介紹如下：

> Axes3D.plot_surface(X, Y, Z, *args, **kwargs)：**kwargs：其它關鍵字參數，為可選項，例如顏色樣式等

參數介紹：

(1) X、Y、Z：二維陣列形式的資料數據，分別代表 X 軸、Y 軸與 Z 軸數據資料。

(2) rstride：對於 X 軸步長大小，預設值為 1。

(3) cstride：對於 Y 軸步長大小，預設值為 1。

(4) cmap：曲面表面顏色。

程式範例 | **ch03_42**

```python
import matplotlib.pyplot as plt
import numpy as np
fig = plt.figure()
axis = fig.gca(projection='3d')
# 設置 3D 線框圖點資訊
x = np.arange(-6.0, 6.0, 0.2)
y = np.arange(-6.0, 6.0, 0.2)
X, Y = np.meshgrid(x, y)
R = np.sqrt(X**2 + Y**2)
Z = np.sin(R)
# 繪製3D線框
surface = axis.plot_surface(X, Y, Z, rstride=1, cstride=1,
                            cmap ='coolwarm_r')
# 利用 colorbar 將 surface 的資訊顯示出來
fig.colorbar(surface, shrink=0.8,pad = 0.1,label = 'ColorBar')
# 設置圖表訊息
plt.title("Z = X**2 + Y**2", fontsize=14)
# 設置 x,y,z 軸標籤
axis.set_xlabel("X", fontsize=14)
axis.set_ylabel("Y", fontsize=14)
axis.set_zlabel("Z", fontsize=14)
plt.show()
```

程式輸出

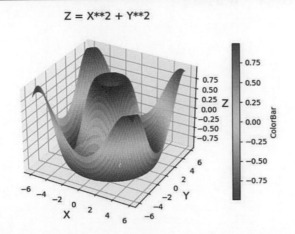

程式範例 ch03_42 中，通過使用 colorbar() 函數在圖形中新增一個顏色條，並將表面繪圖物件傳給該函數，可使圖形更有表達力。此函數有幾個參數需特別說明：

(1) shrink：顏色條縮放參數，範圍為 0-1，顏色條將會按照輸入值被縮放。

(2) pad：距離參數，該參數控制色條與子圖的間距。

(3) label：標籤參數，給色條一個標籤。

五、繪製 3D 向量場。

以 Axes.quiver() 函數繪製函數的向量場當作範例。

函數介紹：

```
Axes3D.quiver(X, Y, Z, U, V, W, length=1, arrow_length_ratio=0.3, pivot='tail', normalize=False, **kwargs)
```

參數介紹：

(1) X，Y，Z：陣列形式，箭頭置的 X、Y 與 Z 軸座標（默認為箭頭的尾部）。

(2) U，V，W：陣列形式，箭頭向量的 X、Y 與 Z 軸分量。

(3) length：float 類型，箭頭長度，默認為 1.0。

(4) arrow_length_ratio：float 類型，箭頭相對於箭身的比例，默認為 0.3。

(5) normalize：bool 類型，如果設定為 True，所有箭頭長度都相同，默認為 False，即箭頭長度取決於 U、V、W 的值。

程式範例 | ch03_43

```python
import matplotlib.pyplot as plt
import numpy as np


fig = plt.figure()
axis = fig.gca(projection='3d')
# 產生格點資料
x, y, z = np.meshgrid(np.arange(-1.0, 1, 0.2),
                      np.arange(-1.0, 1, 0.2),
                      np.arange(-1.0, 1, 0.5))
```

```python
# 產生向量資料
u = np.sin(x)
v = -np.cos(y)
w = np.sin(z)
# 繪製向量場
axis.quiver(x, y, z, u, v, w, length=0.2, color = 'red', normalize=True)

# 設置 x,y,z 軸標籤
axis.set_xlabel("X", fontsize=14)
axis.set_ylabel("Y", fontsize=14)

axis.set_zlabel("Z", fontsize=14)
plt.show()
```

程式輸出

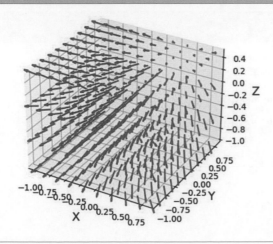

3-3　Pandas 介紹

　　Pandas 是非常強大的資料分析處理工具，基於 Python 程式語言建立，提供 Series 與 DataFrame 等資料結構，是應用於單維度 (Series) 或二維度 (DataFrame) 的數據分析時不可缺少的工具之一。在 3-3-1 先認識 Series 的基本概念，包含什麼是 Pandas Series，如何建立、取得、新增與修改 Pandas Series 資料，並介紹如何對 Pandas Series 資料做運算。在 3-3-2 介紹 Pandas DataFrame，並說明如何使用。

● 3-3-1　何謂 Pandas Series

　　Pandas Series 主要用於處理單一維度的資料，像 Excel 的某一欄，如圖 3-5：

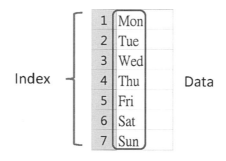

圖 3-5　Pandas Series 資料結構

1. 範例：利用 Pandas Series 儲存單維度的資料。

程式範例	ch03_44

```python
import pandas as pd
# 建立Pandas Series物件
data = pd.Series(["Mon","Tue","Wed","Thu",
                  "Fri","Sat","Sun",])
print(data)
```

程式輸出

```
0    Mon
1    Tue
2    Wed
3    Thu
4    Fri
5    Sat
6    Sun
dtype: object
```

Series 內部資料也可以是其他型態。

程式範例　│　**ch03_44 (內部資料型態為 bool 與 int)**

```
booldata = [True,False,False,True]
booldataS = pd.Series(booldata)
print(booldataS)
IntData = [10,20,30,40]
IntDataS = pd.Series(IntData)
print(IntDataS)
```

程式輸出

```
0    True
1    False
2    False
3    True
dtype: bool
0    10
1    20
2    30
3    40
dtype: int64
```

2. 延伸程式範例 ch03_44，自行設定 index 關鍵字參數 (不一定是從 0 開始的數字)。

程式範例 | ch03_45

```
import pandas as pd
# 建立Pandas Series物件
data = pd.Series(["Mon","Tue","Wed","Thu",
                  "Fri","Sat","Sun",],
                 index = ["m1","m2","m3","m4",
                          "m5","m6","m7",] )


print("data[\"m1\"] :",data["m1"])  # 列印 index = m1 的資料
print("data[0] :",data[0])  # 列印 index = 0 的資料
```

程式輸出

```
data["m1"] : Mon
data[0] : Mon
```

查詢是否存在某個 Index：若想知道 m1 index 是否在 data 程式裡面可如下寫法：

程式範例 |

```
a = 'm1' in data
print(a)
```

程式輸出

```
True
```

3. 利用 dictinary 轉成 Series。

程式範例 | ch03_46

```
import pandas as pd

dic_data ={'name':'Jacky','Degree':'Phd','sex':'Male '}
myData = pd.Series(dic_data)
print(myData)
print("myData['name'] :",myData['name'])
```

程式輸出

```
name        Jacky
Degree      Phd
sex         Male
dtype: object
myData['name'] : Jacky
```

4. 利用 append() 新增 Pandas Series 資料。

程式範例 | **ch03_47**

```
import pandas as pd
# 建立Pandas Series物件
data1 = pd.Series(["Mon","Tue","Wed","Thu"])
data2 = pd.Series(["Fri","Sat","Sun"])
data = data1.append(data2)
print(data)
```

程式輸出

```
0    Mon
1    Tue
2    Wed
3    Thu
0    Fri
1    Sat
2    Sun
dtype: object
```

注意：從程式範例 ch03_46 的執行結果會發現，當兩個 Pandas Series 物件合併後，會產生資料索引不連續的問題，可以在 append() 內加入參數『ignore_index = True』解決索引不連續問題。

程式範例　｜　ch03_48

```
import pandas as pd
# 建立Pandas Series物件
data1 = pd.Series(["Mon","Tue","Wed","Thu"])
data2 = pd.Series(["Fri","Sat","Sun"])
data = data1.append(data2,ignore_index=True)
print(data)
```

程式輸出

執行結果如程式範例 ch03_44

5. 讀取 Series 的 value 與 index：利用 .value 與 .index。

程式範例　｜　ch03_49

```
import pandas as pd
# 建立Pandas Series物件
data = pd.Series(["Jacky","Peter","Many","Joe"],
                index = ["n1","n2","n3","n4",])
print(data.index)
print(data.values)
```

程式輸出

```
Index(['n1', 'n2', 'n3', 'n4'], dtype='object')
['Jacky' 'Peter' 'Many' 'Joe']
```

6. 獲得 Series 的資料筆數：size 屬性。

程式範例　｜　ch03_50

```
import pandas as pd
# 建立Pandas Series物件
data = pd.Series(["Jacky","Peter","Many","Joe"],
                index = ["n1","n2","n3","n4",])
print(data.size)
```

程式輸出

4

7. 重新索引 (Reindexing)：利用 reindex() 來產生符合新索引的物件，若原物件
   並無某個索引，則為遺漏值。

程式範例 | **ch03_51**

```python
import pandas as pd
s1 = pd.Series([1, 2, 3, 4],
               index=['d', 'b', 'a', 'c'])
print(s1)
s2 = s1.reindex(['a', 'b', 'c', 'd', 'e'])
print(s2)
```

程式輸出

```
d    1
b    2
a    3
c    4
dtype: int64
a    3.0
b    2.0
c    4.0
d    1.0
e    NaN
dtype: float64
```

8. 固定值自動填補遺漏值：也可用 reindex(..., fill_value=...) 以固定值自動填補遺
   漏值。

程式範例 | **ch03_52**

```python
import pandas as pd
s1 = pd.Series(['a', 'b', 'c'],
               index=[1, 3, 5])
print(s1)
s2 = s1.reindex(range(6), fill_value=0)
print(s2)
```

程式輸出

```
1    a
3    b
5    c
dtype: object
0    0
1    a
2    0
3    b
4    0
5    c
dtype: object
```

9. Pandas 最常被用到的地方是數值運算：求最大值、前 n 大的數值、最小值、
   倒數最小的 n 個數值與平均數。

程式範例　│　**ch03_53**

```
import pandas as pd
numbers = pd.Series([10, 20, 30, 40, 50, 60])
print(numbers.max())     # 找最大值
print(numbers.nlargest(3))    # 最大的3個數值
print(numbers.min())     # 找最小值
print(numbers.nsmallest(3))    # 最小的3個數值
print(numbers.sum())    # 計算總和
print(numbers.mean())    # 計算平均值
```

程式輸出

```
60              10
5    60         0    10
4    50         1    20
3    40         2    30
dtype: int64   dtype: int64
               210
               35.0
```

10.關係運算 (取出符合條件的元素)。

程式範例	ch03_54

```
import pandas as pd
s = pd.Series([3, 4, 1, -4], index=['Mon', 'Tue', 'Wed', 'Thu'])
s1 = s[s>0]
print(s1)
```

程式輸出

```
Mon    3
Tue    4
Wed    1
dtype: int64
```

3-3-2 何謂 Pandas DataFrame

Pandas 的另一種數據結構是 DataFrame，是一種表格型的數據結構 (如圖 3-6)，含有共同的列索引，每行的資料型態（字串、整數、布林型值）可以不同。而 DataFrame 也可被看作由很多 Series 組成的資料型態。

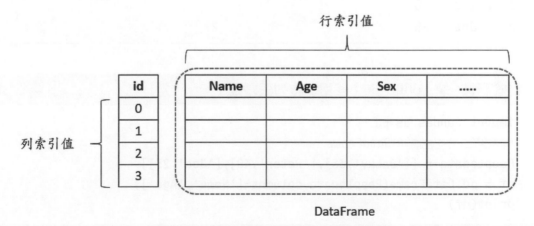

圖 3-6　Pandas DataFrame 資料結構

1. 建立 **Pandas DataFrame**：

DataFrame() 函數原型：

```
pandas.DataFrame( data, index, columns, dtype, copy)
```

參數介紹：

(1) data：欲變成 DataFrame 資料型態輸入的資訊，可為 ndarray、series、map、lists、dict 等類型。

(2) index：索引值，也是列標籤。

(3) columns：行標籤。

程式範例 ｜ **ch03_55（使用 ndarray 創建）**

```python
import pandas as pd
# 利用 ndarrays 創建 DataFrame
Peopledata = {'Name':['Jacky', 'Peter', 'Joe'], 'Age':[35, 40, 25]}
df = pd.DataFrame(Peopledata)
print (df)
```

程式輸出

```
    Name  Age
0  Jacky   35
1  Peter   40
2    Joe   25
```

程式範例 ｜ **ch03_56（使用二維列表創建）**

```python
import pandas as pd
# 利用二維列表創建 DataFrame
Peopledata = [['Jacky',35],['Peter',40],['Joe',25]]
df = pd.DataFrame(Peopledata,columns=['Name','Age'])
print(df)
```

程式輸出

```
    Name  Age
0  Jacky   35
1  Peter   40
2    Joe   25
```

程式範例　｜ **ch03_57 (使用 dict(字典) 創建)**

```python
import pandas as pd
# 利用二維列表創建 DataFrame
Peopledata = [{'Jacky':35,'Peter':40,'Joe':25},
              {'Jacky':'Phd','Joe':'master'}]
# 利用 index 參數來設定列索引
df = pd.DataFrame(Peopledata,index={'Name','Degree'})
print(df)
```

程式輸出

```
        Jacky   Peter      Joe
Degree     35    40.0       25
Name      Phd     NaN   master
```

注意：沒有對應的 Value 部分會以 NaN 表示。

程式範例　｜ **ch03_58**

分別利用 index 及 columns 屬性 (Attribute) 設定資料索引及欄位名稱。

```python
import pandas as pd

data = {
    "name": ["Jacky", "Peter", "John", "Joe"],
    "English": [90, 73, 78, 89],
    "chinese": [67, 70, 55, 45]
}
StudentDF = pd.DataFrame(data)
# 自訂索引值
StudentDF.columns = ["student_name", "English_score", "chinese_score"]
StudentDF.index = ["NO_1", "NO_2", "NO_3","NO_4"]   # 自訂欄位名稱
print(StudentDF)
```

程式輸出

```
      student_name  English_score  chinese_score
NO_1         Jacky             90             67
NO_2         Peter             73             70
NO_3          John             78             55
NO_4           Joe             89             45
```

2. 取出 Pandas DataFrame 資料：

利用中括號指定「欄位名稱」或「資料索引值」取得指定資料。

程式範例	ch03_59

```python
import pandas as pd
data = {
    "name": ["Jacky", "Peter", "John", "Joe"],
    "English": [90, 73, 78, 89],
    "chinese": [67, 70, 55, 45]
}
StudentDF = pd.DataFrame(data)
# 取得全部欄位資料
print(StudentDF)
# 取得單一欄位資料
print(StudentDF["name"])
# 取得多個欄位資料
print(StudentDF[["name","English"]])
# 取得多個索引的欄位資料
print(StudentDF[0:4])
```

程式輸出

```
    name  English  chinese          name  English
0  Jacky      90       67      0  Jacky      90
1  Peter      73       70      1  Peter      73
2   John      78       55      2   John      78
3    Joe      89       45      3    Joe      89
0  Jacky                               name  English  chinese
1  Peter                          0  Jacky      90       67
2   John                          1  Peter      73       70
3    Joe                          2   John      78       55
Name: name, dtype: object           3    Joe      89       45
```

利用 at[資料索引值 , 欄位名稱] 取得「指定值」。

程式範例 | ch03_60

```python
import pandas as pd

data = {
    "name": ["Jacky", "Peter", "John", "Joe"],
    "English": [90, 73, 78, 89],
    "chinese": [67, 70, 55, 45]
}
studentdf = pd.DataFrame(data)
print(studentdf.at[1, "English"])
```

程式輸出

```
73
```

利用 loc[資料索引值 , 欄位名稱] 取得部分「資料集」。

程式範例 | ch03_61

```python
import pandas as pd

data = {
    "name": ["Jacky", "Peter", "John", "Joe"],
    "English": [90, 73, 78, 89],
    "chinese": [67, 70, 55, 45]
}
studentdf = pd.DataFrame(data)
print(studentdf.loc[[1,3], ["name","English"]])
```

程式輸出

```
   name  English
1  Peter      73
3    Joe      89
```

利用 iloc[資料索引值, 欄位順序] 取得部分「資料集」。

程式範例 | ch03_62

```
import pandas as pd

data = {
    "name": ["Jacky", "Peter", "John", "Joe"],
    "English": [90, 73, 78, 89],
    "chinese": [67, 70, 55, 45]
}
studentdf = pd.DataFrame(data)
print(studentdf.iloc[[1, 3], [0, 2]])
```

程式輸出

```
    name  chinese
1  Peter       70
3    Joe       45
```

3. 新增、修改與刪除 Pandas DataFrame 資料。

　(1) 利用 insert() 函數在指定欄位位置新增欄位資料。

　(2) 利用 append() 函數傳入字典 (Dictionary)，指定各欄位的值新增一筆或一列資料。

程式範例 | ch03_63

```
import pandas as pd

data = {
    "name": ["Jacky", "Peter", "John", "Joe"],
    "English": [90, 73, 78, 89],
    "chinese": [67, 70, 55, 45]
}
studentdf = pd.DataFrame(data)
# 新增一個欄位資料
```

```
studentdf.insert(2, column="Math", value=[90, 75, 80, 90])
print(studentdf)
# 新增一筆資料
NewStudDf = studentdf.append({
    "name":"Steven",
    "English":90,
    "chinese":80,
    "Math":100},ignore_index=True)
print(NewStudDf)
```

程式輸出

```
    name  English  Math  chinese
0  Jacky       90    90       67
1  Peter       73    75       70
2   John       78    80       55
3    Joe       89    90       45
    name  English  Math  chinese
0  Jacky       90    90       67
1  Peter       73    75       70
2   John       78    80       55
3    Joe       89    90       45
4 Steven       90   100       80
```

　　利用 concat() 函數合併多個 Pandas DataFrame 結構，並回傳合併後的 Pandas DataFrame 資料集。

程式範例	ch03_64

```python
import pandas as pd

data = {
    "name": ["Jacky", "Peter", "John", "Joe"],
    "English": [90, 73, 78, 89],
    "chinese": [67, 70, 55, 45]
}
studentDf = pd.DataFrame(data)
otherStudDf = pd.DataFrame({
    "name":["Steven"],
    "English":[90],
    "chinese":[80],
})
newStudDf = pd.concat([studentDf,otherStudDf],ignore_index=True)
print(newStudDf)
```

程式輸出

```
     name  English  chinese
0   Jacky       90       67
1   Peter       73       70
2    John       78       55
3     Joe       89       45
4  Steven       90       80
```

利用 at[](只能根據行 / 列名查詢) 及 iat[](只能根據行 / 列索引查詢) 取得修改值進行修改。

程式範例	ch03_65

```python
import pandas as pd

data = {
    "name": ["Jacky", "Peter", "John", "Joe"],
    "English": [90, 73, 78, 89],
    "chinese": [67, 70, 55, 45]
}

studentDf = pd.DataFrame(data)
# 修改索引值為0的English欄位資料
studentDf.at[0, "English"] = 70
# 修改索引值為2的第三個欄位資料
studentDf.iat[2, 2] = 100
print(studentDf)
```

程式輸出

```
    name  English  chinese
0  Jacky       70       67
1  Peter       73       70
2   John       78      100
3    Joe       89       45
```

利用 drop(欄位名稱串列 ,axis=1) 刪除指定欄位或 drop(索引串列 ,axis=0) 刪除指定資料，並回傳刪除步驟後的 Pandas DataFrame 資料集。

程式範例 ｜ ch03_66

```python
import pandas as pd

data = {
    "name": ["Jacky", "Peter", "John", "Joe"],
    "English": [90, 73, 78, 89],
    "chinese": [67, 70, 55, 45]
}
studentDf = pd.DataFrame(data)
# 刪除English欄位資料
new_df1 = studentDf.drop(["English"], axis=1)
print(new_df1)
# 刪除第一筆及第三筆人物資料
new_df2 = studentDf.drop([0,2], axis=0)
print(new_df2)
```

程式輸出

```
    name  chinese
0  Jacky       67
1  Peter       70
2   John       55
3    Joe       45


    name  English  chinese
1  Peter       73       70
3    Joe       89       45
```

利用 dropna() 刪除含有 NaN 或空值的資料，並回傳一個新的 Pandas DataFrame 資料集，此函數常在進行資料清洗時使用。

程式範例 | **ch03_67**

```python
import pandas as pd
import numpy as np

data = {
    "name": ["Jacky", "Peter", "John", np.NaN],
    "English": [90, np.NaN, 70, 80],
    "math": [88, 65, 67, 95],
    "chinese": [81, 92, 73, 77]
}
studentDf = pd.DataFrame(data)
# 印出原始 DF
print(studentDf)
newstudentDf = studentDf.dropna()
# 印出刪除 NaN 欄位後 DF
print(newstudentDf)
```

程式輸出

```
    name  English  math  chinese
0  Jacky     90.0    88       81
1  Peter      NaN    65       92
2   John     70.0    67       73
3    NaN     80.0    95       77
    name  English  math  chinese
0  Jacky     90.0    88       81
2   John     70.0    67       73
```

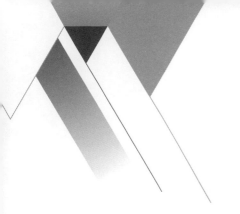

Chapter 4
張量的基礎與進階應用

4-1 張量 (tensor) 介紹

生活中，描述某個物件或對象時，最簡單的方法就是列出它的屬性或特徵說明，例如可通過「顏色」、「引擎類型」、「形狀」等特徵描述一輛汽車 (如圖 4-1)。若列出的序列特徵用數字表示，在數學上被稱為特徵向量，特徵向量在 TensorFlow 的保存方式是用「張量」表示。在 TensorFlow 所有的運算操作 (Operation ，OP) 也是基於張量進行。一個複雜的神經網路計算方法是各種張量相乘、相加等基本運算操作組合。

汽車：「顏色，引擎類型，形狀，…」

圖 4-1　用一維陣列的方式描述一台車子

因此，「張量」可說是一種數學表達方式，記錄與描述所有鏈接在一起的數字對象間的關係。

數據類型介紹

在寫 TensorFlow 程式時，主要數據操作和傳遞對象就是張量。一個張量對象有下列屬性：

1. 一個形狀 (標量、向量、矩陣等)。
2. 一種數據類型 (如 float32、int32、bool 或 string)。

● 4-2-1　張量形狀

張量形狀主要利用維度 (或稱階) 區分。

1. **標量 (Scalar)**：一個標量是一個單獨的數，如 1，2.2，3.3 等，維度數 (Dimension) 為 0，shape 為 []。圖 4-2(a) 的資料形狀就是 []。

2. **向量 (Vector)**：n 個實數的有序集合，通過次序索引，可獲取每個單獨的數。表達時，使用中括號包起來，如 [1.2] ，[1.2,3.4] 等，維度數為 1，長度不定，shape 為 [n]。圖 4-2(b) 的資料形狀就是 [6]。

3. **矩陣 (Matrix)**：n 列 m 行實數的有序集合，如 [[1,2] ，[3,4] ，[5,6]]，三列二行的矩陣，也可寫成維度數為 2，每個維度的長度不定，shape 為 [n, m]。圖 4-2(c) 的資料形狀就是 [6,4]。

4. **張量 (Tensor)**：所有維度數 dim > 2 的陣列統稱為張量，如圖 4-2(d)。張量的每個維度也稱軸 (Axis)，一般維度表具體的物理涵義，如 shape 為 [4,3,240,320] 的張量代表有 4 維，若表示圖片數據，每個維度 / 軸代表的涵義分別是圖片數量、圖片通道數、圖片高度、圖片寬度，其中 4 代表 4 張圖片，3 代表 RGB 共 3 個通道，240 代表高度、320 代表寬度。張量維度數目及每個維度代表涵義必須由用戶自行定義。圖 4-2(d) 的資料形狀就是 [3,6,4]。

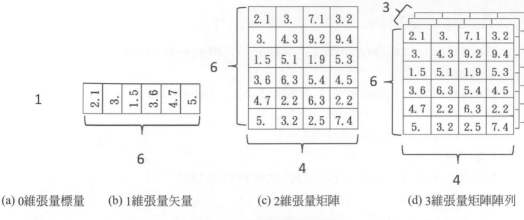

(a) 0維張量標量　　(b) 1維張量矢量　　(c) 2維張量矩陣　　(d) 3維張量矩陣陣列

圖 4-2　張量形狀示意圖

在 TensorFlow，有時為表達方便，會把標量、向量、矩陣統稱為張量，並不區分。

先學習如何在 Tendorflow 創建各種張量及如何顯示各張量的維度值。

程式範例　|　ch04_1

```python
import tensorflow as tf

# 利用 tf 創造標量
scalarValue = tf.constant(3.2)
# 利用 tf 創造向量
vectorValue = tf.constant([1.2,2.4,3.6])
# 利用 tf 創造矩陣
materixValue = tf.constant([[1.2,2.4,3.6],
                            [4.8,5.0,6.2]])
# 利用 tf 創造多維矩陣

multiMaterixValue = tf.constant([[[1.2,2.4],[3.6,4.8]],
                                 [[2.1,4.2],[6.3,8.4]]])
print("scalarValue =",scalarValue,"   shape :",
      scalarValue.shape)
print("vectorValue =",vectorValue,"   shape :",
      vectorValue.shape)
print("materixValue =",materixValue,"   shape :",
      materixValue.shape)
print("multiMaterixValue =",multiMaterixValue,"   shape :",
      multiMaterixValue.shape)
```

程式輸出

```
scalarValue = tf.Tensor(3.2, shape=(), dtype=float32)
    shape : ()
vectorValue = tf.Tensor([1.2 2.4 3.6], shape=(3,),
 dtype=float32)     shape : (3,)
materixValue = tf.Tensor(
[[1.2 2.4 3.6]
 [4.8 5.  6.2]], shape=(2, 3), dtype=float32)
 shape : (2, 3)

multiMaterixValue = tf.Tensor(
[[[1.2 2.4]
   [3.6 4.8]]

 [[2.1 4.2]
   [6.3 8.4]]], shape=(2, 2, 2), dtype=float32)
  shape : (2, 2, 2)
```

說明：

tf.constant:TensorFlow 提供 constant(常數) 類別，可放入各式資料型態做一些基礎運算，例 tf.add(加法) 等。

整理：

張量的維數用階表示：

0 階張量 (標量)：單個值，例：a = 1。

1 階張量 (向量)：1 維陣列，例：a = [1,2,3]。

2 階張量 (矩陣)：2 維陣列，例：a = [[1,2,3],[4,5,6]]。

n 階張量 (張量)：n 維陣列，例：a = [[[[...n 個括號 ...]]]]]。

程式中，直接利用 .shape 印出 constant 形狀內容，在執行結果，shape 表示張量形狀，dtype 表示張量數值類型，若想將數據導出利用，可利用 numpy() 返回 Numpy.array 類型數據。範例如下：

程式範例

```
numValue = vectorValue.numpy()
print(numValue)
```

程式輸出

```
[1.2 2.4 3.6]
```

想知道目前張量階數，可以用 .ndim 印出一個張量階數，如下範例：

程式範例　｜ ch04_2

```
Degree3 = tf.constant([[[1.2,2.4],[3.6,4.8]],[[2.1,4.2],[6.3,8.4]]])
print(Degree3.ndim)    # 印出 Degree3 張量的階數
```

程式輸出

```
3
```

Tensorflow 為區分需要計算梯度信息的張量與不需要計算梯度信息的張量，增加一種專門的數據類型支持梯度訊息的記錄：tf.Variable。

通過 tf.Variable() 函數可將普通張量轉為待優化張量，例如：

程式範例　｜ ch04_3

```
import tensorflow as tf

Var1 = tf.Variable([1,2,3,4,5])      # 直接指定初值
a = tf.constant([6,7,8,9,10])        # 創建張量
Var2 = tf.Variable(a)                # 轉換成 variable 類型

print("Var1 的 name :",Var1.name, "是否可求導 : ",Var1.trainable)
print("Var2 的 name :",Var2.name, "是否可求導 : ",Var2.trainable)
```

> **程式輸出**
>
> ```
> Var1 的 name : Variable:0 是否可求導 :  True
> Var2 的 name : Variable:0 是否可求導 :  True
> ```

　　tf.Variable 在普通張量類型基礎添加 name，trainable 等屬性支持計算圖的構建 (詳見 5-4-1 節)。由於梯度運算會消耗大量計算資源，且會自動更新相關參數，不需要優化的張量，如神經網路的輸入 (常數值) 不需要通過 tf.Variable 封裝；相反，需要計算梯度並優化的張量，如神經網路層的權重 (W) 和偏移值 (b) 需要通過 tf.Variable 轉換，方便讓 TensorFlow 追蹤相關梯度信息。

　　此外，TensorFlow 除可用上列方法，還可通過其他方式創建張量，例如先從 Python 列表創建數據或從 Numpy 提供 array() 創建陣列數據，都可經由 tf.convert_to_tensor 轉成 Tensor 形式。

> **程式範例**　　│　**ch04_4**
>
> ```python
> tfconv1 = tf.convert_to_tensor([[1,2],[3,4]])  # 由 list創建張量
> numArr = np.array([[1,2],[3,4]])
> tfconv2 = tf.convert_to_tensor(numArr)  # 由 np.array 創建陣列再轉換成張量
> print(" tfconv1 : ",tfconv1)
> print(" tfconv2 : ",tfconv2)
> ```
>
> **程式輸出**
>
> ```
>  tfconv1 :  tf.Tensor(
> [[1 2]
>  [3 4]], shape=(2, 2), dtype=int32)
>  tfconv2 :  tf.Tensor(
> [[1 2]
>  [3 4]], shape=(2, 2), dtype=int32)
> ```

　　不管利用 tf.constant() 或 tf.convert_to_tensor() 函數都能自動把 Numpy 陣列或 Python 列表數據類型轉為 Tensor 類型。

4-2-2 張量的數值類型

TensorFlow 的基本數據類型，包含數值型態、字串型態和布爾型態。

一、數值類型的張量

數值運算時，可能因某些任務而對數值精度有需求，如浮點數 3.14 既可保存爲 16-bit 長度，也可保存爲 32-bit，甚至 64-bit 的精度。Bit 位越長，精度越高，同時佔用的內存空間就越大。常用精度類型有 tf.int16、tf.int32、tf.int64、tf.float16、tf.float32、tf.float64，其中 tf.float64 爲 tf.double。創建張量時，可指定張量的保存精度。表 4-1 列出 Python 與 TensorFlow 數據相對應的類型表示方式。

表 4-1 tensorFlow 的數據類型列表

Python 數據類型	TensorFlow 數據類型	描述
DT_FLOAT	tf.float32	32 位元浮點數
DT_DOUBLE	tf.float64	64 位元浮點數
DT_INT64	tf.int64	64 位元有號整數
DT_INT32	tf.int32	32 位元有號整數
DT_INT16	tf.int16	16 位元有號整數
DT_INT8	tf.int8	8 位元有號整數
DT_UINT8	tf.uint8	8 位元無號整數
DT_STRING	tf.string	字串型態
DT_BOOL	tf.bool	布林型態
DT_COMPLEX64	tf.complex64	64 位元複數
DT_QINT32	tf.qint32	量化的 16 位元有符號整數
DT_QINT8	tf.qint8	量化的 8 位元有符號整數
DT_QUINT8	tf.quint8	量化的 8 位元無符號整數

程式範例 ch04_5 展示幾種數值轉換方式。

程式範例	ch04_5

```python
import tensorflow as tf
import numpy as np

print(tf.constant(12345, dtype= tf.int16))
print(tf.constant(12345, dtype= tf.int32))

print(tf.constant(123456789, dtype= tf.int16))
print(tf.constant(123456789, dtype= tf.int32))
```

程式輸出

```
tf.Tensor(12345, shape=(), dtype=int16)
tf.Tensor(12345, shape=(), dtype=int32)
tf.Tensor(-13035, shape=(), dtype=int16)
tf.Tensor(123456789, shape=(), dtype=int32)
```

從程式範例 ch04_5 可以看到，當設定的數值皆為 12345 時，int16 與 int32 儲存數值空間大小皆可容納此數值，因此不會有問題，但數值變成 123456789 時，int16 已無儲存空間容納此數值，會有溢位 (overflow) 產生。

對於浮點數，高精度張量可表示更精準數據 (小數點以下可保存更多位數)，例如採用 tf.float32 精度保存 π 時，實際保存的數據為 3.1415927，若採用 tf.float64 精度保存 π，則可保存到 3.141592653589793。

程式範例 | **ch04_6**

```
print(tf.constant(np.pi, dtype= tf.float32))  # 利用 tf.float32 保存 pi 常量
print(tf.constant(np.pi, dtype= tf.float64))  # 利用 tf.float64 保存 pi 常量
```

程式輸出

```
tf.Tensor(3.1415927, shape=(), dtype=float32)
tf.Tensor(3.141592653589793, shape=(), dtype=float64)
```

讀取精度：可通過訪問張量的 dtype 成員屬性判斷張量的保存精度。

程式範例 | **ch04_7**

```
a = tf.constant(123456789, dtype= tf.int16)
b = tf.constant(123456789, dtype= tf.int32)
print("a = ",a,"dtype = ", a.dtype)
print("b = ",b,"dtype = ", b.dtype)
```

程式輸出

```
a =  tf.Tensor(-13035, shape=(), dtype=int16) dtype =  <dtype: 'int16'>
b =  tf.Tensor(123456789, shape=(), dtype=int32) dtype =  <dtype: 'int32'>
```

1. 創建全 0、全 1 的張量：

創建元素值為全 0 或全 1 的張量是常見的初始化手段，通過 torch.zeros() 和 torch.ones() 函數可創建任意形狀，且元素值全為 0 或全為 1 的張量。

程式範例　│　ch04_8

```
szero = tf.zeros([])  # 創建全為 0 的標量
sone = tf.ones([])    # 創建全為 1 的標量
print('szero :',szero)
print('sone :',sone)

Vzero = tf.zeros([3])    # 創建全為 0 的向量
Vone = tf.ones([3])      # 創建全為 1 的向量
print('Vzero :',Vzero)
print('Vone :',Vone)

Mzero = tf.zeros([2,3])    # 創建全為 0 的矩陣        Mz1 = tf.zeros([2,3])
Mone = tf.ones([2,3])      # 創建全為 1 的矩陣        Mz2 = tf.zeros_like(Mz1)
print('Mzero :',Mzero)                               Mo1 = tf.ones([2,3])
print('Mone :',Mone)                                 Mo2 = tf.ones_like(Mo1)
```

程式輸出

```
a =  tf.Tensor(-13035, shape=(), dtype=int16) dtype =  <dtype: 'int16'>
b =  tf.Tensor(123456789, shape=(), dtype=int32) dtype =  <dtype: 'int32'>
szero : tf.Tensor(0.0, shape=(), dtype=float32)
sone : tf.Tensor(1.0, shape=(), dtype=float32)
Vzero : tf.Tensor([0. 0. 0.], shape=(3,), dtype=float32)
Vone : tf.Tensor([1. 1. 1.], shape=(3,), dtype=float32)
Mzero : tf.Tensor(
[[0. 0. 0.]
 [0. 0. 0.]], shape=(2, 3), dtype=float32)

Mone : tf.Tensor(
[[1. 1. 1.]
 [1. 1. 1.]], shape=(2, 3), dtype=float32)
```

　　也可通過 tf.zeros_like()、tf.ones_like() 兩函數創建與某張量 shape 一致，且內容全為 0 或全為 1 的張量。例如創建與張量 M 形狀一樣的全 0 張量。

程式範例 | **ch04_9**

```
Mz1 = tf.zeros([2,3])
Mz2 = tf.zeros_like(Mz1)
Mo1 = tf.ones([2,3])
Mo2 = tf.ones_like(Mo1)
print('Mz1 :',Mz1)
print('Mz2 :',Mz2)
print('Mo1 :',Mo1)
print('Mo2 :',Mo2)
```

程式輸出

```
Mz1 : tf.Tensor(
[[0. 0. 0.]
 [0. 0. 0.]], shape=(2, 3), dtype=float32)
Mz2 : tf.Tensor(
[[0. 0. 0.]
 [0. 0. 0.]], shape=(2, 3), dtype=float32)
Mo1 : tf.Tensor(
[[1. 1. 1.]
 [1. 1. 1.]], shape=(2, 3), dtype=float32)
Mo2 : tf.Tensor(
[[1. 1. 1.]
 [1. 1. 1.]], shape=(2, 3), dtype=float32)
```

2. 創建正態分佈的張量：

函數原型：

tf.random_normal(shape, mean=0.0, stddev=1.0, dtype=tf.float32, seed=None, name=None)

參數介紹：

(1) shape：一維的張量，也是輸出的張量。

(2) mean：正態分佈的平均值。

(3) stddev：正態分佈的標準差。

(4) dtype：輸出的型別。

(5) seed：一個整數，當設定後，每次生成的隨機數都一樣。

(6) name：操作的名字。

正態分佈 (Normal Distribution 或 Gaussian Distribution，又稱高斯分佈)，正態曲線呈鐘型，兩頭低，中間高，左右對稱，和均勻分佈 (Uniform Distribution) 是常見資料分佈，創建採樣自此二種分佈的張量非常有用 (有時在做數值初始時，會採用此二種分佈方法)。例如創建平均值為 0，標準差為 1 的正態分佈：

程式範例　│　ch04_10

```
n1 = tf.random.normal([2,3])
n2 = tf.random.normal([2,3],mean=0.0,stddev=1.0)
print(n1)
print(n2)
```

程式輸出

```
tf.Tensor(
[[-0.54764986  0.90254784 -0.8859528 ]
 [-0.57022697  0.26692     1.3834194 ]], shape=(2, 3), dtype=float32)
tf.Tensor(
[[-0.49936622  1.0484631  -2.2871478 ]
 [-1.423625   -0.00815747 -0.08209722]], shape=(2, 3), dtype=float32)
```

創建平均值為 1，標準差為 2 的正態分佈：

程式範例　│　ch04_11

```
n3 = tf.random.normal([2,3],mean=1.0,stddev=2.0)
print(n3)
```

程式輸出

```
tf.Tensor(
[[ 0.31597894 -2.5479243   4.210814  ]
 [ 0.5216583   0.4277503   2.7024665 ]], shape=(2, 3), dtype=float32)
```

設置隨機種子：

若想保證多次生成的隨機數張量一致，可設置相同隨機種子。

程式範例	ch04_12

```
tf.random.set_seed(10)
n1 = tf.random.normal([2,3])
tf.random.set_seed(10)
n2 = tf.random.normal([2,3])
print('n1 :',n1)
print('n2 :',n2)
```

程式輸出

```
n1 : tf.Tensor(
[[-0.8757808   0.33563688 -0.35219625]
 [-0.30314562 -0.03882965  0.9652983 ]], shape=(2, 3), dtype=float32)
n2 : tf.Tensor(
[[-0.8757808   0.33563688 -0.35219625]
 [-0.30314562 -0.03882965  0.9652983 ]], shape=(2, 3), dtype=float32)
```

3. 均勻分佈 (Uniform Distribution)：

函數原型：

tf.random.uniform(shape, minval=0, maxval=None, dtype=tf.dtypes.
float32, seed=None, name=None)

參數介紹：

(1) shape：輸出張量的形狀。

(2) minval：要生成隨機值範圍的下限。默認為 0。

(3) maxval：要生成隨機值範圍的上限。若 dtype 是浮點，則默認為 1。

(4) dtype：輸出的類型。

(5) seed：分發創建隨機種子。

(6) name：操作的名稱 (可選)。

程式範例	ch04_13

```
u1 = tf.random.uniform([2,3],maxval=50,dtype=tf.int32)
print(u1)
```

程式輸出

```
tf.Tensor(
[[33 22 42]
 [25 41 48]], shape=(2, 3), dtype=int32)
```

4. 創建序列：

在循環計算或對張量進行索引，需要創建一段連續的整形序列，可通過 tf.range() 函數實現。

通過 tf.range(start, limit, delta=1) 可創建 [,)，步長為 delta 的序列，不包含 limit 本身：

程式範例	ch04_14

```
import tensorflow as tf
a1 = tf.range(10)   # 創建一個 0~10(不包含10),步長為1的序列
a2 = tf.range(10,delta=2)  # 創建一個 0~10(不包含10),步長為2的序列
a3 = tf.range(10,30,delta=2)   # 創建一個 10~30(不包含30),步長為2的序列
print(a1)
print(a2)
print(a3)
```

程式輸出

```
tf.Tensor([0 1 2 3 4 5 6 7 8 9], shape=(10,), dtype=int32)
tf.Tensor([0 2 4 6 8], shape=(5,), dtype=int32)
tf.Tensor([10 12 14 16 18 20 22 24 26 28], shape=(10,), dtype=int32)
```

二、字串類型的張量：

TensorFlow 除提供多樣數值類型張量，還支持字串 (String) 類型的數據，例如在讀取圖片數據時，可事先記錄圖片的儲存路徑，再通過預處理函數根據所儲存的路徑讀取圖片數據，此路徑可用字串張量保存。

程式範例　| ch04_15

```
import tensorflow as tf

str1 = tf.constant("Hello, Tensorflow ")
str2 = tf.convert_to_tensor("Hello, Python")
print('str1 :',str1,' shape :', str1.shape)    # 印出字串內容與形狀
print('str2 :',str2,' shape :', str2.shape)
```

程式輸出

```
str1 : tf.Tensor(b'Hello, Tensorflow ', shape=(), dtype=string)  shape : ()
str2 : tf.Tensor(b'Hello, Python', shape=(), dtype=string)  shape : ()
```

由程式範例 ch04_15 執行結果，當字串為 0 D，代表純量意思，其 shape 為 0。

在 tf.strings 模組，提供常見字串型別的工具函數，如字串轉小寫 lower()、字串轉大寫 upper、計算字串長度 length() 等。

程式範例　| ch04_16

```
str = tf.constant('I like Python Language')
str1 = tf.strings.lower(str)  # 將 str 字串通通轉成小寫
print(str1)
str2 = tf.strings.upper(str)  # 將 str 字串通通轉成大寫
print(str2)
print(tf.strings.length(str2))  # 計算 str字串長度
```

程式輸出

```
tf.Tensor(b'i like python language', shape=(), dtype=string)
tf.Tensor(b'I LIKE PYTHON LANGUAGE', shape=(), dtype=string)
tf.Tensor(22, shape=(), dtype=int32)
```

此外 tf.strings 模組也提供字串切割、合併、插入等相關函數。

1. split() 函數：

split() 函數可實現將一個字符串依指定的分隔符號，分成多個子字串，子字串會被保存到列表 (list)，不包含分隔符，作為函數的返回值傳回來。

程式範例	ch04_17

```
str = tf.constant('I like Python Language')
str1 = tf.strings.split(str,' ')    # 以空格當作分離字元
print(str1)
str = tf.constant('I-like-Python-Language')
str2 = tf.strings.split(str,'-')    # 以'-'當作分離字元
print(str2)
```

程式輸出

```
tf.Tensor([b'I' b'like' b'Python' b'Language'], shape=(4,), dtype=string)
tf.Tensor([b'I' b'like' b'Python' b'Language'], shape=(4,), dtype=string)
```

2. join() 函數：

join() 函數是重要的字串方法，split() 方法的反向，將列表 (或元組) 包含多個字串連接成一個字串。

程式範例	ch04_18

```
# 宣告一個字串串列張量
str = tf.constant(['I','like','Python','Language','very','much'])
# 使用給定的分隔符（默認為空分隔符），將給定的字符串張量列表中的字符串連接成一個張量
str1 = tf.strings.join(str,separator= '-')
print(str1)
```

程式輸出

```
tf.Tensor(b'I-like-Python-Language-very-much', shape=(), dtype=string)
```

在程式範例 ch04_18，使用給定的分隔符「-」將列表字串做合併。

3. substr 函數：

substr() 函數對於輸入 Tensor 的每個字符串，創建一個從索引 pos 開始，總長度為 len 的子字符串。

程式範例	ch04_19

```
str = tf.constant('I like Python Language very much')
substr = tf.strings.substr(str, pos=2,len=11)
print(substr)
```

程式輸出

```
tf.Tensor(b'like Python', shape=(), dtype=string)
```

注意：substr 最多支持兩個維度。

程式範例	ch04_20

```
str = tf.constant([['Hello'],['Python']])
substr = tf.strings.substr(str, pos=1,len=3)
print(substr)
```

程式輸出

```
tf.Tensor(
[[b'ell']
 [b'yth']], shape=(2, 1), dtype=string)
```

三、布林類型的張量：

為方便表達比較運算的結果，TensorFlow 支援布林類型 (Boolean，簡稱 bool) 的張量。布林類型的張量只需要傳入 Python 語言的布林類型數據，轉成 TensorFlow 內部布林型即可，例如：

程式範例	ch04_21

```
import tensorflow as tf

bool1 = tf.constant(True)
bool2 = tf.constant([True])
bool3 = tf.constant([[True],[False]])
print(bool1)
print(bool2)
print(bool3)
```

程式輸出

```
tf.Tensor(True, shape=(), dtype=bool)
tf.Tensor([ True], shape=(1,), dtype=bool)
tf.Tensor(
[[ True]
 [False]], shape=(2, 1), dtype=bool)
```

4-3　張量的各種運算

● 4-3-1　數據類型轉換

　　程式作運算時，會因為數據類型、數值精度可能各不相同，例如讀入的圖片如果是 int8 類型的，要在訓練前把圖像的數據格式轉為 float32。對於不符合要求的張量類型及精度，需要通過 tf.cast 函數進行轉換。

　　函數原型：

cast(x, dtype, name=None)：

參數介紹：

(1) 第一個參數 x：待轉換的數據 (張量)。

(2) 第二個參數 dtype：目標數據類型。

(3) 第三個參數 name：可選參數，定義操作的名稱。

程式範例 | ch04_22

```
import tensorflow as tf

i1 = tf.constant([1, 2, 3, 4, 5])
f1 = tf.cast(i1, dtype=tf.float32)    # int32 轉換為 float32
print(i1)
print(f1)
```

程式輸出

```
tf.Tensor([1 2 3 4 5], shape=(5,), dtype=int32)
tf.Tensor([1. 2. 3. 4. 5.], shape=(5,), dtype=float32)
```

注意：進行數據類型轉換時，需保證轉換操作合理性，例如將高精度的張量轉換為低精度的張量，可能發生數據溢位 (overflow) 問題，如下程式範例。

程式範例 | ch04_23

```
int1 = tf.constant(123456789, dtype=tf.int32)
int2 = tf.cast(int1,tf.int16)
print(int2)
```

程式輸出

```
tf.Tensor(-13035, shape=(), dtype=int16)
```

布林類型與整數類型間的相互轉換是允許的，是較常見的操作。

程式範例 | ch04_24

```
i1 = tf.constant([True,True,False,False])
b1 = tf.cast(i1,tf.int32)
print(b1)
```

程式輸出

```
tf.Tensor([1 1 0 0], shape=(4,), dtype=int32)
```

一般默認 0 表示 False，1 表示 True，在 TensorFlow，非 0 數字都為 True。

程式範例	ch04_25

```
i1 = tf.constant([2,0,-3,1])
b1 = tf.cast(i1,tf.bool)
print(b1)
```

程式輸出

```
tf.Tensor([ True False  True  True], shape=(4,), dtype=bool)
```

4-3-2　張量的索引與切片

索引是操作張量的基本方式之一，在 TensorFlow，支持基本的 [i][j]…標準索引方式，也支持通過逗號分隔索引號的索引方式，例如 [i,j, … ,k]。

程式範例	ch04_26

```
a = tf.constant([[1,2,3],[4,5,6]])
print(a[1])
print(a[1][0])
print(a[1,0])    # 與 a[1][0] 用法同
```

程式輸出

```
tf.Tensor([4 5 6], shape=(3,), dtype=int32)
tf.Tensor(4, shape=(), dtype=int32)
tf.Tensor(4, shape=(), dtype=int32)
```

1. 切片 (slice)：

可以通過 start: end: step 切片方式方便提取一段數據。其中 start 為開始讀取位置的索引 (可省略，默認值是 0)；end 為結束讀取位置的索引 (不包含 end 位，end 可省略，默認值包含最後一個元素)；step 為採樣步長 (step 可省略，默認值是 1)，start 和 end 間的冒號不能省略。還有一個語法是省略號，省略號表示被省略的維度中，取所有 shape。例如全部省略即為 ::，表示從最開始讀取到最末尾，步長為 1，即不跳過任何元素。如 a[0,::] 表示讀取第 1 張圖片的所有列，其中 :: 表示在列維度讀取所有列，等價於 a[0] 的寫法：

程式範例 | **ch04_27**

```
a = tf.constant([[1,2,3,4],[4,5,6,7],[7,8,9,10]])
print("a[::] = ",a[::])     # 讀取所有元素
print("a[:] = ",a[:])       # 讀取所有元素, 與 a[::]同
print("a[0] =",a[0])        # 讀取a[0]的所有元素
print("a[1:2,::] = ",a[1:2,::])     # 讀取 a[1] 的所有元素
print("a[:,0:4:2] = ", a[:,0:4:2])   # 讀取所有列中第0~3行,行步階為2所有元素
```

程式輸出

```
a[::] =  tf.Tensor(
[[ 1  2  3  4]
 [ 4  5  6  7]
 [ 7  8  9 10]], shape=(3, 4), dtype=int32)

a[:] =  tf.Tensor(
[[ 1  2  3  4]
 [ 4  5  6  7]
 [ 7  8  9 10]], shape=(3, 4), dtype=int32)
a[0] = tf.Tensor([1 2 3 4], shape=(4,), dtype=int32)
a[1:2,::] =  tf.Tensor([[4 5 6 7]], shape=(1, 4), dtype=int32)
a[:,0:4:2] =  tf.Tensor(
[[1 3]
 [4 6]
 [7 9]], shape=(3, 2), dtype=int32)
```

圖解 a[:,0:4:2]

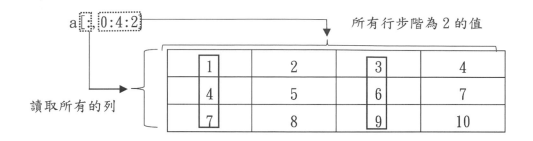

表 4-2　切片格式總結

切片方式	意義
start:end:step	從 start 開始讀取到 end (不包含 end)，步長為 step
start:end	從 start 開始讀取到 end (不包含 end)，步長為 1
start:	從 start 開始讀取完後續讀所有元素，步長為 1
start::step	從 start 開始讀取完後續讀所有元素，步長為 step
:end:step	從 0 開始讀取到 end (不包含 end)，步長為 step
:end	從 0 開始讀取到 end (不包含 end)，步長為 1
::step	步長為 step 採樣
::	讀取所有元素
:	讀取所有元素

說明：

step 可為負數，考慮最特殊的例子，當 step = － 1，start: end: － 1 表示從 start 開始，逆序讀取至 end 結束 (不包含 end)，索引號 end ≦ start。考慮一個 0~10 的簡單序列向量，逆序取到第 1 號元素，不包含第 1 號：

| 程式範例 | ch04_28 |

```
arr = tf.range(10)      # 創建 0~10向量
print(arr[10:0:-1])    # 逆向存取 9~1 的元素
print(arr[::-1])        # 逆向全部存取
print(arr[::-2])        # 逆向間隔採樣 2 存取
```

程式輸出

```
tf.Tensor([9 8 7 6 5 4 3 2 1], shape=(9,), dtype=int32)
tf.Tensor([9 8 7 6 5 4 3 2 1 0], shape=(10,), dtype=int32)
tf.Tensor([9 7 5 3 1], shape=(5,), dtype=int32)
```

4-3-3　張量的基本運算

　　張量的加、減、乘、除是最基本的數學運算，分別通過 tf.add、tf.subtract、tf.multiply、tf.divide 等函數實現，此外，TensorFlow 已重載「+」、「−」、「*」、「/」等運算符號，可直接使用運算符號完成加、減、乘、除運算。

| 程式範例 | ch04_29 |

```
import tensorflow as tf

a1 = tf.constant([[3.0,3.0,3.0],
                  [3.0,3.0,3.0],
                  [3.0,3.0,3.0]])
a2 = tf.constant([[1.5,1.5,1.5],
                  [1.5,1.5,1.5],
                  [1.5,1.5,1.5]])
# 加法：
add1 = tf.add(a1,a2)
add2 = a1 + a2 # 與 add 等價
print(add1,add2,sep='\n')
# 減法：
sub1 = tf.subtract(a1,a2)
sub2 = a1 - a2  # 與 subtract 等價
print(sub1,sub2,sep='\n')
```

程式輸出

```
tf.Tensor(
[[4.5 4.5 4.5]
 [4.5 4.5 4.5]
 [4.5 4.5 4.5]], shape=(3, 3), dtype=float32)
tf.Tensor(
[[4.5 4.5 4.5]
 [4.5 4.5 4.5]
 [4.5 4.5 4.5]], shape=(3, 3), dtype=float32)
tf.Tensor(
[[1.5 1.5 1.5]
 [1.5 1.5 1.5]
 [1.5 1.5 1.5]], shape=(3, 3), dtype=float32)
tf.Tensor(
[[1.5 1.5 1.5]
 [1.5 1.5 1.5]
 [1.5 1.5 1.5]], shape=(3, 3), dtype=float32)
```

程式範例 | ch04_30

```
# 乘法
mul1 = tf.multiply(a1,a2)
mul2 = a1 * a2  # 與 multiply 等價
print(mul1,mul2,sep='\n')
# 除法
div1 = tf.divide(a1,a2)
div2 = a1 / a2  # 與 divide 等價
print(div1,div2,sep='\n')
```

程式輸出

```
tf.Tensor(
[[4.5 4.5 4.5]
 [4.5 4.5 4.5]
 [4.5 4.5 4.5]], shape=(3, 3), dtype=float32)
tf.Tensor(
[[4.5 4.5 4.5]
 [4.5 4.5 4.5]
 [4.5 4.5 4.5]], shape=(3, 3), dtype=float32)
tf.Tensor(
[[2. 2. 2.]
 [2. 2. 2.]
 [2. 2. 2.]], shape=(3, 3), dtype=float32)

tf.Tensor(
[[2. 2. 2.]
 [2. 2. 2.]
 [2. 2. 2.]], shape=(3, 3), dtype=float32)
```

注意：乘法運算有兩種形式，一種是兩個矩陣中對應元素各自相乘，multiply 函數實現的是元素級別的相乘 (兩個相乘的數必須有相同數據類型，否則程式執行時，會報出錯誤訊息)；另一種是 tf.matmul()，將矩陣 a 乘矩陣 b，數學表示式如式 (4-1)。

矩陣也可以跟標量 (scalar) 運算，範例如下：

程式範例　│　ch04_31

```python
# 矩陣與標量運算
#scalar-tensor操作。
A = tf.constant([1.0,2.0,3.0])
# 加法
A_add2 = A+2
print(A_add2)
# 減法
A_sub2 = A-2
print(A_sub2)
# 乘法
A_mul2 = A*2
print(A_mul2)
# 除法
A_div2 = A/2
print(A_div2)
```

程式輸出

```
tf.Tensor([3. 4. 5.], shape=(3,), dtype=float32)
tf.Tensor([-1.  0.  1.], shape=(3,), dtype=float32)
tf.Tensor([2. 4. 6.], shape=(3,), dtype=float32)
tf.Tensor([0.5 1.  1.5], shape=(3,), dtype=float32)
```

1. 矩陣相乘：

   單指矩陣乘積時，指一般矩陣乘積。若 A 為 m × n 矩陣，B 為 n × p 矩陣，則乘積 AB (有時記做 A · B) 是一個 m × p 矩陣。

   公式如下：

   $$(AB)_{ij} = \sum_{k=1}^{n} a_{ik}b_{kj} = a_{i1}b_{1j} + a_{i2}b_{2j} + ... + a_{in}b_{nj} \tag{4-1}$$

例如已知矩陣 A 與 B 分別爲

$$A = \begin{bmatrix} 1 & 2 & -1 \\ 3 & 1 & 0 \end{bmatrix} \text{,} \quad B = \begin{bmatrix} 1 & 3 \\ 2 & 2 \\ 3 & 1 \end{bmatrix}$$

則 $A \cdot B = \begin{bmatrix} 1 \times 1 + 2 \times 2 + (-1) \times 3 & 1 \times 3 + 2 \times 2 + (-1) \times 1 \\ 3 \times 1 + 1 \times 2 + 0 \times 3 & 3 \times 3 + 1 \times 2 + 0 \times 1 \end{bmatrix} = \begin{bmatrix} 2 & 6 \\ 5 & 11 \end{bmatrix}$ 得到一個 2×2 矩陣。

程式範例	ch04_32

```
A = tf.constant([[1,2,-1],
                 [3,1,0]])
B = tf.constant([[1,3],
                 [2,2],
                 [3,1]])
mul = tf.matmul(A,B)
print(mul)
```

程式輸出

```
tf.Tensor(
[[ 2  6]
 [ 5 11]], shape=(2, 2), dtype=int32)
```

4-3-4　張量的其他運算

一、乘方運算：

tf.pow(x, a) 可方便完成 $y = x^a$ 的乘方運算，也可通過運算符號 ** 實現 x**a 運算，如下程式範例：

程式範例　│　**ch04_33**

```
#   平方計算
x = tf.range(3)
y = tf.pow(x,2)
z = x**2
print(y)
print(z)
```

程式輸出

```
tf.Tensor([0 1 4], shape=(3,), dtype=int32)
tf.Tensor([0 1 4], shape=(3,), dtype=int32)
```

設置指數為 1/a 形式，可實現 $\sqrt[a]{x}$ 根號運算，如下程式範例：

程式範例　│　**ch04_34**

```
#   根號計算
x = tf.constant([1.,8.,27.])
y = x**(1/3)
print(y)
```

程式輸出

```
tf.Tensor([1. 2. 3.], shape=(3,), dtype=float32)
```

二、平方和與平方根運算：

平方和與平方根運算，可用 tf.square(x) 和 tf.sqrt(x) 兩函數實現。如下程式範例：

程式範例　│　ch04_35

```
x = tf.range(3)
x = tf.cast(x, dtype=_tf.float32)   # 整數轉浮點數
y = tf.square(x)   # 算出 x 的平方
z = tf.sqrt(y)     # 算出 y 的平方根
print(y)
print(z)
```

程式輸出

```
tf.Tensor([0. 1. 4.], shape=(3,), dtype=float32)
tf.Tensor([0. 1. 2.], shape=(3,), dtype=float32)
```

三、指數和對數運算：

tf.pow(a, x) 或 ** 運算符號可方便實現指數運算 a^x，對於自然指數 e^x，可通過 tf.exp(x) 實現，如下程式範例：

程式範例　│　ch04_36

```
x = tf.exp(1.)   # 自然對數運算
print(x)
```

程式輸出

```
tf.Tensor(2.7182817, shape=(), dtype=float32)
```

在 TensorFlow，自然對數 $\log e$ 可通過 tf.math.log(x) 實現，如下程式範例：

程式範例　│　ch04_37

```
x = tf.math.log(2.)
print(x)
```

程式輸出

```
tf.Tensor(0.6931472, shape=(), dtype=float32)
```

若想計算其他底數的對數，可根據對數的換底公式換算：

$$\log_a x = \frac{\log_e x}{\log_e a} \tag{4-2}$$

間接通過 tf.math.log(x) 實現，例如計算 $\log_{10} x$ 可通過 $\frac{\log_e x}{\log_e 10}$ 。

程式範例 | **ch04_38**

```
x = tf.constant([10.,100.])
y = tf.math.log(x)/tf.math.log(10.)  # 計算 log10 與 log100
print(y)
```

程式輸出

```
tf.Tensor([1. 2.], shape=(2,), dtype=float32)
```

4-3-5　張量的合併與分割

以總公司的兩個分公司部門銷售數據為例，設張量 A 保存甲子公司 1~3 號部門的銷售成績，每個部門 20 位員工，共 4 項產品的銷售成績，張量 A 的 shape 為 [3,20,4]；張量 B 保存乙子公司 1~4 個部門的銷售成績，每個部門 20 位員工，販賣 4 項產品，shape 為 [4,20,4]。合併 2 份銷售成績，得到兩公司所有部門的成績冊，記為張量 C，shape 應為 [7,20,4]，其中，7 代表 7 個部門，20 代表每個部門 20 位員工，4 代表 4 項產品。這是張量合併的意義。

張量合併可使用「拼接」(Concatenate) 和「堆疊」(Stack) 操作實現，拼接操作不會產生新維度，僅在現有維度上合併，而堆疊會創建新維度。選擇使用拼接還是堆疊操作合併張量，取決於具體的場景是否需要創建新維度。

1. 拼接：

在 TensorFlow，可通過 tf.concat(tensors, axis) 函數拼接張量，其中參數 tensors 保存所有需合併的張量 List，axis 參數指定需合併的維度索引。

函數原型：

```
tf.concat (tensors, axis)
```

參數介紹：

(1) tensors：連接指定張量的列表。

(2) axis：執行串聯過程的軸。是可選參數，默認值為 0。

以上面例子，假設想在兩間子公司列出的部門算出總業績，可用部門索引號 (axis=0) 合併兩張量。

程式範例 | **ch04_39**

```
A = tf.random.normal([3,20,4])   # 模擬 A 公司的三個部門
B = tf.random.normal([4,20,4])   # 模擬 B 公司的四個部門
C = tf.concat([A,B],axis=0)
print(C.shape)
```

程式輸出

```
(7, 20, 4)
```

除了可在部門維度進行拼接合併，還可在其他維度拼接合併張量。考慮張量 A 保存 3 個部門所有業務的前 4 項產品銷售成績，shape 為 [3,20,4]，張量 B 保存相同 3 個部門剩下的 3 項產品銷售成績，shape 為 [3,20,3]，則可拼接合併 shape 為 [4,20,7] 的 7 項產品銷售成績冊張量，如下程式範例：

程式範例 | **ch04_40**

```
A1 = tf.random.normal([3,20,4])   # 模擬 三個部門的四項產品
A2 = tf.random.normal([3,20,3])   # 模擬 三個部門的剩下三項產品
ATotal = tf.concat([A1,A2],axis=2)
print(ATotal.shape)
```

程式輸出

```
(3, 20, 7)
```

注意：定義上，拼接合併操作可在想要的維度上進行，唯一的要遵守是，非合併維度的長度必須一樣。

2. 堆疊

拼接操作會在現有維度合併數據，並不會創建新維度。若在合併數據時，希望創建一個新維度，需使用 tf.stack 操作。

考慮張量 A 保存某公司某部門銷售成績，shape 為 [20,4](20 個人，4 項產品)，張量 B 保存另個部門銷售成績，shape 為 [20,4](20 個人，4 項產品)。想合併兩個部門的數據時，若想創建一個新維度，並定義為部門維度，則新維度可選擇放置在任意位置，一般根據大小維度的經驗法則，將較大概念的部門維度放置在員工人數維度之前，則合併後的張量的新 shape 應為 [2,20,4]。

函數原型：

> tf.stack (tensors, axis)

參數介紹：

(1) tensors：要拼接的指定張量的列表。

(2) axis：執行拼接的維度。

程式範例　｜　ch04_41

```
A1 = tf.random.normal([20,4])   # 模擬 A部門的四項產品
B1 = tf.random.normal([20,4])   # 模擬 B部門的四項產品
A_B = tf.stack([A1,B1],axis=0)
print(A_B.shape)
```

程式輸出

```
(2, 20, 4)
```

---

tf.stack 作用與 tf.concat 相似，都是拼接兩個張量，相異處在於，tf.concat 拼接除了拼接維度 axis 大小可不同，其他維度的張量 shape 大小必須完全相同，且產生的張量階數不會變，而 tf.stack 會在新的張量階上拼接，產生的張量階數會增加 (原本維度為 R 變成 R+1，將張量以指定的軸提高一個維度)。

　　例如假設轉變的張量數組 arrays 長度為 N，其中每個張量數組的形狀為 (A, B, C)。

　　　(1) 若軸 axis=0，轉變後的張量形狀為 (N, A, B, C)。

　　　(2) 若軸 axis=1，轉變後的張量形狀為 (A, N, B, C)。

　　　(3) 若軸 axis=2，轉變後的張量形狀為 (A, B, N, C)。其他情況依此類推。

程式範例　│　ch04_42

```
a = tf.constant([[1,2,3],
                 [4,5,6]])
b = tf.constant([[7,8,9],
                 [10,11,12]])
c = tf.stack([a,b],axis = 0)
d = tf.stack([a,b],axis = 1)
e = tf.stack([a,b],axis = 2)
print(c)
print(d)
print(e)
```

程式輸出

```
tf.Tensor(
[[[ 1  2  3]
  [ 4  5  6]]

 [[ 7  8  9]
  [10 11 12]]], shape=(2, 2, 3), dtype=int32)
tf.Tensor(
[[[ 1  2  3]
  [ 7  8  9]]
 [[ 4  5  6]
  [10 11 12]]], shape=(2, 2, 3), dtype=int32)
tf.Tensor(
[[[ 1  7]
  [ 2  8]
  [ 3  9]]

 [[ 4 10]
  [ 5 11]
  [ 6 12]]], shape=(2, 3, 2), dtype=int32)
```

解釋：

(1) 當 axis=0 時，

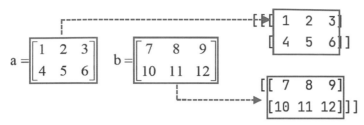

(2) 當 axis=1 時，

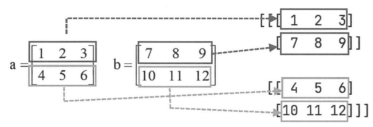

(3) 當 axis=2 時，

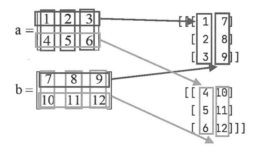

3. 分割

合併操作的逆過程爲分割，將一個張量分拆爲多個張量。以公司銷售業績爲例，得到公司 5 個部門的銷售成績張量，shape 爲 [5,20,4]，需將數據依部門維度切割爲 5 個張量，每個張量保存對應部門的成績冊數據。

函數原型：

```
tf.split(value, num_or_size_splits, axis=0, num=None, name='split')
```

參數介紹：

(1) value：需切分的輸入張量。

(2) num_or_size_splits：準備切成幾份。

(3) axis：準備在第幾個維度上進行切割。

程式範例	ch04_43

```
x = tf.random.normal([5,20,4])
# 沿著 dim = 0切割成 5份
y = tf.split(x, num_or_size_splits=5,axis=0)
print(len(y))   # 印出 y 切割後的份數
print(y[0].shape)   # 印出第一份的張量大小
```

程式輸出

```
5
(1, 20, 4)
```

注意：切割後，部門的 shape 為 [1,20,4]，仍保留部門維度。

接下來試試不等長的分割，將公司部門業績數據切割爲 3 份，每份長度分別爲 [2,2,1]，如下程式範例：

程式範例	ch04_44

```
x = tf.random.normal([5,20,4])
# 沿著 dim = 0 切割成比例為 2:2:1
y = tf.split(x, num_or_size_splits=[2,2,1],axis=0)
print(len(y))   # 印出 y 切割後的份數
print(y[0].shape)   # 印出第一份的張量大小
```

程式輸出

```
3
(2, 20, 4)
```

4. 拆分

　　tf.unstack(x, axis) 將張量拆分成長度爲 1 的等長張量，返回一個張量列表，新張量維度比輸入張量小 1。例如將總銷售成績張量在部門維度進行 unstack 操作：

程式範例	ch04_45

```
x = tf.random.normal([5,20,4])
y = tf.unstack(x, axis=0)    # 根據 axis=0 做拆分
print(len(y))
print(y[0].shape)
```

程式輸出

```
5
(20, 4)
```

注意：從上例看到，通過 tf.unstack 切割後，shape 為 [20,4]，部門維度消失，也是與 tf.split 的區別。

● 4-3-6　張量維度的擴展與壓縮

有時利用神經網路訓練資料會碰到升維或降維需求，例如有一個圖像樣本，形狀是 [height, width,channels]，需輸入到已訓練好的模型做分類，模型定義的輸入變量需要四個維度 (例如第一個參數是一個 batch)，即輸入的形狀為 [batch_size, height, width, channels] 就需要升維。tensorflow 提供升維函數：expand_dims。

函數原型：

tf.expand_dims(input, axis=None, name=None, dim=None)：函數功能是給定一個 input 張量時，在 axis 軸處給 input 張量增加一個維度。

參數介紹：

(1) input：欲升維的 tensor。

(2) axis：插入新維度的索引位置，維度索引值的軸從零開始，指定軸是負數，則從最後向後進行計數，也就是倒數。

(3) name：輸出 tensor 名稱。

(4) dim：一般不會指定。

| 程式範例 | ch04_46 |

```
train = tf.random.normal([5,240,120])
train0 = tf.expand_dims(train,0)
train1 = tf.expand_dims(train,1)
train_1 = tf.expand_dims(train,-1)
print(train.shape)

print(train0.shape)
print(train1.shape)
print(train_1.shape)
```

程式輸出

```
(5, 240, 120)
(1, 5, 240, 120)
(5, 1, 240, 120)
(5, 240, 120, 1)
```

squeeze 執行相反的操作：刪除大小為 1 的維度。

函數原型：

| tf.squeeze(input, squeeze_dims=None, name=None)：刪除大小是 1 的維度 |

參數介紹：

(1) input：待降維的張量。

(2) sequeeze_dims：list[int] 類型，表示需刪除的維度索引。默認為 []，即刪除大小為 1 的維度。

| 程式範例 | ch04_47 |

```
train = tf.random.normal([1,1,5,240,1,120])
train0 = tf.squeeze(train)
train1 = tf.squeeze(train,[0,4])
print(train.shape)
print(train0.shape)
print(train1.shape)
```

程式輸出

```
(1, 1, 5, 240, 1, 120)
(5, 240, 120)
(1, 5, 240, 120)
```

● 4-3-7　張量的填充與複製

某些任務需找尋相關資料進行訓練，資料來源可能來自不同地方，例如圖片或文字敘述等，圖片數據的高和寬、文字序列的長度，還有維度長度可能各不相同。為方便網路的並行計算，需將不同大小、長度的資料數據擴張為相同大小、長度。做法是需補充長度的數據開始或結束處填充足夠數量的特定數值，特定數值一般代表無效意義 (例如 0)，使得填充後長度滿足訓練模型要求。這樣操作叫填充 (Padding)。

1. 填充操作可通過 tf.pad(x, paddings) 函數實現

函數原型：

> tf.pad(tensor,paddings,mode='CONSTANT',name=None,constant_values=0)

參數介紹：

(1) tensor：要填充的張量。

(2) padings：指出要給 tensor 的哪個維度進行填充，及填充方式。

(3) mode 填充模式：constant、reflect、symmetric 三種。

(4) constant_values：用於 constant 模式，設定的填充值。

說明：

padings 包含多個 [Left Padding,Right Padding] 的 List。

程式範例 | **ch04_48 (一維填充)**

```
word = tf.constant([1,2,3,4])
newword = tf.pad(word,[[1,3]])    # 左邊填一個 0, 右邊填三個 0
print(newword)
```

程式輸出

```
tf.Tensor([0 1 2 3 4 0 0 0], shape=(8,), dtype=int32)
```

程式範例 | **ch04_49 (二維填充，填充模式為 constant)**

```
pic = tf.ones([3,4])
# 第一維度 : 上填充兩排 0,下填充四排 0
# 第二維度 : 左填充三排 0,右填充一排 0
newpic = tf.pad(pic,[[2,4],[3,1]])
print(newpic)
```

程式輸出

```
tf.Tensor(
[[0. 0. 0. 0. 0. 0. 0. 0.]
 [0. 0. 0. 0. 0. 0. 0. 0.]
 [0. 0. 0. 1. 1. 1. 1. 0.]
 [0. 0. 0. 1. 1. 1. 1. 0.]
 [0. 0. 0. 1. 1. 1. 1. 0.]
 [0. 0. 0. 0. 0. 0. 0. 0.]
 [0. 0. 0. 0. 0. 0. 0. 0.]
 [0. 0. 0. 0. 0. 0. 0. 0.]
 [0. 0. 0. 0. 0. 0. 0. 0.]], shape=(9, 8), dtype=float32)
```

程式範例 | **ch04_50 (二維填充，填充模式為 reflect)**

```
padrefBefor = tf.constant([[1,2,3], [4,5,6], [7,8,9]])
paddings = tf.constant([[1,1], [2,2]])
padrefAfter = tf.pad(padrefBefor, paddings, "REFLECT")
print(padrefAfter)
```

程式輸出

```
tf.Tensor(
[[6 5 4 5 6 5 4]
 [3 2 1 2 3 2 1]
 [6 5 4 5 6 5 4]
 [9 8 7 8 9 8 7]
 [6 5 4 5 6 5 4]], shape=(5, 7), dtype=int32)
```

注意：若填充模式為 reflect，則要求 paddings 不能超過原矩陣對應維度邊長減一，如範例 ch04_12 原矩陣是 3×3，所以 paddings 最大只能是 2。

程式範例　　|　**ch04_51 (二維填充，填充模式為 symmetric)**

```
padsymBefor = tf.constant([[1,2,3], [4,5,6], [7,8,9]])
paddings = tf.constant([[1,2], [2,1]])
padsymAfter = tf.pad(padsymBefor, paddings, "symmetric")
print(padsymAfter)
```

程式輸出

```
tf.Tensor(
[[2 1 1 2 3 3]
 [2 1 1 2 3 3]
 [5 4 4 5 6 6]
 [8 7 7 8 9 9]
 [8 7 7 8 9 9]
 [5 4 4 5 6 6]], shape=(6, 6), dtype=int32)
```

2. 擴展操作可通過 tf.tile() 函數實現

tile() 函數用來對張量 (Tensor) 進行擴展，特點是對當前張量的數據進行一定規則的複製 (簡單說，在指定維度複製 N 次)，最終輸出張量維度不變。

函數原型：

```
tf.tile(input,multiples,name=None)
```

參數介紹:

(1) input:待擴展的張量。

(2) multiples:擴展方法。

程式範例	ch04_52

```
s = tf.constant([[1, 2], [3, 4], [5, 6]], dtype=tf.float32)
s1 = tf.tile(s, [2, 3])
print(s1)
```

程式輸出

```
tf.Tensor(
[[1. 2. 1. 2. 1. 2.]
 [3. 4. 3. 4. 3. 4.]
 [5. 6. 5. 6. 5. 6.]
 [1. 2. 1. 2. 1. 2.]
 [3. 4. 3. 4. 3. 4.]
 [5. 6. 5. 6. 5. 6.]], shape=(6, 6), dtype=float32)
```

擴展方式說明:tf.tile() 具體操作過程如下

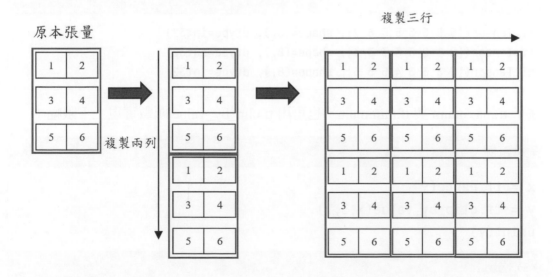

4-4 張量的其他操作

一、資料限幅：

需數據資料在輸出時能限制其範圍，可使用下列函數：

1. tf.maximum：用法 tf.maximum(a,b)，返回 a、b 間的最大值。

2. tf.minimum：用法 tf.minimum(a,b)，返回 a、b 間的最小值。

程式範例 | **ch04_53**

```
x = tf.range(8)
y = tf.maximum(x,5)    # 最大值輸出 5
z = tf.minimum(x,3)    # 最小值輸出 3
a = tf.minimum(tf.maximum(x,3),5)   # 限制值為 3~5之間
print(y)
print(z)
print(a)
```

程式輸出

```
tf.Tensor([5 5 5 5 5 5 6 7], shape=(8,), dtype=int32)
tf.Tensor([0 1 2 3 3 3 3 3], shape=(8,), dtype=int32)
tf.Tensor([3 3 3 3 4 5 5 5], shape=(8,), dtype=int32)
```

除了 tf.maximum 與 tf.minimum，也可用 tf.clip_by_value 函數實現上下限幅：

程式範例 | **ch04_54**

```
x = tf.range(9)
y = tf.clip_by_value(x,3,7)
print(y)
```

程式輸出

```
tf.Tensor([3 3 3 3 4 5 6 7 7], shape=(9,), dtype=int32)
```

二、資料採樣

1. tf.gather()：

根據索引，從輸入張量依次取元素，構成新的張量。

函數原型：

```
tf.gather(params,indices,validate_indices=None,name=None,axis=0)
```

參數介紹：

(1) params：輸入張量。

(2) indices：提取的索引，必須在 [0, params.shape[axis]] 中。

(3) axis：以參數為單位的軸，用來收集指標。默認為第一個維度。支持負索引。

範例：

假設有間公司有 3 個部門，每個部門 10 位員工，5 項產品，因此公司業績張量 shape 為 [3,10,5]。

現在需收集第 1~2 個部門的業績資料，可給定需收集部門的索引號：[0,1]，並指定部門維度 axis=0，通過 tf.gather 函數收集數據，如下程式範例：

程式範例　ch04_55

```
Company = tf.random.uniform([3,10,5],maxval=50,dtype=tf.int32)
Departments = tf.gather(Company,[0,1],axis=0)   # 取第一,二個部門的成績
print("Departments.shape : ", Departments.shape)
```

程式輸出

```
Departments.shape :  (2, 10, 5)
```

假設公司要抽查業務部門編號 1、3、5 號業務員的成績，則程式碼如下：

程式範例　ch04_56

```
Company = tf.random.uniform([3,10,5],maxval=50,dtype=tf.int32)
number = tf.gather(Company,[0,2,4],axis=1)
print(number.shape)
```

程式輸出

```
(3, 3, 5)
```

可從 params 參數指定的 axis 維度，根據 indices 參數值獲取切片，就是根據索引號的順序排列切片。程式碼範例如下：

程式範例 ｜ ch04_57

```
arr = tf.range(8)
arrA = tf.reshape(arr,[2,4])
print(arrA)
arrB = tf.gather(arrA,[3,2,1,0],axis=1)
print(arrB)
```

程式輸出

```
tf.Tensor(
[[0 1 2 3]
 [4 5 6 7]], shape=(2, 4), dtype=int32)
tf.Tensor(
[[3 2 1 0]
 [7 6 5 4]], shape=(2, 4), dtype=int32)
```

2. tf.boolean_mask (遮罩採樣)

除了可通過給定索引號進行採樣，還可通過給定遮罩 (mask) 進行採樣。以 shape 為 [3,10,5] 的部門銷售成績張量為例，以掩碼方式進行數據提取。

在部門維度進行採樣，對 3 個部門採樣方案的遮罩為 mask = [True,True,False]，即可採樣第一、二部門 (將對應為 False 的部門去掉)。

程式範例 ｜ ch04_58

```
Company = tf.random.uniform([3,10,5],maxval=50,dtype=tf.int32)
# 取第一,二個部門的成績
Departments = tf.boolean_mask(Company,mask=[True,True,False],axis=0)
print("Departments.shape : ", Departments.shape)
```

程式輸出

```
Departments.shape :  (2, 10, 5)
```

假設採樣方式改成對每部門的 1、3、5 號業務員進行採樣，則 mask 可設為 [True,False,True,False,True,False,False,False,False,False]。

程式範例 | ch04_59

```
Company = tf.random.uniform([3,10,5],maxval=50,dtype=tf.int32)
mask = [True,False,True,False,True,False,False,False,False,False]
number = tf.boolean_mask(Company,mask,axis=1)
print("number.shape : ", number.shape)
```

程式輸出

```
number.shape :  (3, 3, 5)
```

根據上面程式結果，用 tf.boolean_mask 與 tf.gather 都可達相同效果，且用法類似，只不過一個通過遮罩方式採樣，一個直接給出索引號採樣。

再考慮一種狀況，想挑選不同部門、不同員工編號做抽查，考慮的維度就不只一維，這時可用 tf.gather_nd() 函數完成。

3. tf.gather_nd()：

允許在多維上進行索引。

函數原型：

tf.gather_nd(params, indices, name=None)

參數介紹：

(1) params：來源張量。

(2) indices：指數張量 (可以多維)。

(3) name：操作的名稱 (可選)。

想將內部的銷售成績顯示出來，將部門個數改為 2，每個部門 5 個人，每個人負責 3 項產品。

程式範例 │ ch04_60

```
Company = tf.random.uniform([2,5,3],maxval=50,dtype=tf.int32)
print(Company)
```

程式輸出

```
tf.Tensor(
[[[11 36 34]
  [17 49 28]
  [30 47  6]
  [16 48 12]
  [23 15 40]]

 [[14 13 13]
  [ 4 34 15]
  [29 20 44]
  [43 27 44]
  [30 28 42]]], shape=(2, 5, 3), dtype=int32)
```

想採樣第一個部門編號第 1、2 號員工、第二個部門編號第 3、4 號員工，通過 tf.gather_nd 可實現程式碼如下：

程式範例 │ ch04_61

```
number = tf.gather_nd(Company,[[0,0],[0,1],[1,2],[1,3]])
print(number)
```

程式輸出

```
tf.Tensor(
[[11 36 34]
 [17 49 28]
 [29 20 44]
 [43 27 44]], shape=(4, 3), dtype=int32)
```

是否可用遮罩方式呢？若可以，要怎麼表達呢？可用表 4-3 所示，橫列為每個部門，縱行為每位員工，表中數據表達對應員工的採樣情況。

表 4-3 員工業績遮罩表

	員工一	員工二	員工三	員工四	員工五
部門一	True	True	False	False	False
部門二	False	False	True	True	False

實現程式碼如下：

程式範例 | ch04_62

```
mask = [[True,True,False,False,False],
        [False,False,True,True,False]]
number = tf.boolean_mask(Company,mask)
print(number)
```

程式輸出

```
tf.Tensor(
[[11 36 34]
 [17 49 28]
 [29 20 44]
 [43 27 44]], shape=(4, 3), dtype=int32)
```

4. **tf.where (condition, a, b)**。

函數原型：

tf.where (condition, a, b)

參數介紹：

(1) condition：輸入條件是布林數據類型。

(2) a：第一個輸入張量尺寸必須與 condition 大小相同。

(3) b：第二個輸入張量形狀與 a 相同，且必須與 a 相同的數據類型。

tf.where() 函數用於根據指定條件返回第一張量或第二張量的元素。若給定條件為真，從第一個張量選擇，否則從第二張量選擇。

程式範例 | ch04_63

```
import tensorflow as tf

a1 = tf.ones([3,3])
a2 = tf.zeros([3,3])
cond = tf.constant([[True,False,True],
                    [False,True,False],
                    [True,False,True]])
a3 = tf.where(cond,a1,a2)
print(a3)
```

程式輸出

```
tf.Tensor(
[[1. 0. 1.]
 [0. 1. 0.]
 [1. 0. 1.]], shape=(3, 3), dtype=float32)
```

tf.where() 函數還有另一種用法：tf.where (condition)，此用法會返回 True 元素的 index。

程式範例 | ch04_64

```
a4 = tf.random.normal([3,3])
print(a4)
mask = a4>0
print('mask :',mask)
# 找出 True 的索引值
indices = tf.where(mask)
print('indices :',indices)
```

程式輸出

```
tf.Tensor(
[[ 0.61805016 -0.49110848  0.51011103]
 [ 0.34434697  1.0479321  -0.7687075 ]
 [ 0.07801025 -0.7962338   1.4266034 ]], shape=(3, 3), dtype=float32)

mask : tf.Tensor(
[[ True False  True]
 [ True  True False]
 [ True False  True]], shape=(3, 3), dtype=bool)
indices : tf.Tensor(
[[0 0]
 [0 2]
 [1 0]
 [1 1]
 [2 0]
 [2 2]], shape=(6, 2), dtype=int64)
```

　　或許有讀者好奇，tf.where() 函數會應用在什麼情境，例如對一張圖做運算，目的是找出圖的邊緣特徵在哪並視覺化，想用灰階圖表示，但灰階圖的範圍是 0~255，因此運算結果萬一有負值會希望變成 0，非負值正常輸出，這時可用此函數。

程式範例 ch04_65

```
a = tf.random.normal([5,5])
z = tf.zeros([5,5])
print(a)
mask = a>0
print(mask)
e = tf.where(mask,a,z)
print(e)
```

程式輸出

```
tf.Tensor(
[[-0.07979119 -0.09554421 -0.70517635 -0.696764   -0.3013865 ]
 [ 0.28217536  1.4967022   0.67994934 -0.9757763   0.11543654]
 [-0.14873208 -0.32779917  0.7818712  -0.8839647   0.5329085 ]
 [-0.1115187   0.73159474 -0.9655242  -2.3291337   0.7169634 ]
 [ 0.2367177  -0.24316247  0.34583142 -0.7752689   1.5191325 ]],
 shape=(5, 5), dtype=float32)

tf.Tensor(
[[False False False False False]
 [ True  True  True False  True]
 [False False  True False  True]
 [False  True False False  True]
 [ True False  True False  True]], shape=(5, 5), dtype=bool)
tf.Tensor(
[[0.         0.         0.         0.         0.        ]
 [0.28217536 1.4967022  0.67994934 0.         0.11543654]
 [0.         0.         0.7818712  0.         0.5329085 ]
 [0.         0.73159474 0.         0.         0.7169634 ]
 [0.2367177  0.         0.34583142 0.         1.5191325 ]],
 shape=(5, 5), dtype=float32)
```

Chapter **5**
類神經網路

5-1　類神經網路 (Neural Network, NN) 簡介

　　人工神經網路 (Artificial Neural Network,ANN)，簡稱神經網路 (Neural Network, NN) 或類神經網路，在機器學習和認知科學領域，是一種模擬生物神經網路 (動物的中樞神經系統，特別是大腦) 結構和功能的數學模型或計算模型，用於函數進行估計或計算模型。

　　神經系統由神經元構成 (如圖 5-1)，彼此透過突觸以電流傳遞訊號，是否傳遞訊號、取決於神經細胞接收到的訊號量。當訊號量超過某個閥值 (Threshold)，細胞體就會產生電流，通過突觸傳到其他神經元，單個神經細胞可被視爲一種只有兩種狀態的機器——激動時爲『是』，未激動時爲『否』。

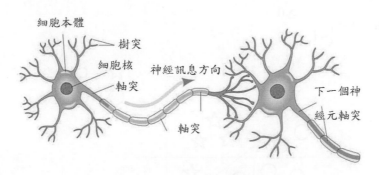

圖 5-1　生物神經元構造

　　爲模擬神經細胞行爲，科學家設定每個神經元都是一個「激勵函數」，就是一個運算公式 (如圖 5-3)，當對神經元輸入一組輸入值 (input) 後，經過激勵函數運算後傳出輸出值 (output)，這個輸出值會再傳入下個神經元，成爲下個神經元的輸入值。因此，在人工神經網路，簡單的人工節點，也稱神經元 (neurons)，連接在一起形成類似生物神經網路的網狀結構。從第一層的「特徵向量」作爲輸入值，一層層傳下去，直到最後一層輸出預測結果。

5-1-1 感知機介紹

感知機 (Perceptron) 是 Frank Rosenblatt 於 1957 年在康奈爾航空實驗室 (Cornell Aeronautical Laboratory) 時所提出的第一個神經網路模型。它可以被視為一種最簡單形式的單層神經網路，是一種線性的二分類器。你可以經由多個輸入的數據，透過運算產生一個非黑即白的結果，用途相當廣泛。例如透過收入、負債的數據，協助銀行判斷顧客是否可以核辦信用卡 (可發 / 不可發)、或是可以找出潛在消費者 (潛在 / 非潛在)、判斷股票未來的走勢 (漲 / 跌) 等等。

感知機的輸入為樣本的特徵向量，輸出則為樣本的類別，取 +1 和 -1 二值。具體方法為：給樣本的每一維特徵引入一個相乘的權重來表達每個特徵的重要程度，然後對乘積求和後加上偏置項。將結果送入符號函數 (激勵函數)，利用符號函數的二值特性將樣本劃分為兩類 (如圖 5-1)，其數學示如式 (5-1) 所示。

$$f(x) = sign\left(\sum_{i=1}^{n} (x_i w_i + b) \right) \tag{5-1}$$

其中的 sign 是正負號判斷函數，若是正數則傳回 1，負數則傳回 0，如式 (5-2) 所示。

$$sign(x) = \begin{cases} +1, x \geq 0 \\ -1, x < 0 \end{cases} \tag{5-2}$$

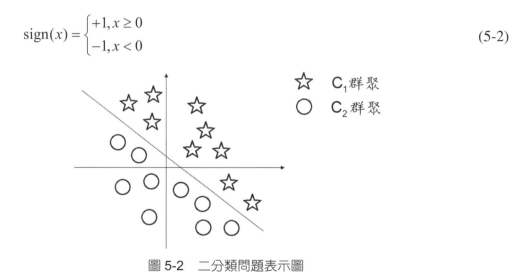

圖 5-2　二分類問題表示圖

5-1-2 人工神經元

在 5-1-1 節中介紹過感知器 (Perceptron) 演算法，是此思維下提出的類神經元演算法模型。但感知器演算法只是一個單一神經元模型，訊號輸入後，輸出最終結果，與大腦神經元是相互連結運作的實際情形差異甚遠，後有「多層感知器」(Multi-player Perceptron, MLP) 多層神經網路演算法模型提出。

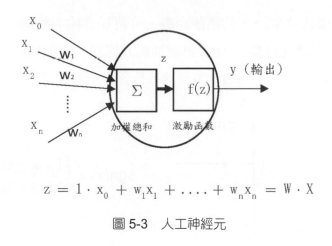

$$z = 1 \cdot x_0 + w_1 x_1 + \ldots + w_n x_n = W \cdot X$$

圖 5-3　人工神經元

圖 5-3 是一個人工神經元，圖中 $X_1 \sim X_n$ 是從其他神經元傳入的輸入信號 (相當神經元的樹突)，$W_1 \sim W_n$ 分別是傳入信號的權重 (相當神經元的突觸)，X_0 表示一個閥值 (有些表達代號是 b)，或稱偏移 (置) 值 (bias)，偏移值的設置是為了正確分類樣本，是模型中一個重要參數。f 為激活函數或激勵函數 (Activation Function)，激勵函數的作用是加入非線性因素，解決線性模型的表達、分類能力不足的問題 (如圖 5-4)，圖 5-3 中，y 是當前神經元的輸出。

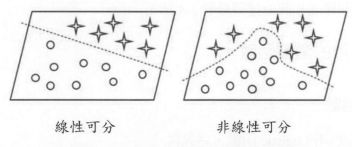

線性可分　　　　　非線性可分

圖 5-4　線性可分與線性不可分示意圖

因此，神經網路中激勵函數扮演的角色，主要是將原本的輸出關係從線性轉為非線性關係。如果不使用激勵函數，神經網路每層都只做線性變換 $f(x) = ax + b$，即使網路多層輸入疊加後，還是線性變換。通過激勵函數引入非線性因素，神經網路能表達的分類模型便可更加複雜而使神經網路的表達能力更強。

5-2　激勵函數 (Activation Function) 介紹

　　理想的激勵函數是如圖 5-5 的階躍函數，可將任意輸入值轉換爲輸出值「0」或「1」，「1」對應神經元興奮，「0」對應神經元抑制。這種情況符合生物神經元的傳遞特性，但階躍函數具有不連續、不光滑等性質，所以無法被用於神經網路結構。

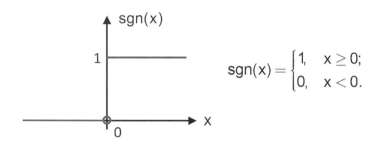

圖 5-5　階躍函數

　　理想的激勵函數具有以下性質：

(1) 可微性：計算梯度時會做到一階導數，所以必須要有此性質。

(2) 非線性：必須滿足數據非線性可分。

(3) 單調性：當激勵函數是單調的時候，能保證網路的損失函數是凸函數，更容易收斂。

（註：有關梯度相關敘述請參照 5-4 節）

● 5-2-1　常用的激勵函數

一、Sigmoid 函數

　　Sigmoid 函數也叫 Logistic 函數，定義爲

$$\text{sigmoid}(x) = \frac{1}{1+e^{-x}} \tag{5-3}$$

　　此函數具有指數函數形狀，在物理意義上最接近生物神經元。其缺陷，最明顯就是飽和性。從程式範例 ch05_1 結果可以看到，其兩側導數逐漸趨近於 0，梯度消失。

　　在 TensorFlow，可通過 tf.nn.sigmoid 實現 Sigmoid 函數，如下程式範例：

程式範例　| ch05_1

```
x = tf.linspace(-10.,10,100)
y = tf.nn.sigmoid(x)
plt.plot(x,y)
plt.xlabel("x")
plt.ylabel("Sigmoid(x)")
plt.title("Sigmoid Function")
plt.grid()
plt.show()
```

程式輸出

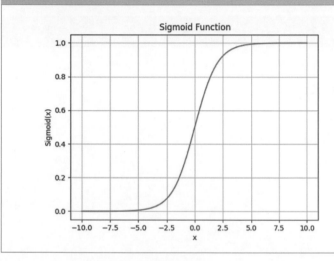

1. **Sigmoid 函數的優點：**

    (1) 能把輸入的連續實值換為 0 和 1 間的輸出，如果是非常大的負數，輸出就是 0；如果是非常大的正數，輸出就是 1。從程式結果可看到，向量中元素值的 x 值範圍由 [-10,10] 映射到輸出 (0,1) 區間。

    (2) 連續的函數，方便求導數。

2. **Sigmoid 函數的缺點：**

    (1) Sigmoid 函數在變量取絕對值非常大的正值或負值時，會出現飽和現象 (接近 ± 1)，意味函數值左右兩端會變得很平坦，並對輸入的微小改變會不敏感。

    (2) 反向傳播時，當梯度接近 0，權重基本不會更新，易出現梯度消失 (Vanishing gradient) 情況，從而無法完成深層網路訓練。

(3) 計算複雜度高，因 Sigmoid 函數是指數形式。

(4) Sigmoid 函數輸出不是 0 均值，會導致後層的神經元輸入是非 0 均值的訊號，會對梯度產生影響。

二、Tanh 函數

Tanh 又稱雙曲函數，定義為

$$\tanh(x) = \frac{(e^x - e^{-x})}{(e^x + e^{-x})} = 2 \cdot \text{sigmoid}(2x) - 1 \qquad (5\text{-}4)$$

在 TensorFlow，可通過 tf.nn.tanh 實現 tanh 函數，如下程式範例：

| 程式範例 | ch05_2 |

```python
import tensorflow as tf
import matplotlib.pyplot as plt

x = tf.linspace(-10.,10,100)
y = tf.nn.tanh(x)
plt.plot(x,y)
plt.xlabel("x")
plt.ylabel("tanh(x)")
plt.title("tanh Function")
plt.grid()
plt.show()
```

程式輸出

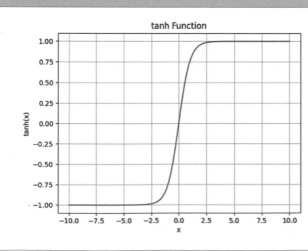

Tanh 讀作 Hyperbolic Tangent，如程式範例 ch05_2 結果，雖然函數順利解決 Sigmoid 函數 zero-centered(均值) 的輸出問題，但梯度消失問題及需要指數運算問題依然存在，相較 Sigmoid 函數，可用性還是相差不小。

三、ReLU(REctified Linear Unit，修正線性單元)

ReLU 激活函數提出前，Sigmoid 函數通常是神經網路的激勵函數首選。但 Sigmoid 函數在輸入值較大或較小時，易出現梯度值接近 0 的現象，稱爲梯度消失現象。當出現此現象時，網路參數在訓練時得不到更新，導致損失值無法收斂或停滯不動的現象發生，且在更深層次的網路模型中更容易出現梯度消失現象。

2012 年提出的 8 層 AlexNet 模型，它使用了非飽和的 ReLU 啓用功能，顯示出比 tanh 和 sigmoid 更好的訓練效能，自此 ReLU 函數應用的越來越廣泛。

ReLU 函數定義爲：

$$\text{ReLU}(x) = \max(0, x) \tag{5-5}$$

在 TensorFlow 中，可以通過 tf.nn.relu 實現 ReLU 函數，代碼如下：

程式範例	ch05_3

```python
x = tf.linspace(-10.,10.,100)
y = tf.nn.relu(x)
plt.plot(x,y)
plt.xlabel("x")

plt.ylabel("Relu(x)")
plt.title("Relu Function")
plt.grid()
plt.show()
```

程式輸出

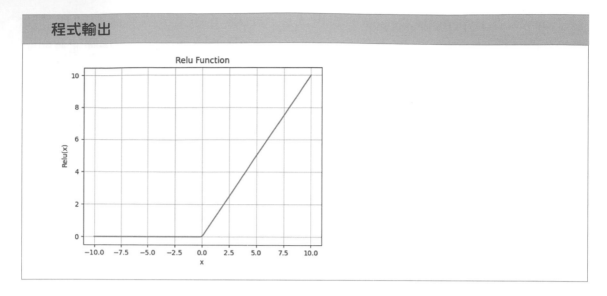

ReLU 缺點為壞死，由於 ReLU 在 $x < 0$ 時梯度為 0，導致負的梯度在這個 ReLU 被設置零，且這個神經元有可能再也不會被任何數據激活，稱神經元「壞死」。

四、LeakyReLU

ReLU 函數在 $x < 0$ 時導數值恆為 0，也可能造成梯度彌散現象，為克服這個問題，LeakyReLU 函數被提出，LeakyReLU 的表達式為：

$$\text{LeakyReLU} = \begin{cases} x & x \geq 0 \\ px & x < 0 \end{cases} \tag{5-6}$$

p 參數為自行設置的超參數，如 0.02 等。當 $p = 0$ 時，LeakyReLU 函數退化為 ReLU 函數；當 $p \neq 0$ 時，$x < 0$ 處能獲得較小的導數值 p，而避免梯度消失現象。

在 TensorFlow，可通過 tf.nn.leaky_relu 實現 LeakyReLU 函數，如下範例程式：

程式範例　｜　ch05_4

```
x = tf.linspace(-10.,10.,100)
y = tf.nn.leaky_relu(x, alpha = 0.2)
plt.plot(x,y)
plt.xlabel("x")
plt.ylabel("leaky_relu(x)")
plt.title("leaky_relu Function")
plt.grid()
plt.show()
```

程式輸出

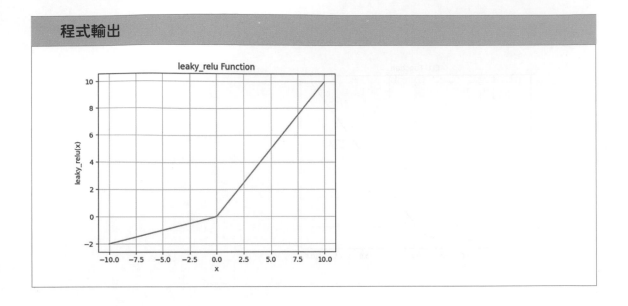

五、ELU(Exponential Linear Units) 函數

ELU 的表達式為：

$$\text{ELU} = \begin{cases} X & \text{if } x > 0 \\ e^x - 1 & \text{otherwise} \end{cases} \tag{5-7}$$

在 TensorFlow，可通過 tf.nn.elu 實現 ELU 函數，如下程式範例：

程式範例　│　ch05_5

```
x = tf.linspace(-10.,10.,100)
y = tf.nn.elu(x)
plt.plot(x,y)
plt.xlabel("x")
plt.ylabel("ELU(x)")
plt.title("ELU Function")
plt.grid()
plt.show()
```

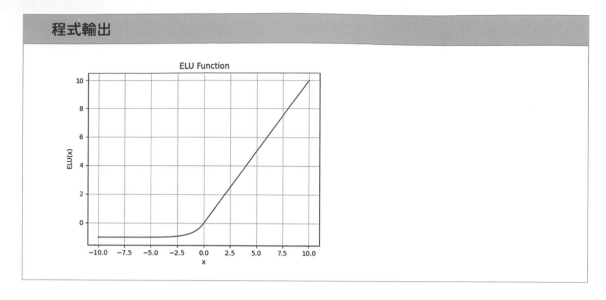

ELU 有 ReLU 的所有優點，不會有 Dead ReLU 問題，輸出的均值接近 0。ELU 的問題是計算量稍大。類似 Leaky ReLU，ELU 雖在理論上優於 ReLU，但目前使用並沒有較好的數據證據 ELU 總是優於 ReLU。

5-3 神經網路 (多層感知機 Multilayer perceptron, MLP)

5-1 節提到，感知機的目的是模仿人類大腦利用神經網路模型進行對物件的認知與學習，單一個感知機就類似單一個神經元，但人類有辦法學習並解決複雜的事物主要是因為人類大腦神經網路非常複雜，因此科學家開始發展多層感知機 (Multilayer perceptron, MLP) 試著模擬人類學習怎麼解決複雜問題。

多層感知機在單層神經網絡的基礎引入一到多個隱藏層 (hidden layer)。一個多層感知器包含三種不同功能的節點，分別是『輸入層』、『隱藏層』及『輸出層』，結構如圖 5-6。

三種節點描述如下：

1. 輸入層 (有時又稱輸入節點)

輸入節點的任務是從外部世界接收訊息，將訊息往下一層傳遞。輸入層的節點中，不進行任何計算，僅向隱藏層節點傳遞訊息。

2. 隱藏層

隱藏層的節點和外部沒有直接聯繫。這些節點的主要功能是進行各種計算，並將計算後的訊息傳到下個隱藏層或輸出節點。

3. 輸出層

負責計算最後結果，並將網路計算結果傳出。

由於訊息從輸入層開始前向移動，通過隱藏層 (如果有的話)，最後到輸出層。在網路中沒有循環或迴路，輸入訊號一層一層的向前傳遞，這樣的網路結構也稱前饋式傳遞神經網路。

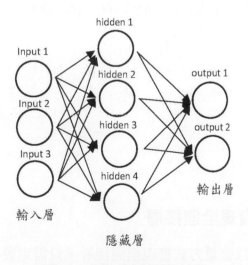

圖 5-6　前饋式傳遞神經網路

5-3-1　全連接神經網路 (fully connected neural network)

全連接神經網路 (fully connected neural network)，是相鄰兩層間任意兩個節點間都有連接 (如圖 5-6)。全連接神經網路是最普通的一種模型，由於每個節點互相連接，每條連接線上都有一個權重值要計算，因此占用更多記憶體和很大的計算量。

假設有一全連接層如圖 5-7。

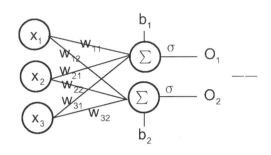

圖 5-7　全連接層

在圖 5-7 中，第一個輸出節點的輸出為

$$O_1 = \sigma(w_{11} \cdot x_1 + w_{21} \cdot x_2 + w_{31} \cdot x_3 + b_1) \tag{5-8}$$

第二個輸出節點的輸出為

$$O_2 = \sigma(w_{12} \cdot x_1 + w_{22} \cdot x_2 + w_{32} \cdot x_3 + b_2) \tag{5-9}$$

其中 σ 為激勵函數，令輸出的向量為 $[O] = [O_1, O_2]$，全式可表達為

$$[O_1, O_2] = [x_1 \quad x_2 \quad x_3] \begin{bmatrix} w_{11} & w_{12} \\ w_{21} & w_{22} \\ w_{31} & w_{32} \end{bmatrix} + [b_1 \quad b_2] \tag{5-10}$$

並可簡寫為

$$O = X @ W + b$$

● 5-3-2　以張量實現全連接層

在 TensorFlow，要以張量方式實現全連接層，只需定義好權值張量 W 和偏移張量 b，並利用 TensorFlow 提供的矩陣相乘函數 tf.matmul() 即可完成網路層計算。以下舉例，假設輸入有三個樣本，每個樣本是 28×28 的圖形，因此每個樣本的輸入特徵長度為 28×28 = 784，且輸出的節點數為 10，因此輸入矩陣的大小為 [3,784]，而權重的矩陣大小為 [784,10]，偏移值大小為 [10]，最後一個輸出的大小為 [3,10]，如程式範例 ch05_6。

程式範例 | ch05_6

```
import tensorflow as tf

# 創建 W,b 張量
x = tf.random.normal([3,784])
w1 = tf.Variable(tf.random.truncated_normal([784, 10], stddev=0.1))
b1 = tf.Variable(tf.zeros([10]))
o1 = tf.matmul(x,w1) + b1     # 線性變換
o1 = tf.nn.relu(o1)           # 加上激活函數
print(o1.shape)   # 印出輸出大小
```

程式輸出

```
(3, 10)
```

　　想要以張量方式設計多層的全連接神經網路 (如圖 5-8)，需分別定義各層的權值矩陣 W 和偏移值向量 b。有多少個全連接層，需定義數量相對的 W 和 b，且每層權值矩陣與偏移值只能在當層使用，不能混淆。

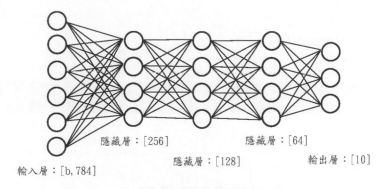

隱藏層：[256]　隱藏層：[64]

隱藏層：[128]

輸出層：[10]

輸入層：[b, 784]

圖 5-8　四層全連接層網路

　　設計網路時，只需按照網路層順序，將上一層的輸出作為當前層的輸入，重複直至最後一層，並將輸出層的輸出作為網路的輸出，代碼如程式範例 ch05_7。

程式範例 | ch05_7

```
# 創建 W,b 張量
x = tf.random.normal([3,784])
# 隱藏層 1權重與偏移值設定
w1 = tf.Variable(tf.random.truncated_normal([784, 256], stddev=0.1))
b1 = tf.Variable(tf.zeros([256]))
# 隱藏層 2權重與偏移值設定
w2 = tf.Variable(tf.random.truncated_normal([256, 128], stddev=0.1))
b2 = tf.Variable(tf.zeros([128]))
# 隱藏層 3權重與偏移值設定
w3 = tf.Variable(tf.random.truncated_normal([128, 64], stddev=0.1))
b3 = tf.Variable(tf.zeros([64]))
# 輸出層權重與偏移值設定
w4 = tf.Variable(tf.random.truncated_normal([64, 10], stddev=0.1))
b4 = tf.Variable(tf.zeros([10]))
# 前向計算
o1 = x@w1 + b1
s1 = tf.nn.sigmoid(o1)
o2 = s1@w2 + b2
s2 = tf.nn.sigmoid(o2)
o3 = s2@w3 + b3
s3 = tf.nn.sigmoid(o3)
o4 = s3@w4 + b4
```

程式輸出

```
(3, 10)
```

● 5-3-3　以 Dense() 函式實現全連接層

TensorFlow 2.0 版本提供三種快速創建網路的方式，分別為 Functional API、Sequential API 與 Subclassing 子類化，以這三種方法建立全連接層網路。

一、Functional API

從 5-3-2 節可以知道全連接層本質上是矩陣的相乘和相加運算，並將結果傳到激勵函數，實現並不複雜。但全連接層是最常用的網路層之一，在 TensorFlow 有更方便的實現方式：利用 layers.Dense() 函式。

Dense 函式實現以下操作：output = activation(dot(input,kernel) + bias)，用 activation 代表激勵函數，kernel 是創建該層的權重矩陣，bias 是該層的偏差向量。函式定義如下 (這裡只列出常用的部分參數)：

tf.keras.layers.Dense (units, activation=None, use_bias=True)

參數介紹：

(1) units：輸出的維度大小，改變 inputs 的最後一維。

(2) activation：激勵函數，神經網路的非線性變化，可設爲 relu、selu 等。

(3) use_bias：使用，bias 爲 True(默認使用)；不用，bias 改成 False，是否使用偏移項。

注意：通過 layer.Dense 類別方法建立全連接層時，只需指定輸出節點數目 (Units) 和激勵函數類型 (activation)。輸入節點數目會根據第一次運算時的輸入維度大小 (shape) 確定，並同時根據輸入、輸出節點數自動創建並初始化權值張量 W 和偏移張量 b，因此新建類別函數 Dense() 時，並不會立即創建權值張量 W 和偏置張量 b，而是需要調用 build 函數或直接進行一次前向計算，才能完成網絡參數創建。

以程式範例 ch05_6 輸入條件爲例，以 Dense() 函式實現全連接網路，如下程式範例：

程式範例   ｜ ch05_8

```python
import tensorflow as tf
from tensorflow.keras import layers   # 導入 layer 類

x = tf.random.normal([3,784])

fc = layers.Dense(10,activation=tf.nn.relu)
out = fc(x)     # 輸入 x 進行一次前向計算，返回輸出張量
print(out.shape)
print("kernel :",fc.kernel)  # 印出 Dense 的權重矩陣
print("bias :",fc.bias)      # 印出 Dense 的偏移值矩陣
```

程式輸出

```
(3, 10)
kernel : <tf.Variable 'dense/kernel:0' shape=(784, 10) dtype=float32, numpy=
array([[-0.04846099,  0.01580505,  0.01912133, ...,  0.00796687,
        -0.0052968 ,  0.03894719],
       [-0.0164372 , -0.02382392, -0.02646311, ...,  0.06806933,
         0.04734132, -0.00652017],
       [-0.0474785 ,  0.05937714, -0.04631271, ..., -0.07865308,
        -0.01863544,  0.05853606],
       ...,
       [-0.02816733, -0.00944363, -0.00353544, ..., -0.00697217,
        -0.01821496, -0.01248945],
       [-0.00716428,  0.01103752, -0.051691  , ..., -0.02158041,
        -0.03110041,  0.0804274 ],
       [ 0.02258081,  0.03497121,  0.00399012, ...,  0.08095957,
         0.03744669, -0.02624369]], dtype=float32)>

 bias : <tf.Variable 'dense/bias:0' shape=(10,) dtype=float32,
 numpy=array([0., 0., 0., 0., 0., 0., 0., 0., 0., 0.], dtype=float32)>
```

　　在程式範例 ch05_8，利用 layers.Dense() 函數創建一層全連接層，並指定輸出節點數為 10，輸入的節點數在進行 fc(x) 計算時，由輸入 x 獲取，並創建內部權值張量 W 和偏置張量 b。通過類內部成員名稱 kernel 和 bias 獲取權值張量 W 和偏置張量 b 對象。

也能以層的方式設計多層全連接神經網路。設計的方式也是直接呼叫 layers. Dense() 函式依序建立各層 (如圖 5-9)，要特別注意，這裡的每一層的輸出資料將會傳給下一層當作下一層的輸入資料。

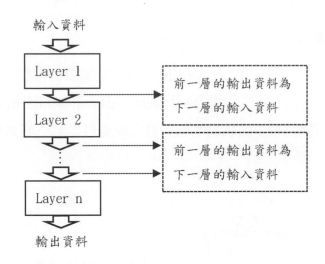

圖 5-9 以 Functional API 建立網路示意圖

以建立圖 5-8 的四層全連接層為例，先以 Dense() 函式新建各層網路，並指定各層的激活函數類型，再利用前向計算，依序通過各個網路層，代碼如程式範例 ch05_9。

程式範例 | ch05_9

```python
import tensorflow as tf
from tensorflow.keras import layers  # 導入 layer 類


fc1 = layers.Dense(256,activation=tf.sigmoid)  # 隱藏層 1
fc2 = layers.Dense(128,activation=tf.sigmoid)  # 隱藏層 2
fc3 = layers.Dense(64,activation=tf.sigmoid)  # 隱藏層 3
fc4 = layers.Dense(10,activation=None)  # 輸出層


x = tf.random.normal([3,784])
h1 = fc1(x)
h2 = fc2(h1)
h3 = fc3(h2)
out = fc4(h3)
print(out.shape)  # 輸出網路輸出維度大小
```

程式輸出

```
(3, 10)
```

二、Sequential API

　　除了用 Keras Functional API 方式 (如上例) 建立需要的模型，還可通過 Keras 提供的網路容器 Sequential，將多個網路層封裝成一個大的網路模組 (如圖 5-10 之虛線框)，最後只需調用網路模型的實體名稱即可完成資料從第一層到最末層的順序傳播運算。

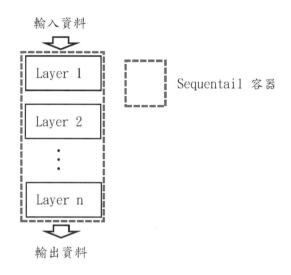

圖 5-10　以 Sequentail API 建立網路示意圖

　　將程式範例 ch05_9 改成利用網路容器 Sequential 建立相同的網路模型，代碼如程式範例 ch05_10 所示。

程式範例 | **ch05_10**

```python
import tensorflow as tf
from tensorflow.keras import layers,Sequential  # 導入 layer 類

x = tf.random.normal([3,784])
# 通過 Sequential 容器封裝為一個網路類
model = Sequential([
    layers.Dense(256, activation=tf.nn.relu),
    layers.Dense(128, activation=tf.nn.relu),
    layers.Dense(64, activation=tf.nn.relu),
    layers.Dense(10, activation=None),
])
out = model(x)      # 前向計算得到輸出
print(out.shape)
```

程式輸出

```
(3, 10)
```

Sequential 容器也可通過 add() 方法加入新的網路層，實現動態創建網路功能，代碼如程式範例 ch05_11 所示。

程式範例 | **ch05_11**

```python
import tensorflow as tf
from tensorflow.keras import layers,Sequential  # 導入 layer 類

x = tf.random.normal([3,784])
model = Sequential([])  # 創建一個空的網路容器
model.add(layers.Dense(256, activation=tf.nn.relu))  # 加入隱藏層 1
model.add(layers.Dense(128, activation=tf.nn.relu))  # 加入隱藏層 2
model.add(layers.Dense(64, activation=tf.nn.relu))   # 加入隱藏層 3
model.add(layers.Dense(10, activation=None))      # 加入輸出層

out = model(x)
print(out.shape)
print(model.summary())  # 輸出模型各層狀況
```

程式輸出

```
(3, 10)
Model: "sequential"

_____
Layer (type)                 Output Shape              Param #
=================================================================
dense (Dense)                (3, 256)                  200960
_____
dense_1 (Dense)              (3, 128)                  32896
_____
dense_2 (Dense)              (3, 64)                   8256
_____
dense_3 (Dense)              (3, 10)                   650
=================================================================
Total params: 242,762
Trainable params: 242,762
Non-trainable params: 0
_____
None
```

使用 keras 構建深度學習模型，可通過 model.summary() 輸出模型各層的參數狀況，如程式範例 ch05_11。

通過參數，可以看到模型各層的組成 (dense 表示全連接層) 成員。也能看到數據經過每個層後，輸出的數據維度。

此外，表格的右手邊欄位還能看到 Param，它表示每個層參數個數，但這些參數數目 (Param) 是怎麼計算出來的呢？

全連接層神經網路的 Param，說明的是每層神經元權重的個數加上偏移值，所以計算如下 (以程式範例 ch05_11 為例)：

(1) 第一個 Dense 層，其輸入數據維度為 784，此層神經元有 256 個，共有參數 $784 \times 256 + 256$ (偏移值) $= 200960$。

(2) 第二個 Dense 層，其輸入數據維度為 256 (前一層神經元個數)，此層神經元有 128 個，共有參數 $256 \times 128 + 128$ (偏移值) $= 32896$。

(3) 第三個 Dense 層，其輸入數據維度為 128 (前一層神經元個數)，此層神經元有 64 個，共有參數 $128 \times 64 + 64$ (偏移值) = 8256。

(4) 第四個 Dense 層，其輸入數據維度為 64 (前一層神經元個數)，此層神經元有 10 個，共有參數 $64 \times 10 + 10$ (偏移值) = 650。

三、Subclassing 子類化

簡單來說你可以透過建立一個類別，而此類別繼承了 model 類別來搭建一個你自己客製化的網路模型 (如圖 5-11 所示)。在類別內有兩個函式，第一個是初始化物件的 __init__ 函式，它是建構函式，它的功用是在建立類別時會幫你做變數的初始化。因此我們可以在這個函式內先設定好輸入層、隱藏層以及輸出層以及想初始化的變數。第二個函式是 call 函式。這個函式是執行神經網路的前向計算，也就是說資料會從輸入層流入隱藏層最後再流出輸出層完成一次的神經網路運算。

```
class ModelName (tf.keras.Model):
    def __init__(self):
        super().__init__()
        # 此處添加初始化程式碼，包含想初始化的變數以及想建立的網路更各層
    def call(self, input):
        # 此處添加呼叫模型的程式碼（處理輸入並返回輸出）
        return output
    # 這裡還可以添加自定義的函數
```

圖 5-11 以 Model 繼承方法建立模型架構

以圖 5-8 神經網路模型，利用 Model 繼承方式建立網路模型，代碼如程式範例 ch05_12 所示。

程式範例 │ **ch05_12 (part 1)**

```python
import tensorflow as tf
from tensorflow.keras import layers   # 導入 layer 類

class netModel(tf.keras.Model):
    def __init__(self):
        super().__init__()
        # 創建四個全連接網路
        self.fc1 = layers.Dense(256, activation=tf.nn.relu)
        self.fc2 = layers.Dense(128, activation=tf.nn.relu)
        self.fc3 = layers.Dense(64, activation=tf.nn.relu)
        self.fc4 = layers.Dense(10)

    def call(self, inputs, training=None, mask=None):
        # 撰寫網路各層順序
        x = self.fc1(inputs)
        x = self.fc2(x)
        x = self.fc3(x)
        out = self.fc4(x)
        return out
```

利用 Model 繼承方式建立主網路模型架構後，接著要實體化網路，程式碼如下：

程式範例 │ **ch05_12 (part 2)**

```python
input = tf.random.normal([3,784])
myModel = netModel()    # 建立網路
out = myModel(input)
print(myModel.summary())   # 印出網路架構訊息
print(out.shape)   # 將輸出維度大小印出
```

程式輸出

```
Model: "net_model"
_____
Layer (type)                 Output Shape              Param #
=================================================================
dense (Dense)                multiple                  200960
_____
dense_1 (Dense)              multiple                  32896
_____
dense_2 (Dense)              multiple                  8256
_____
dense_3 (Dense)              multiple                  650
=================================================================
Total params: 242,762
Trainable params: 242,762
Non-trainable params: 0
_____
None
(3, 10)
```

在程式範例定義好網路模型後，必須利用 myModel = netModel() 實體化建立的網路，並利用 out = myModel(input) 讓網路知道輸入資料維度大小是多少，此外，在程式碼中，也將整個網路架構印出，並把輸出大小的維度印出，從輸出結果發現此法創建的網路與程式範例 ch05_11 網路創建結果相同。

5-4　網路參數的優化

　　考慮在空間中有兩類資料樣本，如圖 5-12(a) 所示，假設希望建造一個網路模型可將此二類資料樣本分開，會先給定 (建立) 一模型，模型假設定義如下：

$$out = a_n x_n + a_{n-1} x_{n-1} + \ldots + a_1 x_1 + a_0 \tag{5-11}$$

$(x_n, x_{n-1}, \cdots x_1)$ 為每個樣本點的特徵，$(a_n, a_{n-1}, \cdots a_1)$ 為待優化的網路參數。

　　而第二步會給予網路模型參數一個初始值，此時給予的參數畫出的網路模型如圖 5-12(b)。

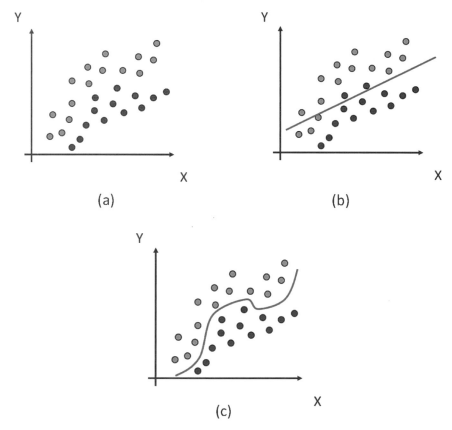

圖 5-12　(a) 兩群資料樣本分佈圖　(b) 初始化分類模型　(c) 訓練完成後的分類模型

　　由於一開始給定的初始值對此二類的數據分類誤差太大，因此網路開始進行訓練，每次訓練過程會根據估計 (損失) 進而調整參數，演算法訓練步驟如圖 5-13，經過不停疊代後，如果到達設定的訓練次數或損失計算達最小，會得到一組優化參數，最後網路訓練完成，如圖 5-12(c)。

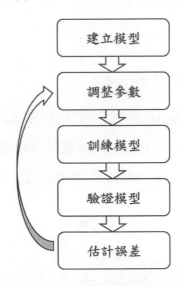

圖 5-13　訓練模型參數優化步驟

　　問題來了，要怎麼去計算模型產生的誤差？很自然的想法是，求出當前模型的所有樣本點上的類別預測值 ($a_ix_i + b$ 所得到的 $\hat{y}_i$) 與真實標籤值 y_i 間差的和或平方和為總誤差，而總誤差的值越小越好。

　　因此目標是找出一個合適的 a_i 與 b，得到 $\hat{y}_i = a_ix_i + b$，使得

$$\sum_{i=1}^{n}(\hat{y}_i - y_i)^2 = \sum_{i=1}^{n}(a_ix_i + b - y_i)^2 \quad \text{儘可能小}$$

估計值　　　　實際值

上面的衡量標準跟 n 有關，n 代表樣本點的個數，因此可以把上面的式子改寫為

$$\frac{1}{n}\sum_{i=1}^{n}(\hat{y}_i - y_i)^2 = \frac{1}{n}\sum_{i=1}^{n}(a_ix_i + b - y_i)^2 \tag{5-12}$$

這樣的定義方式是均方誤差 (MSE)。接下來希望找一個優化方式找出一組最好的 a_i 與 b。

在機器學習，有很多優化方法試圖尋找模型的最優解。比如在神經網路可採取最基本的『梯度下降法』求最優解。

為什麼叫作優化？是因為計算機計算速度非常快，可藉助強大計算能力多次「搜索」和「試錯」，而一步步降低誤差 L。

● 5-4-1 梯度下降法

說明梯度下降法前，先了解什麼叫梯度。

函數的梯度 (Gradient) 定義為函數對各個自變量的偏導數 (Partial Derivative) 組成的向量。例如：考慮 3 維函數 $z = f(x, y)$，函數對自變量 x 的偏導數記為 $\partial z / \partial x$，函數對自變量 y 的偏導數記為 $\partial z / \partial y$，則梯度 ∇f 為向量 ($\partial z / \partial x$, $\partial z / \partial y$)。

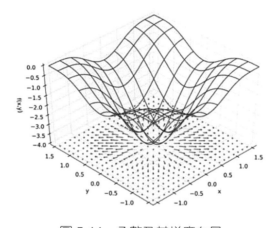

圖 5-14　函數及其梯度向量

通過一個多變數函數曲線圖感受梯度的性質，如圖 5-14。圖底下的 xy 平面上畫的向量 (紅色箭頭)，是上面那個曲面在該點梯度的投影，可以看到，箭頭的方向總是指向該曲面最陡的上升方向，函數曲面越陡峭，箭頭長度越長，梯度的模 $|\nabla f|$ 越大。

藉上面的說明，當曲線為二次式 (就是梯度為 1 維向量)，可簡化成如圖 5-15。

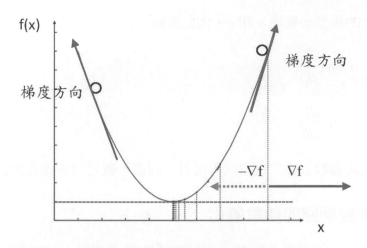

圖 5-15 二次函數及其梯度向量表示

在圖 5-15，能直觀地感受到，函數在各處的梯度方向 ∇f 總是指向函數值增大的方向，梯度的反方向 $-\nabla f$ 應指向函數值減少的方向。利用這一性質，只需按照

$$x' = x - \eta \cdot \nabla f \tag{5-13}$$

來迭代更新，就能獲得越來越小的函數值，其中 η 用來縮放梯度向量（又稱學習率、步長，一次更新多少，由學習率控制），一般設置為某較小的值，例如：0.01、0.001 等。對於一維函數，上述向量形式可退化成標量形式：

$$x' = x - \eta \cdot \frac{df}{dx} \tag{5-14}$$

通過上式疊代更新 x' 若干次，得到 x' 處的函數值 $f(x')$ 更有可能比在 x 處的函數值 y 小。所以通過上式優化參數的方法稱『梯度下降算法』，通過循環計算函數的梯度 ∇f 並更新待優化參數 x，而得到函數 f 獲得極小值時，參數 x 的最優數值解。

現在利用前面的梯度下降算法求解 a 和 b 參數。假設最小化的誤差函數是均方差誤差函數 L：

$$L = \frac{1}{n} \sum_{i=1}^{n} (ax_i + b - y_1)^2 \tag{5-15}$$

由於需優化的模型參數是 a 和 b，因此按照

$$a' = a - \eta \cdot \frac{dL}{da} \tag{5-16}$$

$$b' = b - \eta \cdot \frac{dL}{db} \tag{5-17}$$

方式循環更新參數。經多次迭代可得最小誤差，就是得到優化參數 (a, b)。

● 5-4-2　神經網路的參數優化

神經網路最小化參數優化問題，訓練方式跟前者相同，其流程可參考圖 5-16。而在神經網路的最小化優化問題，一般採用誤差反向傳播 (Backward Propagation, BP) 算法求解網路參數 θ 的梯度信息，並用梯度下降 (Gradient Descent, GD) 算法迭代更新參數。

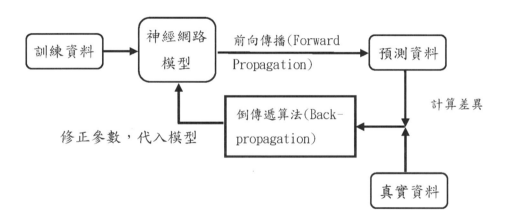

圖 5-16　神經網路訓練流程

有些損失函數在求導數過程十分複雜，因此可使用 TensorFlow 提供的自動求導功能，使用 TensorFlow 自動求導功能計算梯度時，需將前向計算過程放置在 tf.GradientTape() 環境，再利用 gradient() 函數自動求解參數的梯度，並利用優化器 (optimizers) 提供的 apply_gradients() 函數進行優化計算並更新參數。

利用 TensorFlow 自動求導功能來計算 Sigmoid 函數的導數並將其圖形繪出，代碼如程式範例 ch05_13 所示。

程式範例 | ch05_13

```python
import tensorflow as tf
import matplotlib.pyplot as plt

a = tf.Variable(tf.linspace(-10.,10.,100))

with tf.GradientTape() as tape:
    y = tf.sigmoid(a)
da = tape.gradient(y,a)

plt.plot(a.numpy(),da.numpy()) # tensor 轉 numpy
plt.xlabel("x")
plt.ylabel("Gradient of Sigmoid(x) ")
plt.grid()
plt.show()
```

程式輸出

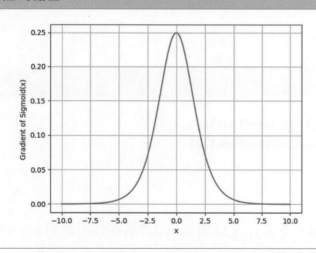

說明：**tf.GradientTape** 組件說明

tf.GradientTape(persistent=False, watch_accessed_variables=True)

參數介紹：

(1) persistent：布林值，指定新創建的 GradientTape 是否可持續性使用。預設值 False，代表只能調用一次 gradient() 函數 (在範例中計算兩次梯度，代表調用兩次 gradient()，因此必須把 persistent 參數設成 True)。

(2) watch accessed variables：布林值，表明 GradientTape 是不是會自動追蹤任
何能被訓練 (trainable) 的變量。默認是 True。為 False 的話，意味需手動
指定想追蹤的那些變量。

程式範例　│　ch05_GradientTest

```python
import tensorflow as tf

def gradient_test():
    x = tf.constant(4.0,tf.float32)

    with tf.GradientTape(persistent=True,watch_accessed_variables=True) as tape:
        tape.watch(x)   # watch 可以確保 x 被 tape 追蹤
        y1 = 3*x
        y2 = 3*x*x
    dy1_dx = tape.gradient(target=y1,sources=x)   # 求 y1 對 x 變量的梯度(導數)
    dy2_dx = tape.gradient(target=y2, sources=x)   # 求 y2 對 x 變量的梯度(導數)
    print("dy1_dx:",dy1_dx)
    print("dy2_dx:", dy2_dx)

if __name__=="__main__":
    gradient_test()
```

程式輸出

```
dy1_dx: tf.Tensor(3.0, shape=(), dtype=float32)
dy2_dx: tf.Tensor(24.0, shape=(), dtype=float32)
```

在程式範例 ch05_GradientTest，要求 $y_1 = 3x$ 與 $y_2 = 3x^2$ 兩線性函數對 $x = 4$ 的導數值，由於 y_1 對 x 微分後是 3，因此導數值是 3，但 $y^2 = 3x^2$ 對 x 微分後是 $y' = 6x$，此時將 x 代入 4 後的值為 24。

另一個跟 tf.GradientTape 搭配的 gradient() 函數，是 tf 提供自動計算函數梯度方法，根據在 with tf.GradientTape() as tape 的上下文環境計算某個或某些 tensor 梯度。

例如：y_grad = tape.gradient(y,x) 的意思就是求張量 y 對變量 x 的導數。

5-5　神經網路訓練實例 (MNIST 手寫數字辨識)

　　MNIST(Mixed National Institute of Standards and Technology database) 手寫數字資料集是 1988 年 LeCun 等人在美國郵務局，為了自動辨識郵遞區號手寫號碼而發展的一個資料集，現今作為許多圖片辨識系統的標準測試集。資料集包含不同人手寫的 0 到 9 的數字圖片 (如圖 5-17)，共有 60000 張訓練圖片及 10000 張測試圖片。由於 MNIST 的資料大小適中 (大小為 28 × 28)，且皆為灰階影像，適合做為初學者第一個建立模型、訓練、與預測的資料集。

圖 5-17　MNIST 資料集的組成

　　接下來就範例 ch05_14 的程式碼介紹 MNIST 手寫辨識集，並教導大家如何訓練神經網路對資料籍進行分類。

一、下載 MNIST 資料

　　此程式一開始會用 TF.Keras dataset 抓取 MNIST 手寫辨識資料集，keras 提供的數據集主要有以下 7 種：

1. **CIFAR10 小圖像：**

   訓練集：50000 張彩色圖像，大小 32×32，被分成 10 類。

   測試集：10000 張彩色圖像，大小 32×32。

2. **CIFAR100 小圖像：**

   訓練集：50000 張彩色圖像，大小 32×32，被分成 100 類。

   測試集：10000 張彩色圖像，大小 32×32。

3. **IMDB 電影影評情感分類：**

   訓練集：25000 條評論，正面評價標為 1，負面評價標為 0。

   測試集：25000 條評論。

4. **路透社新聞專線主題分類：**

   總數據集：11228 條新聞專線，46 個主題。

5. **MNIST 手寫數字數據集：**

   訓練集：60000 張灰色圖像，大小 28×28，共 10 類 (0-9)。

   測試集：10000 張灰色圖像，大小 28×28。

6. **MNIST 時尚元素數據庫：**

   訓練集：60000 張灰色圖像，大小 28×28，共 10 類 (分別為 t-shirt、trouser(褲子)、pullover(套衫)、dress(連衣裙)、coat(外套)、sandal(涼鞋)、shirt(襯衫)、sneaker(運動鞋)、bag(包) 和 ankle boot(短靴))。

   測試集：10000 張灰色圖像，大小 28×28。

7. **波斯頓房價回歸數據集：**

   1970 年代，波斯頓周邊地區的房價。

1. 載入資料庫並印出大小

程式範例 | **ch05_14 (part 1)**

```python
# 匯入Keras的mnist模組
from tensorflow.keras.datasets import mnist
(train_Data, train_Label), (test_Data, test_Label) = mnist.load_data()

# 查看 mnist 資料集大小
print('train data=', len(train_Data))
print('test data=', len(test_Data))
# 查看 mnist 資料集維度
print('train data dim=', train_Data.shape)
print('train label dim=', train_Label.shape)
```

程式輸出

```
train data= 60000
test data= 10000
train data dim= (60000, 28, 28)
train label dim= (60000,)
```

下載資料放在 C:\Users\[使用者名稱資料夾]\.keras\datasets 資料夾 (使用者名稱依電腦設定有所不同)，檔案名稱為 mnist.npz，從程式下載的資料可以看到共分四類，分別是訓練集資料 (train_Data)、訓練集標籤 (train_Label)、測試集資料 (test_Data)、測試集標籤 (test_Label)，從程式結果可看出訓練集資料有 60000 筆，測試集資料有 10000 筆，且訓練集資料維度大小為 (60000, 28, 28)(數字的意思代表 60000 張大小為 28×28 的圖片)，測試集標籤維度大小為 (60000,)(數字的意思代表 60000 張的標籤)。

使用 mnist.load_data() 下載資料庫速度太慢的話，可以先去 MNIST 官網將資料庫預載下來，網址如下 (http://yann.lecun.com/exdb/mnist/)，下載後可以看到 MNIST 主要由兩部分組成，一部分是訓練數據集，一部分是測試數據集，共有 4 個文件，如下圖。

```
train-images-idx3-ubyte.gz:  training set images (9912422 bytes)
train-labels-idx1-ubyte.gz:  training set labels (28881 bytes)
t10k-images-idx3-ubyte.gz:   test set images (1648877 bytes)
t10k-labels-idx1-ubyte.gz:   test set labels (4542 bytes)
```

　　其中訓練集有兩個文件，分別為 train-images-idx3-ubyte.gz、train-labels-idx1-ubyte.gz；測試集也是兩個文件，分別為 t10k-images-idx3-ubyte.gz、t10k-labels-idx1-ubyte.gz。在兩個數據集中，檔案名稱中有 images 的是包含手寫數字圖片的數據；有 labels 名稱的是數字標籤數據，標示和 images 文件相對應索引的手寫數字圖片的數字。

2. 使用 matplotlib 輸出 images 數字影像

程式範例	ch05_14 (part 2)

```python
import matplotlib.pyplot as plt  # 匯入matplotlib.pyplot模組

def plot_image(data):  # 輸入的是要繪製的圖象或者是陣列
    fig = plt.gcf()  # 獲取當前圖形對象
    fig.set_size_inches(4,4)  # 設定圖像大小(單位:英吋)
    plt.imshow(data, cmap='binary')  # 設定顯示圖片以及顯示方式
    plt.show()  # 顯示圖片

plot_image(train_Data[0])
```

程式輸出

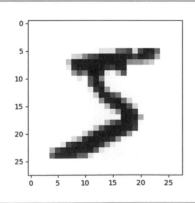

　　從輸出中的圖形可以看到下載的 train_Data 內容是一個大小為 28×28，每一個點為 0～255 大小的數值，此外，這裡也可以印出訓練集第一筆的資料標籤值來驗證。

程式範例	ch05_14 (part 3)

```
print('train_Label[0]', train_Label[0])
```

程式輸出

5

　　從結果得知訓練資料與標籤是相互對應的。

二、設置超參數與資料訓練前處理

　　接下來設定訓練網路需要的超參數跟資料大小轉換，代碼如下：

程式範例	ch05_14 (part 4)

```
# 訓練參數設定
learning_rate = 0.01      # 學習律
training_epoch = 1000      # 訓練次數
batch_size = 2000          # 每次訓練大小
# MNIST 資料的前置處裡
# 將原本是 28x28 的影像大小攤平成 784, 拿來當輸入特徵.
train_Data_R, test_Data_R = train_Data.reshape([-1, 784]).astype('float32')\
    ,test_Data.reshape([-1, 784]).astype('float32')
# 資料正規化
train_Data_R, test_Data_R = train_Data_R / 255., test_Data_R / 255.
# 將資料分批並且打散
train_Data_M = tf.data.Dataset.from_tensor_slices((train_Data_R, train_Label))
train_Data_M = train_Data_M.shuffle(5000).batch(batch_size)
```

　　訓練網路輸入的特徵是一維的特徵，因此先將訓練集資料與測試集資料做一個資料攤平的動作，此外，為了防止資料內部數值散布範圍過大且想加速神經網路計算處理，一開始會對資料數據做正規化的動作。

　　正規化結束後，會對訓練資料做資料打散（可以想像洗牌）動作，主要希望要訓練的資料相同型式的不要太過集中。但測試集可以不用做資料打散，因為測試集不做訓練用途。

三、設計網路

利用圖 5-8 四層全連接層網路當作 MNIST 手寫文字辨識網路架構，輸入層有 784 筆資料，第一層隱藏層有 256 個節點，第二層隱藏層有 128 個節點，第三層隱藏層有 64 個節點，最後輸出有十個節點，分別代表十個數字的機率大小。

程式範例 | **ch05_14 (part 5)**

```
# 最後的 Dense(10) 且 activation 用 softmax
# 代表最後 output 為 10 個 class（0~9）的機率
model = tf.keras.models.Sequential([
    tf.keras.layers.Dense(256, activation='relu'),
    tf.keras.layers.Dense(128, activation='relu'),
    tf.keras.layers.Dense(64, activation='relu'),
    tf.keras.layers.Dense(10, activation='softmax')
])
```

最後一層接 softmax 激勵函數的主要原因，是希望當 784 個特徵經網路前向處裡後，能算出每個類別的預測機率，softmax 公式如下：

$$\mathrm{soft\,max}(z_i) = \frac{e_{z_1}}{\sum_{i-1}^{k} e_1^{z_j}} \quad \text{for } j = 1, \cdots, K \tag{5-18}$$

softmax 主要用於多分類過程，將多個神經元輸出，映射到 (0,1) 區間內，可看成機率理解，從而進行多分類 (如圖 5-18)。

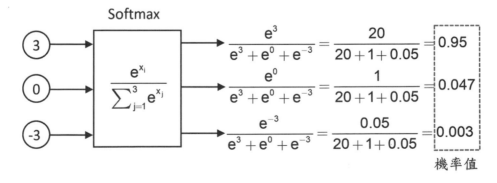

圖 5-18　Softmax 函式示例圖

四、選擇優化器、損失函數

範例選擇 keras.optimizers.SGD() 優化器，此優化器使用最簡單的 gradient decent 方法 (其他如 RMSprop、Adagrad 等都是 SGD 進化版本)，找出參數的梯度 (利用偏微分方法)，往梯度的方向更新參數 (weight)，即：

$$W \leftarrow W - \eta \frac{\partial Loss}{\partial W}$$

其中 W 為權重 (weight) 參數，$Loss$ 為損失函數 (loss function)，η 是學習率 (Learning rate)，$\partial L / \partial W$ 是損失函數對參數的梯度 (偏微分)。

五、定義正確率

程式範例 | **ch05_14 (part 6)**

```
# 隨機梯度下降優化器。
optimizer = tf.keras.optimizers.SGD(learning_rate)

def cross_entropy_loss(x, y):
    # 將標籤轉換為 int 64。
    y = tf.cast(y, tf.int64)
    # 選擇交叉熵當損失函數.
    loss = tf.nn.sparse_softmax_cross_entropy_with_logits(labels=y, logits=x)
    # 計算平均損失
    return tf.reduce_mean(loss)
```

修正網路的權重參數時，希望有一個參考指標或函數，讓程式進行最大化或最小化修正，這個函數或指標被稱「損失函數 (loss function)」，網路模型最後的參數修正好壞有絕大部分因素來自損失函數設計。由於建立的模型要處理分類問題，而分類問題常用的損失函數為交叉熵 (cross-entropy)(在 5-6-4 與 5-6-5 會詳細介紹 keras 提供的優化器與損失函數)。

本範例使用 Tensorflow 內部已經寫好的 sparse_softmax_cross_entropy_with_logits() 函數當作損失函數。

程式在每個階段不斷計算損失並用優化器修正模型參數後，會使用測試集測試的資料測試模型的強健性，因此定義正確率函數判斷測試後的正確程度，其程式碼如下：

程式範例　｜　ch05_14 (part 7)

```python
# 計算準確率
def accuracy(y_pred, y_true):
    # tf.argmax(y_pred, 1) 返回 y_pred 維度為 1 的最大索引跟正確值做比較
    correct_prediction = tf.equal(tf.argmax(y_pred, 1),
                                  tf.cast(y_true, tf.int64))
    # 計算平均正確率
    return tf.reduce_mean(tf.cast(correct_prediction,
                                  tf.float32), axis=-1)
```

六、定義訓練與測試方法

當模型經輸入資料 (由大小 28×28 的特徵資料轉成一維 784 個特徵) 作前向運算後，會得到各類的機率值，再將機率最高的索引值跟樣本的標籤比較是否相等，如果相等代表判斷正確，不相等則代表判斷錯誤。

最後進入到訓練模型的主體，代碼如下：

程式範例　｜　ch05_14 (part 8)

```python
testlossArr = []    # 記錄每一個 epoch 的損失值
testaccArr = []     # 記錄每一個 epoch 的正確率
epochs = []    # 記錄每一個 epoch 值
Testloss = 0    # 記錄測試集當下 epoch 的損失值
Testacc = 0     # 記錄測試集當下 epoch 的正確率
epoch = 0
for epoch in range(training_epoch):
    for step, (batch_data, batch_label) in enumerate(train_Data_M):
        with tf.GradientTape() as tape:
            pre_data = model(batch_data)
            # Compute loss.
            loss = cross_entropy_loss(pre_data, batch_label)
            acc = accuracy(pre_data, batch_label)
            trainable_variables = model.trainable_variables
            # 計算梯度
            gradients = tape.gradient(loss, trainable_variables)
        optimizer.apply_gradients(zip(gradients, trainable_variables))
```

```
# 每訓練完一個 EPOCH，就拿測試集來測試準確率
Testprec = model(test_Data_R)
Testloss = cross_entropy_loss(Testprec, test_Label)
Testacc = accuracy(Testprec, test_Label)
```

上面程式碼分兩階段，第一階段會將訓練資料分批輸入模型做前向運算，再計算損失值並進行模型參數修正，當所有訓練資料全輸入結束並完成前向運算，稱為一個 epoch，每完成一個 epoch，程式會把測試資料帶入計算並計算損失與正確率，並將每一 epoch 的損失值與正確率加以記錄。

七、印出最後與完整的訓練之損失值與正確率

最後將所有 epoch 的損失值與正確率印出，程式碼如下：

程式範例 | **ch05_14 (part 9)**

```
    # 每訓練完一個 EPOCH，就拿測試集來測試準確率
    Testprec = model(test_Data_R)
    Testloss = cross_entropy_loss(Testprec, test_Label)
    Testacc = accuracy(Testprec, test_Label)
    print("Testloss: %f, Testaccuracy: %f" % (Testloss, Testacc))
    print(epoch)
    testlossArr.append(Testloss)
    testaccArr.append(Testacc)
    epochs.append(epoch)


plt.plot(epochs,testlossArr)
plt.xlabel("epoch")
plt.ylabel("loss")
plt.grid()
plt.show()
plt.plot(epochs,testaccArr)
plt.xlabel("epoch")
plt.ylabel("Acc")
plt.grid()
plt.show()
```

程式輸出

```
Testloss: 1.517423, Testaccuracy: 0.947500
999
```

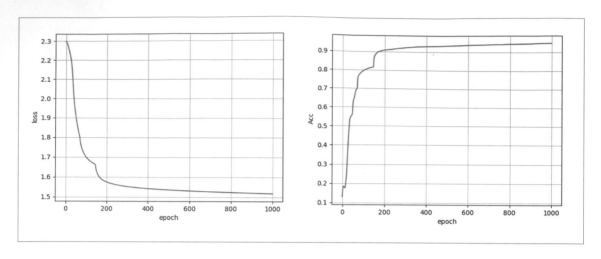

訓練完成後，將最後損失值與正確率印出。由於在程式中共訓練 1000 次，將訓練的每一次損失值與正確率印出並繪成圖表方式，最後完整程式詳見 ch05_14.py 檔案。

 使用 Keras 模組實現神經網路訓練 (Fashion MNIST 識別)

在前一節，學會利用即時執行策略 (eager execution) 及 GradientTape 對象自定義訓練和評估流程。程式撰寫流程如下：

(1) 建立模型。

(2) 透過 tf.GradientTape() 記錄並建構前向傳播模型。

(3) 將訓練資料傳入模型內進行前向傳遞運算 (forward propagation)。

(4) 計算損失 (Loss)。

(5) 根據 Loss 對 model.variables 計算梯度 (使用 tf.GradientTape())。

(6) 更 新 梯 度 (gradient descent)： 透 由 tf.keras.optimizer 更 新， 並 且 apply_gradients() 函數需要接收 grad 和 vars 兩參數 (必須用 zip 包起來傳入)。

這樣的訓練模型對一個 TensorFlow 新手或許過於複雜，因此本節要教讀者了解另一種訓練與評估方式：使用 Keras 模型內建的 API 進行訓練評估。

先使用 Keras 提供的 API 對程式 ch05_15 進行改寫，執行完再詳細解說整個流程。

程式範例 | **ch05_15**

```python
# 匯入 Keras 提供的序列式模型類別
from tensorflow.keras.models import Sequential
from tensorflow.keras import layers
# 匯入Keras的mnist模組
from tensorflow.keras.datasets import mnist
(train_Data, train_Label), (test_Data, test_Label) = mnist.load_data()

model = Sequential([
    layers.Flatten(input_shape=(28, 28)),    # 將輸入資料從 28x28 攤平成 784
    layers.Dense(256, activation='relu'),
    layers.Dense(128, activation='relu'),
    layers.Dense(64, activation='relu'),
    layers.Dense(10, activation='softmax') # output 為 10 個 class
])

# model 每層定義好後需要經過 compile
# sparse_categorical_crossentropy 的標籤是 integer
model.compile(optimizer='adam',
              loss='sparse_categorical_crossentropy',
              metrics=['accuracy'])

# 將建立好的 model 去 fit 我們的 training data
model.fit(train_Data, train_Label, epochs=10)
# 利用 test_Data 去進行模型評估
# verbose = 2 為每個 epoch 輸出一行紀錄
model.evaluate(test_Data, test_Label, verbose=2)
```

程式輸出

```
1875/1875 [==============================] - 4s 2ms/step - loss: 2.4016 - accuracy: 0.8208
Epoch 2/10
1875/1875 [==============================] - 3s 2ms/step - loss: 0.1944 - accuracy: 0.9452
Epoch 3/10
1875/1875 [==============================] - 3s 2ms/step - loss: 0.1440 - accuracy: 0.9580
Epoch 4/10
1875/1875 [==============================] - 3s 2ms/step - loss: 0.1209 - accuracy: 0.9646
Epoch 5/10
1875/1875 [==============================] - 3s 2ms/step - loss: 0.1006 - accuracy: 0.9703
Epoch 6/10
1875/1875 [==============================] - 3s 2ms/step - loss: 0.0923 - accuracy: 0.9737
Epoch 7/10
1875/1875 [==============================] - 3s 2ms/step - loss: 0.0727 - accuracy: 0.9789
Epoch 8/10
1875/1875 [==============================] - 3s 2ms/step - loss: 0.0591 - accuracy: 0.9831
Epoch 9/10
1875/1875 [==============================] - 3s 2ms/step - loss: 0.0574 - accuracy: 0.9838
Epoch 10/10
1875/1875 [==============================] - 3s 2ms/step - loss: 0.0506 - accuracy: 0.9861
313/313 - 0s - loss: 0.1143 - accuracy: 0.9755
```

　　從程式範例 ch05_15 可以發現，同樣是撰寫 MNIST 的分類程式，使用 Keras 提供的 API 撰寫會簡單許多，對開始接觸 TensorFlow 的新手是一大好處，接下來介紹訓練模型架構。使用 Keras 訓練模型的詳細步驟如圖 5-19。

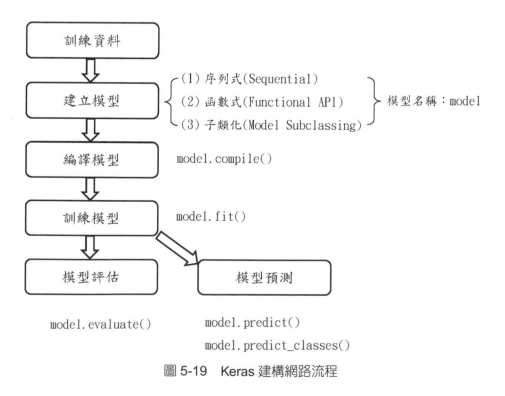

圖 5-19　Keras 建構網路流程

在程式範例 ch05_15，一開始用 TF.Keras dataset 抓取 MNIST 手寫辨識資料集，接下來創建網路模型，利用 layers.Flatten() 函數，將輸入的 28×28 二維張量數據變成一維 (扁平化)，再用 layers.Dense() 函數依序創建四個全連接層，最後一層為輸出層，激勵函數為 softmax()，其他三層激勵函數為 relu()。

● 5-6-1 模型的編譯：compile() 函數介紹

建構模型後，必須用 compile 函數指定優化函數 (optimizer)，定義損失函數 (loss) 及成效衡量指標 (mertrics)。compile() 函式定義如下：

```
model.compile(optimizer = 優化器, loss = 損失函數, metrics = [" 準確率 "])
```

其中 optimizer 可以是字串形式給的優化器名字，也可是函數形式，使用函數形式可以設置學習率、動量和超參數，例如：

1. 初始化一個優化器對象，傳入該函數。

```
from tensorflow.keras import optimizers   # 匯入優化器模組
sgd = optimizers.SGD(lr=0.01,momentum=0.9)  # 設定優化器名稱
model.compile(optimizer=sgd,  # 選擇優化器
        loss='mse',        # 選擇損失函數
        metrics=['acc'])    # 設定成效衡量指標
```

2. 或直接把優化函數代入。

```
# 直接帶入優化器函式至 compile 函數
model.compile(optimizer=optimizers.SGD(lr=0.01,momentum=0.9),
loss='mse',metrics=['acc'])
```

3. 也可以在調用 model.compile() 傳遞一個預定義優化器名，於此情形下，優化器的參數將使用默認值。

```
# 傳遞預定優化器名稱至 compile 函數
model.compile(optimizer='sgd ',loss='mse',metrics=['acc'])
```

　　Compile 函數內部參數與網路訓練架構對應圖，如圖 5-20，神經網路在訓練過程會透過「損失函數」計算「損失值」，藉由選擇的「優化器」調整整個網路權重值，其目的是讓網路最後算出的「預測值」可以慢慢接近「正確答案」。

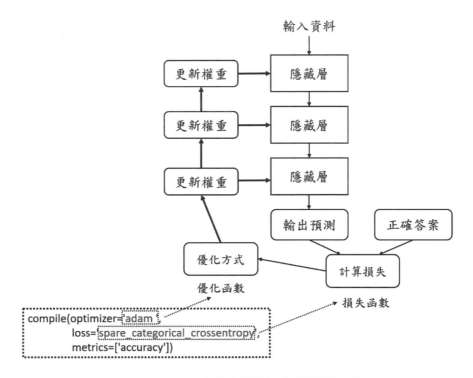

圖 5-20　compile 參數與訓練流程對應關係圖

　　如何為模型選擇適當的優化器非常困難。一些熱門的深度學習框架，如 PyTorch 或 TensorFlow 等提供非常多優化器讓使用者選擇，每個優化器都有自己的優缺點。然而，正確的選擇優化器會讓模型的效能產生重大影響，例如訓練時，收斂是否快速，是否能讓模型找到最佳參數等，因此，如何決定優化器在建構、測試和部署深度學習模型的過程中成為一個關鍵的重要條件。

5-6-2 模型的訓練：fit() 函數介紹

模型編譯完成後，就要使用 fit() 函式進行訓練動作，fit() 函式原型如下：

函數原型：

```
fit(self, x=None, y=None, batch_size=32, epochs=1, verbose=1,
callbacks=None, validation_split=0.0, validation_data=None, shuffle=True,
class_weight=None, sample_weight=None, initial_epoch= 0, steps_per_
epoch=None, max_queue_size = 10, workers = 1, use_multiprocessing =
False)
```

參數介紹：

(1) **x**：輸入訓練樣本數據。數據的型態可以是 numpy array、張量、list 或字典等。

(2) **y**：輸入訓練樣本對應標籤。標籤型態必須與輸入訓練樣本型態相同，如果模型的輸出擁有名字，則可傳入一個字典，將輸出名與其標籤對應起來。

(3) **batch_size**：整數或 None，Keras 會以一批樣本為單位進行訓練，訓練時一個批次樣本計算會進行一次梯度下降計算，使目標函數優化一步。例如樣本數如果有 1000 個，batch_size 為 32，則每個週期 (epoch) 會訓練 32 次，最後一次為 8 筆資料。

(4) **epochs**：整數。訓練的輪數，整個數據會被訓練 epoch 次。

(5) **verbose**：0、1 或 2。訊息顯示方式，0：安靜模式，不顯示訊息；1：完整顯示模式 (包含進度條顯示)；2：精簡顯示模式 (不包含進度條顯示)。

(6) **callbacks**：一個 list，其內容是 keras.callbacks.Callback 物件，主要用在訓練過程中 (例如每訓練完一個批次或是一個週期) 要呼叫那些 Keras 內建或自訂的 callback 物件，可以讓訓練過程做更多控制。

(7) **validation_split**：0 ～ 1 間的浮點數，指定訓練集的數據有多少比例數據被切出來作為驗證集。

(8) **validation_data**：有 (x_val,y_val) 或 (x_val,y_val,sample_weights) 兩種形式的 tuple，其中 x_val 是指驗證集的樣本資料，y_val 是驗證集的標籤，sample_weights 是指驗證集的權重 (此值若與後面的 sample_weights 不同，則此值會優先於後面的 sample_weights 設定)。

(9) **shuffle**：布林值，表示是否在每個 epoch 訓練前隨機將訓練樣本順序打亂。

(10) **class_weight**：字典格式，指定每個類別對應的損失職權重。此參數主要目的在於處理非平衡的訓練數據 (例如某些類的訓練樣本數較少) 時，可使損失函數對樣本數較少的數據更加關注。其設定方法爲 class_weight={0:1.0,1:3.0,2:4.0}，這樣設定時，標籤爲 2 的樣本損失值將會被放大三倍，標籤爲 3 的樣本損失值將會被放大四倍。

(11) **sample_weight**：指定每個樣本的損失值權重。主要對可信度較高的樣本給予更高的權重。

(12) **initial_epoch**：整數。從參數指定的 epoch(從 0 開始算) 開始進行訓練。主要是對之前未完成的訓練進行後續訓練。例如 initial_epoch 設定爲 5(代表之前已經訓練 5 個週期)，epochs 設定爲 10，則會從第 6 個週期開始訓練。

(13) **steps_per_epoch**：整數或 None。每個週期要訓練多少批次。(例如有 100 張圖像且批次大小爲 50，則 steps_per_epoch 值爲 2。) 此參數如果不確定則預設值爲 1。

(14) **Validation_steps**：整數或 None。每個週期要驗證多少個批次，如果 validation_steps 設定爲 None，則一直進行到驗證集用盡。

(15) **Validation_freq**：只在有設定驗證 (Validation) 數據時才有用。此設定可以是整數或列表 / 元組 / 集合。如果是整數，指定在新的驗證執行前要執行多少次訓練，例如 validation_freq=2，在每 2 個週期訓練後用驗證集執行驗證。如果是列表、元組或集合，指定執行驗證的輪次，例如 validation_freq=[1, 3, 6] 表示在第 1、3、6 週期訓練時執行驗證動作。

(16) **max_queue_size**、**workers** 與 **use_multiprocessing**：此三個參數在談 fit_generator() 函數時再說明。

KerasModel.fit() 方法會傳回一個 History 對象。history.history 屬性是一個記錄連續疊代的訓練 / 驗證 (如果存在) 損失值和評估成效的字典。下列程式代碼是一個簡單使用 matplotlib 生成訓練集與驗證集損失和準確率圖表的例子：

```
# 繪製訓練 & 驗證集的準確率
plt.plot(history.history['acc'])
plt.plot(history.history['val_acc'])
plt.title('Model accuracy')
plt.ylabel('Accuracy')
plt.xlabel('Epoch')

plt.legend(['Train', 'Test'], loc='upper left')
plt.show()
# 繪製訓練 & 驗證集的損失值
plt.plot(history.history['loss'])
plt.plot(history.history['val_loss'])
plt.title('Model loss')
plt.ylabel('Loss')
plt.xlabel('Epoch')
plt.legend(['Train', 'Test'], loc='upper left')
plt.show()
```

● 5-6-3　模型的預測與評估：predict() 函數與 evaluate() 函數介紹

完成網路的建置、設定優化器、損失函數與評估指標，再進行訓練後，就進行模型的預測與評估。

1. 預測函數 predict()

函數原型：

```
predict (x, y=None, batch_size=None, verbose=0, steps=None, callbacks=None, max_queue_size = 10, workers = 1, use_multiprocessing = False)
```

預測函數 predict() 返回值是數值，表示樣本屬於每一個類別的概率。通常會經過 argmax(predict_test,axis=1) 轉化為類別號。

2. 評估函數 evaluate()

函數原型：

```
evaluate(x=None, y=None, batch_size=None, verbose=1, sample_
weight=None, steps=None, callbacks= None, max_queue_size = 10,
workers = 1, use_multiprocessing = False)
```

評估函數 evaluate() 會回傳平均損失值 (此值是損失函數傳回值) 與平均準確率。(第一個返回值是損失 (Loss)，第二個返回值是準確率 (acc))。

預測函數 predict() 與評估函數 evaluate() 的內部參數說明可詳看 fit() 函數參數說明。

以下再利用一個範例教導讀者使用 Keras 提供的 API 創造一個神經網路模型並對提供的資料庫進行訓練。

這邊使用皮馬印第安人糖尿病資料集。此資料集是 UCI 機器學習資料庫一個標準的機器學習資料集。描述病人醫療記錄和是否在五年內發病。此資料集可至 https://www.kaggle.com/kumargh/pimaindiansdiabetescsv 下載，下載完成後可將此檔案放置目前工作目錄底下。

本資料集共有九個描述項，其描述如下：

參數介紹：

(1) pregnants：懷孕次數。

(2) Plasma_glucose_concentration：口服葡萄糖耐量試驗 2 小時後的血漿葡萄糖濃度。

(3) blood_pressure：舒張壓，單位 :mm Hg。

(4) Triceps_skin_fold_thickness：三頭肌皮褶厚度，單位：mm。

(5) serum_insulin：餐後血清胰島素，單位：mm。

(6) BMI：體重指數 (體重 (公斤) / 身高 (米) ^ 2)。

(7) Diabetes_pedigree_function：糖尿病家系作用。

(8) Age：年齡。

(9) Target：標籤，0 表示不發病，1 表示發病。

這邊將拿最後一個描述項當標籤，其他描述項當輸入的特徵建造一個二分類的神經網路。

1. 載入資料庫

程式範例 │ **ch05_16 (part 1)**

```python
from tensorflow.keras.models import Sequential
from tensorflow.keras.layers import Dense
import numpy as np

# 加載，預處理數據集
dataset = np.loadtxt("pima_indians_diabetes.csv", delimiter=",")
data = dataset[:, 0:8]    # 資料集
label = dataset[:, 8]     # 標籤

print("data.shape : ", data.shape)     # 印出資料集的維度
print("label.shape : ",label.shape)   # 印出標籤維度
```

程式輸出

```
data.shape :  (768, 8)
label.shape :  (768,)
```

從輸出可以看到資料集的資料有 768 筆，且每一筆有八個特徵。

2. 創造網路模型

程式範例 │ **ch05_16 (part 2)**

```python
# 1. 定義模型
model = Sequential()
model.add(Dense(12, input_dim=8, activation='relu'))
model.add(Dense(8, activation='relu'))
model.add(Dense(1, activation='sigmoid'))

print(model.summary())  # 印出網路資訊
```

程式輸出

```
Model: "sequential"

_____
Layer (type)                 Output Shape              Param #
=================================================================
dense (Dense)                (None, 12)                108
_____
dense_1 (Dense)              (None, 8)                 104
_____
dense_2 (Dense)              (None, 1)                 9
=================================================================
Total params: 221
Trainable params: 221
Non-trainable params: 0
_____
None
```

　　在此範例，網路的目的是根據輸入的八個特徵去判斷是否在五年內發病，因此輸出只需一個神經元即可，輸出結果希望以機率方式呈現，因此激勵函數接 Sigmoid，在範例也利用 summary() 函式印出網路資訊。

3. 編譯與訓練模型

程式範例　│　ch05_16 (part 3)

```
# 2. 編譯模型
model.compile(loss='binary_crossentropy', optimizer='adam', metrics=['accuracy'])
# 3. 訓練模型   迭代150次、批處理大小為10,
history = model.fit(data, label, epochs=100, batch_size=10,
                    validation_split = 0.2,   # 劃分資料集的 20% 作為驗證集用
                    verbose = 2)   # 印出為精簡模式
print("history: ",history.history)   # 印出歷史紀錄
```

程式輸出

```
history:  {'loss': [5.709132194519043, 1.296667218208313, 1.0492839813232422, 0.8676359057426453,
  0.7997250556945801, 0.7743175625801086, 0.7358435988426208, 0.6970062851905823, 0.677225649356842,
  0.6546346545219421, 0.6684059500694275, 0.6523524522781372, 0.6568636298179626, 0.6477961540222168,

  中間略…

0.5090951919555664], 'accuracy': [0.5732899308204651, 0.6123778223991394, 0.6058632135391235, 0
  .6319218277931213, 0.6416938304901123, 0.638436496257782, 0.6742671132087708, 0.6644951105117798,
  中間略…

0.757328987121582, 0.7442996501922607], 'val_loss': [2.1088051795959473, 1.0331416130065918, 0
  .9173740744590759, 0.8737616539001465, 0.8136717081069946, 0.780344545841217, 0.7532340288162231,

  中間略…

0.5451772212982178, 0.5406018495559692, 0.5547860860824585], 'val_accuracy': [0.5649350881576538,
  0.6168830990791321, 0.6623376607894897, 0.6103895902633667, 0.6428571343421936, 0.6298701167106628,
```

在輸出的歷史紀錄，訓練時有切出 20% 當作驗證集資料使用，且評估指標有說明要印出 'accuracy'，因此印出歷史紀錄會將每個週期的訓練集、測試集 (前面 val_開頭) 的 Loss 與 accuracy 印出，由於印出結果版面太大，因此只列出有這四個關鍵的資訊。

4. 評估與預測

程式範例 ch05_16 (part 4)

```
# 4. 評估模型
loss, accuracy = model.evaluate(data, label)
print("\nLoss: %.2f, Accuracy: %.2f%%" % (loss, accuracy*100))
# 5. 數據預測
probabilities = model.predict(data)
# 將 probabilities 的輸出值透過np.round()做四捨五入
predictions = [float(np.round(x)) for x in probabilities]
# 計算預測結果跟真實結果的平均差距
accuracy = np.mean(predictions == label)
print("Prediction Accuracy: %.2f%%" % (accuracy*100))
```

程式輸出

```
Loss: 0.51, Accuracy: 75.52%
Prediction Accuracy: 75.52%
```

● 5-6-4　優化器 (Optimizer) 介紹

　　網路模型在訓練過程，為了讓模型預測更符合要求，因此不斷地在反向傳播過程調整網路參數，而『優化器』扮演的角色是指引損失函數 (代價函數) 的各參數往正確方向更新，使得更新後的各參數讓損失函數 (代價函數) 值逼近全局最小。

　　以下介紹一些最見到的優化演算法及優化器。

一、梯度下降法 (Gradient Descent)

　　站在一個山峰上，如果不考慮其他因素，要怎麼走才能最快到山腳下？最直覺的想法是走最陡峭的地方。這是梯度下降法的『概念思想』，每次在決定要跨前一步時，都會計算當前最陡峭的方向並往此方向移動，漸漸地逼近山谷地區 (就是函數的最小值)。

(一) 梯度下降法的求解方式

　　梯度下降法的求解方式可根據每次求解損失函數帶入的樣本數量分為：

1. **全量梯度下降 (計算所有樣本的損失)：Batch gradient descent (BGD)**

   Batch gradient descent 是一次疊代訓練的所有樣本，然後一直不停疊代。

   (1) 優點：理想情況下，若經過夠多的疊代後，可以達到全局最優。

   (2) 缺點：如果數據集非常大 (例如幾萬筆)，沒法全部塞到顯示卡記憶體裡，所以 BGD 對小樣本還有辦法使用，大數據集就沒有辦法。而且每次疊代都要計算全部樣本，所以對大數據量會非常慢。

2. **批量梯度下降 (每次計算一個 batch 樣本的損失)：Mini batch descent**

3. **隨機梯度下降 (每次隨機選取一個樣本計算損失)：Stochastic gradient descent(SGD)**

　　注意，現在說的 SGD(隨機梯度下降) 多指 Mini-batch-Gradient-Descent(批量梯度下降)，就是帶 Mini-batch 的 SGD。

　　爲了加快收斂速度，並解決大數據量無法一次性塞入顯示卡記憶體的問題，Stochastic gradient descent(SGD) 被提出來，SGD 的思想是每次只訓練一個樣本更新參數。

(1) 優點：每次的學習時間很快 (每次一筆資料)，如果目標函數只有一個最低點，則此法很快就到達最低區域，若是有很多個區域最低點 (局部最小值)，SGD 會使優化方向從當前局部極小值點跳到另一個更好的局部最小值點。

(2) 缺點：SGD 的噪音較 BGD 多，使得 SGD 並不是每次疊代都向整體最優化方向。雖然訓練速度快，但準確度下降，並不是全局最優。此外，SGD 因更新頻繁，會造成損失函數有嚴重震盪 (如圖 5-21)。

Stochastic gradient descent 權重更新公式如下：

$$W_{t+1} \leftarrow W_t - \eta \cdot \nabla_w Loss(W_t) \tag{5-19}$$

　　η 爲學習率 (或步長)，若 η 太小，則疊代次數必須變多且易落在區域最小值 (而非絕對最小值)，若 η 太大，則震盪情況變大，因此最好的方式是 η 隨著每一次疊代做調整。

　　以 SGD 方法求 $f(x, y) = 0.5x^2 + 2.5y^2$ 函數的最小值，此函數最低點爲 $x = 0, y = 0$ 時，整體最低點值爲 0。將學習率設爲 0.3，整體疊代 30 次，會發現一開始在求極小值時，函數會有較嚴重的震盪現象 (如圖 5-21)。

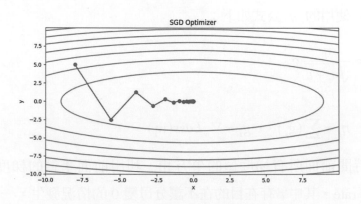

圖 5-21　SGD 演算法優化路徑

SDG 優化器函式名稱與參數如下：

函數原型：

```
keras.optimizers.SGD(lr=0.01, momentum=0.0, decay=0.0,
nesterov=False)
```

參數介紹：

(1) lr：學習率，大於等於零的浮點數 float >= 0。

(2) momentum：float >= 0，用於加速 SGD 在相關方向上前進 (momentum 會
累積前面幾次移動累積的速度)，並抑制震盪。

(3) decay：float >= 0。每次權重更新後學習率衰減值。

(4) nesterov：boolean. 是否使用 Nesterov 動量。

(二) 梯度下降法的改進

1. AdaGrad

在 SDG 算法，若 η (學習率) 固定，不管太大太小都可能在優化過程遇到困
難，最好的方式是讓 η 隨著優化的過程逐漸減少，因此 AdaGrad 算法被提
出。

AdaGrad 算法是首先成功利用自適應學習率的方法之一，AdaGrad 根據梯度
平方和倒數的平方根衡量每個參數學習速率。

AdaGrad 使用的 η 公式如下：

$$\eta_t = \frac{\eta}{\sqrt{n_t + \varepsilon}} g_t \tag{5-20}$$

其中 $\eta_t = \sum_{i=1}^{t} (g_i)^2$ ， $g_t = \nabla_w Loss(w_t)$ 。

n_t 為 t 時間前面所有梯度值的平方和，利用前面學習的梯度值平方和調整
learning rate，其中 ε 存在目的在不讓分母變 0 的情況發生，一般會設
$\varepsilon = 10e - 8$ 。

因此 AdaGrad 的參數優化方式的公式可改寫如下：

$$w_{t+1} = w_t - \eta_t \tag{5-21}$$

(1) 優點：

① 當 t 持續增加，nt 的分母項會約束整個梯度，就是 Adagrad 可以自動調整 learning rate 直至收斂。

② 適合處理稀疏梯度。

(2) 缺點：

① 當更新次數越後面，整個梯度走向會趨近於 0 (分母上梯度平方的累加將越來越大，學習率呈單調遞減)，導致訓練提前結束。

② 在實現中仍需先設置一個全局學習率 η，且其大小仍會影響訓練過程。

AdaGrad 優化器函式名稱與參數如下：

函數原型：

```
keras.optimizers.Adagrad(lr=0.01, epsilon=None, decay=0.0)
```

參數介紹：

(1) lr：學習率，大於等於零的浮點數 float >= 0。

(2) epsilon：模糊因子，避免分母為零的浮點數 float >= 0。

(3) decay：float >= 0。每次權重更新後學習率衰減值。

以 AdaGrad 方法求 f (x, y) = 0.5x2 + 2.5y2 函數的最小值。將學習率設為 0.5，整體疊代 150 次顯示其結果，如圖 5-22。

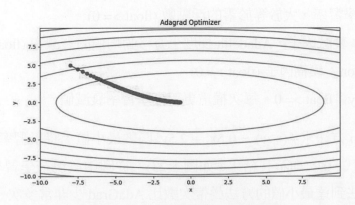

圖 5-22 Adagrad 演算法優化路徑

2. RMSprop

RMSprop 是 Geoff Hinton 提出一種自適應學習率方法。Adagrad 會累加之前所有梯度的平方，而 RMSprop 僅計算對應的平均值，可緩解 Adagrad 演算法因疊代次數變多而導致學習率下降較快的問題。此外，現實中常會碰到損失函數梯度比較複雜，此時學習率都必須能快速反應適應其梯度變化。

RMSprop 改寫 AdaGrad 學習率衰減方式，根據之前的每一次梯度變化情況更新學習率，緩解 Adagrad 學習率下降過快問題。

(1) 優點：

① 改善 Adagrad 因為梯度值消失而導致提前結束訓練的缺點。

② 適合處理複雜、non-convex 的 error surface。

(2) 缺點： 實現中仍需先設置一個全局學習率 η，其大小仍會影響訓練過程。

RMSprop 的參數優化方式的公式如下：

$$\sigma_t = \sqrt{\beta(\sigma_{t-1})^2 + (1-\beta)(g_t)^2 + \varepsilon} \tag{5-22}$$

$$w_{t+1} \leftarrow w_t - \frac{\eta}{\sigma_t} \cdot g_t \ , \ g_t = \nabla_w Loss(w_t)$$

RMSprop 優化器函式名稱與參數如下：

函數原型：

```
keras.optimizers.RMSprop(lr=0.001, rho=0.9, epsilon=None, decay=0.0)
```

參數介紹：

(1) lr：學習率，大於等於零的浮點數 (float >= 0)。

(2) rho：衰減因子，Adadelta 梯度平方移動均值的衰減率 (float >= 0)。

(3) epsilon：模糊因子 (float >= 0)。

(4) decay：float >= 0。每次權重更新後學習率衰減值。

以 RMSprop 方法求 $f(x, y) = 0.5x^2 + 2.5y^2$ 函數最小值。將學習率設為 0.3，β 設為 0.9，整體疊代 50 次顯示其結果 (如圖 5-23)。從圖中發現在學習率相同情況下，以 RMSprop 方法到達最小值的方法疊帶次數比 AdaGrad 少非常多次。

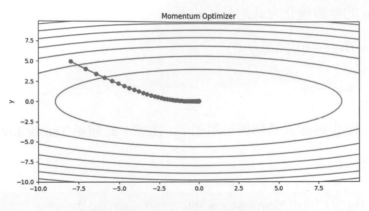

圖 5-23　RMSprop 演算法優化路徑

二、動量 (Momentum) 優化法

　　想像一個情景 (如圖 5-24)，如果有一個球一開始在①點，利用以梯度下降法找尋最小值，當到達②點時，這時梯度為 0，因此停下來，可是它並沒有到達最低點，但如果它再往前走一點點，就可以再利用梯度下降法找到最低點，如何讓這顆球再往前走一點點，就可以利用動量 (Momentum) 技術處理。

　　物理學中，動量公式為質量 × 速度，是與物體的質量、速度相關的一種物理量。從公式看，一個物體的動量指物體在運動方向上保持運動的趨勢。可以把梯度大小理解成力的大小，力是有大小和方向，且根據牛頓第二運動定律 (力 = 質量 × 加速度)，力可以改變速度的大小和方向，且速度可以累積。當力 (梯度) 改變時，會有一段逐漸加速或逐漸減速的過程，通過引入動量可以改變物體的運動方向與過程，如果在可以圖 5-24 的②點，會因為動量的關係繼續前行，因此可逃離一些較小的區域性最優區域而到達最小區域。

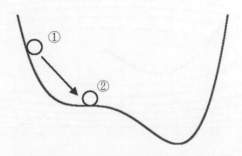

圖 5-24　Momentum 演算法示意圖

Momentum 的參數優化方式的公式如下：

$$v_t = \beta v_{t-1} - \eta \nabla_w Loss(w_t) \tag{5-23}$$

$$w_{t+1} = w_t + v_t \tag{5-24}$$

Momentum 優化器函式名稱與參數如下 (注意，此類是 Tensorflow 中的優化器)：

函數原型：

```
tf.compat.v1.train.MomentumOptimizer(learning_rate=0.1, momentum=0.9)
```

參數介紹：

(1) lr：學習率，大於等於零的浮點數 (float >= 0)。

(2) momentum：momentum 表示要在多大程度上保留原來的更新方向，這個
值在 0 ～ 1 間，訓練開始時，由於梯度可能很大，所以初始值一般選為
0.5；梯度不那麼大時，改為 0.9。

優點：

(1) 下降初期，下降方向如果一致則有助於加速下降。

(2) 下降中後期，如果在局部最小值附近，則有助於跳出局部最小值。

(3) 由於考慮動量，在梯度改變方向時可減少震盪情形發生。

以 Momentum 方法求 $f(x, y) = 0.5x^2 + 2.5y^2$ 函數最小值。將學習率設為 0.01，
momentum 設成 0.9，整體疊代 25 次顯示其結果，如圖 5-25。

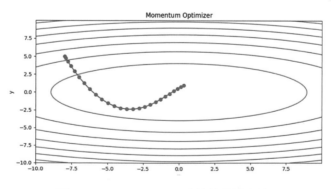

圖 5-25　Momentum 演算法優化路徑

三、SGD + momentum

1. Adam (Adaptive Moment Estimation)

以梯度下降為基礎的演算法中 (Gradient Descent based algorithm)，要求極小值時很容易進入到 Local minimum 中而跳脫不出來，如圖 5-26，若一開始學習的出發點在②處，用一般梯度下降法求最小值時，容易到達 B 點而停止學習，但 B 點對函數並不是全域最小值，A 點才是。此外，對於神經網路等高維的損失函數極可能會出現非凸目標函數狀況，這時梯度下降演算法易卡在鞍點 (saddle point)，如圖 5-27，而難以繼續學習。

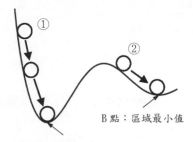

圖 5-26　全域最小與區域最小示意圖

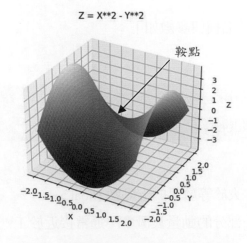

圖 5-27　鞍點 (saddle point) 示意圖

Adam 是帶有動量 (momentum) 項的 RMSprop，且更新梯度過程中考慮偏置校正 (bias-correction)，使每次疊代學習率有確定範圍，讓參數更新較平穩。

Adam 的參數優化方式的公式如下：

$$m_0 = v_0 = 0 \tag{5-25}$$

$$m_{t+1} = \beta_1 \cdot m_t + (1-\beta_1) \cdot g_t \ , \ n_{t+1} = \beta_2 \cdot n_t + (1-\beta_2) \cdot g_t^2 \ , \ g_t = \nabla_w Loss(w_t)$$

$$\hat{m}_t = \frac{m_t}{1-\beta_1} \ , \ \hat{n}_t = \frac{n_t}{1-\beta_2}$$

$$w_{t+1} \leftarrow w_t - \eta \cdot \frac{\hat{m}_t}{\sqrt{\hat{n}_t + \varepsilon}} \tag{5-26}$$

優點：

(1) 經偏置校正後，每一次疊代學習率都有一個確定範圍，使參數更新較平穩。

(2) 結合 Adagrad、RMSprop 及 Momentum 三者的優點。

(3) 對內部儲存需求較小。

(4) 適用於大多非凸優化、大數據集和高維空間。

Adam 優化器函式名稱與參數如下：

函數原型

```
keras.optimizers.Adam(lr=0.001, beta_1=0.9, beta_2=0.999,
epsilon=None, decay=0.0, amsgrad=False)
```

參數介紹：

(1) lr：學習率，大於等於零的浮點數 (float >= 0)。

(2) beta_1：第一部分的動量衰減率，通常接近於 1。

(3) beta_2：第二部分的動量衰減率，通常接近於 1。

(4) epsilon：模糊因子 (float >= 0)。

(5) decay：每次權重更新後學習率衰減值 (float >= 0)。

(6) Amsgrad：boolean。是否應用此算法的 AMSGrad 變種，來自論文 "On the Convergence of Adam and Beyond"。有興趣的讀者可以參考。

以 Adam 方法求 $f(x, y) = 0.5x^2 + 2.5y^2$ 函數最小值。將學習率設為 0.3，beta_1 設成 0.9，beta_2 設成 0.999，整體疊代 70 次顯示其結果，如圖 5-28。

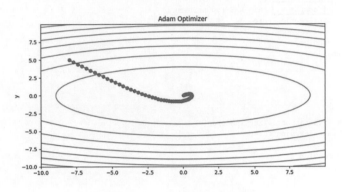

圖 5-28　Adam 演算法優化路徑

Optimizer 作用是幫助神經網路調整參數用的，因此如何選擇優化演算法十分重要，在 Keras 提供許多優化器，如圖 5-29，其中優化器是以類別方式提供，建議讀者可以去看看。

https://www.tensorflow.org/api_docs/python/tf/keras/optimizers

圖 5-29　TensorFlow 介紹優化器網頁

　　有些優化器前面有 tf.compat.v1，如圖 5-30。代表此優化器有 TensorFlow 1.x 的版本且有跟讀者說明對應的 2.x 的版本。

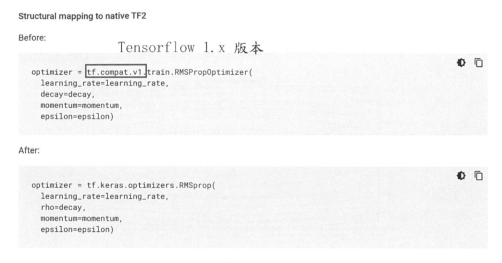

圖 5-30　優化器不同版本對應解釋圖

5-6-5　損失函數與 metrics 介紹

　　損 失 函 數 (loss function) 又 稱 代 價 函 數 (cost function)、 目 標 函 數 (Object function)，主要評估模型產生的預測值與真實值差異的程度，也是神經網路要優化的對象 (目標) 函數，神經網路訓練或優化過程是找到適合的參數最小化損失函數的過程，損失函數出來的值越小，說明模型的預測值越接近真實值，代表模型越健壯。

　　損失函數是模型 compile() 需指定的參數之一，傳入方式有兩種，一種是傳入TensorFlow 或 Keras 內部定義好的函數，另一種是自定義損失函數。

一、直接傳遞損失函數名

　　例如：傳遞一個現有的損失函數名稱。

　　函數原型：

```
from keras import losses
model.compile(loss=losses.mean_squared_error, optimizer='sgd')
```

或用內建字串指定內建的損失函數。

函數原型：

```
model.compile(loss='mean_squared_error', optimizer='sgd')
```

注意：optimizer 與 Loss 都是 compile() 傳入的必要參數，metric 可省略，省略時在每個週期訓練完成不會出現評量成效。例如：下圖是訓練每個週期後的其中二個週期結果，若沒有填入 metric 參數，後段準確率就不會印出。

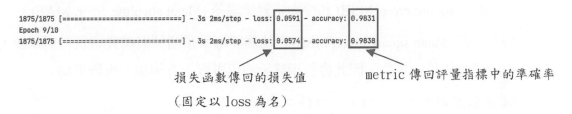

圖 5-31 是 Keras 提供內製的損失函數網頁，從網頁可查詢損失函數類別及函數名稱。

圖 5-31 TensorFlow 介紹損失函數網頁

注意，函式名稱若是很長 (例如：mean_absolute_error)，通常會有供全大寫或全小寫的縮寫名稱方便使用，如 mae 或 MAE。

補充說明：**Keras 常見損失函數介紹**

決定模型類別後，解決什麼問題決定使用哪種目標函數，即損失函數 (Loss function)，損失函數基本可分成兩個面向 (分類和回歸)，不管哪個面向都希望最小化損失函數。常用的損失函數如下：

1. 平均誤差 (mean error)

針對回歸問題，損失函數則會用平均誤差計算。平均誤差分為兩種：均方誤差 (Mean square error, MSE) 和平均絕對值誤差 (Mean absolute error, MAE)。

均方誤差 (Mean square error, MSE) 作法為將每筆預測值與真實值資料相減後，由於值可能是正是負，因此會將相減後的值再取平方相加，再取平均。

MSE 公式如下，假設有 n 筆資料：

$$\text{MSE} = \frac{1}{n} \sum_{i=1}^{n} (y_{true} - y_{pred})^2 \tag{5-27}$$

平均絕對值誤差 (Mean absolute error, MAE) 作法為將每筆預測值與真實值資料相減後，由於值有可能是正是負，因此相減後取絕對值，再取平均。

MAE 公式如下，假設有 n 筆資料：

$$\text{MAE} = \frac{1}{n} \sum_{i=1}^{n} \left| y_{true} - y_{pred} \right| \tag{5-28}$$

注意：在 Keras，mean_square_error、mse 或 MSE 為 相 同 意 思， 而 mean_absolute_error、mae 或 MAE 也是相同意思，皆可相互使用。

雖然均方差誤差函數廣泛應用在回歸問題，事實上，分類問題也可應用均方誤差 (MSE) 函數。在 TensorFlow，可通過 Keras 提供的函數方式實現 MSE 誤差計算。程式碼如下：

程式範例　│　ch05_17

```
import tensorflow as tf
from tensorflow import keras


out = tf.random.normal([2,10])   # 創造網路輸出的值
yTrue = tf.constant([3,7])       # 創造真實值
yTrueOnehot = tf.one_hot(yTrue,depth=10)   # 轉換成 Onehot 形式
print(yTrueOnehot)
loss = keras.losses.MSE(yTrueOnehot,out)
print(loss)
```

程式輸出

```
tf.Tensor(
[[0. 0. 0. 1. 0. 0. 0. 0. 0. 0.]
 [0. 0. 0. 0. 0. 0. 0. 1. 0. 0.]], shape=(2, 10), dtype=float32)
tf.Tensor([0.6470109 0.7981796], shape=(2,), dtype=float32)
```

2. **交叉熵 (cross-entropy)**

在談交叉熵 (cross-entropy) 前,先解釋一下熵 (Entropy) 概念。在資訊理論,熵指接收訊息包含的資訊訊息量,熵的值越大,代表不確定性越大。因此某個分佈 $P(i)$ 的熵定義為

$$H(P) = -\sum_i P(i) \log_2 P(i)$$

(5-29)

舉例說明。假設有個 4 分類問題,如果某個樣本的真實標籤是第 2 類,那標籤的 One-hot 編碼為 [0,1,0,0],即圖片分類是唯一確定的,是第二類的機率為 1,其他 1、3 與 4 類的機率是 0。熵值可表示為

$$-0 \cdot \log_2 0 - 1 \cdot \log_2 1 - 0 \cdot \log_2 0 - 0 \cdot \log_2 0 = 0$$

最後算的答案是 0,也就是對於確定的分佈,熵為 0,不確定性最低。但如果預測值機率分佈是 [0.1, 0.7, 0.1, 0.1],熵值表示為

$$-0.1 \cdot \log_2 0.1 - 0.7 \cdot \log_2 0.7 - 0.1 \cdot \log_2 0.1 - 0.1 \cdot \log_2 0.1 \approx 1.356$$

由於上面這種機率分佈不確定性大了一點，計算的值也較大。

如果有一個預測值機率分佈是 [0.25, 0.25, 0, 0.25, 0.25]，熵值計算的結果為 2，此時機率分佈情況比上個假設不穩定，因此算出來的值又更大。

這樣又有問題產生，這樣的表達方式沒辦法知道預測出來的答案跟真實值的差異多大，因此必須計算真實值的機率分佈與預測值的機率分佈差異多少，引入相對熵 (*KL* 散度) 進行計算。

假設有兩個隨機變量 P、Q，且機率分佈分別為 $p(x)$、$q(x)$，則 p 相對 q 的相對熵 (*KL* 散度) 為：

$$D_{KL}(p \parallel q) = \sum_{i=1}^{N} p(x_i)(\log p(x_i) - \log q(x_i)) \tag{5-30}$$

因此上式繼續計算下去

$$= \sum_{i=1}^{N} p(x_i)(\log p(x_i)) - \sum_{i=1}^{N} p(x_i)(\log q(x_i))$$

$$= -H(p(x)) - \underbrace{\sum_{i=1}^{N} p(x_i)(\log q(x_i))}_{\text{交叉熵}}$$

等式的前部分是 p 的熵，等式的後部分就是交叉熵：

$$H(p,q) = -\sum_{i=1}^{N} p(x_i)(\log q(x_i)) \tag{5-31}$$

在 *KL* 散度，前面的熵值固定，因此想知道 p 與 q 的相異關係只要注意交叉熵就可以。所以一般在機器學習中直接用交叉熵做損失函數來評估模型。

因此從上面的推論中可以發現，交叉熵損失函數經可以用於分類問題中，特別是在神經網路做分類問題時，由於網路的最後輸出結果大多是機率值或者是 One-hot 編碼形式的輸出值，因此會使用交叉熵作為損失函數。

在 Tensorflow 中提供了幾種交叉熵，這裡根據網路輸出值與標籤值的格式來分類說明：

1. 標籤格式：單標籤多分類 (One-hot 格式)

函數原型：

```
# 多分類交叉熵
Tensor=tf.nn.softmax_cross_entropy_with_logits(
                logits= Network.out,    # 未經過 softmax 的輸出值
                labels= Labels_onehot) # Onehot 形式的標籤
```

參數介紹：

(1) logits：Network.out，網絡最後一層的輸出，這邊要特別注意是沒有經過 softmax 的網路的輸出，通常是 softmax 函數的輸入值。

(2) labels：Labels_onehot，Onehot 形式的標籤，即如果有 3 類那麼第一類表示為 [1,0,0]，第二類為 [0,1,0]，第三類為 [0,0,1]。

程式範例 | **ch05_18**

```
import tensorflow as tf

logits1 = tf.constant([[9.,0.],
                       [2.,8.],
                       [1.,9.],
                       [3.,7.]])
labels = tf.constant([0,1,1,1])
one_hot_labels = tf.one_hot(labels, depth=2)
loss1 = tf.reduce_mean(tf.nn.softmax_cross_entropy_with_logits(
    labels=one_hot_labels,logits=logits1))
print(loss1)
```

程式輸出

```
tf.Tensor(0.0052710962, shape=(), dtype=float32)
```

2. 標籤格式：實際標籤值

函數原型：

```
# 多分類交叉熵
Tensor = tf.nn.sparse_softmax_cross_entropy_with_logits (
                    logits= Network.out,    # 未經過 softmax 的輸出值
                    labels= Labels)         # 真實標籤值
```

參數說明：

(1) logits：Network.out，網絡最後一層的輸出，這邊要特別注意是沒有經過 softmax 的網路的輸出，通常是 softmax 函數的輸入值。

(2) labels：Labels_onehot，真實標籤。

程式範例　│ ch05_19

```
import tensorflow as tf

logits2 = tf.constant([[9.,0.,2.],
                       [2.,8.,1.],
                       [1.,9.,3.],
                       [3.,1.,7.]])
labels = tf.constant([0,1,1,2])
loss2 = tf.reduce_mean(tf.nn.sparse_softmax_cross_entropy_with_logits(
    labels=labels,logits=logits2))
print(loss2)
```

程式輸出

```
tf.Tensor(0.0069527132, shape=(), dtype=float32)
```

3. 標籤格式：多標籤多分類 (類似 **One-hot** 標籤但是裡面可以有多個 **1** (代表網路輸出可以多類別))

函數原型：

```
# 多分類交叉熵
Tensor = tf.nn.sigmoid_cross_entropy_with_logits (
                    logits= Network.out,    # 未經過 softmax 的輸出值
                    labels= Labels) # 真實標籤值
```

參數說明：

(1) logits：Network.out，網絡最後一層的輸出，這邊要特別注意是沒有經過 sigmoid 的網路的輸出，通常是 sigmoid 函數的輸入值。

(2) labels：Labels_onehot，類似 One-hot 形式的標籤，亦即如果有物件包含一二類，則表示成 [1,1,0]。

注意：此函數可以用在每個類別相互獨立但互不排斥的情況：例如一幅圖可以同時包含一隻狗和一隻貓，但狗和貓互相獨立，所以畫裡面包含兩類。

程式範例	ch05_20

```
# 4個樣本三分類問題，且一個樣本可以同時擁有多類
logits3 = tf.constant([[9.,8.,2.],
                       [2.,8.,1.],
                       [1.,9.,11.],
                       [1.,1.,10.]])
labels = tf.constant([[1,1,0],
                      [0,1,0],
                      [0,1,1],
                      [0,0,1]])
labels = tf.cast(labels, dtype=tf.float32)
loss3 = tf.reduce_mean(tf.nn.sigmoid_cross_entropy_with_logits(
    labels=labels,logits=logits3))
print(loss3)
```

程式輸出

```
tf.Tensor(0.7923236, shape=(), dtype=float32)
```

　　除了 Tensorflow 本身有提供了幾種交叉熵的函數外，keras 也有提供相對的交叉熵函數，以下也是根據標籤格式的分類作介紹。

1. 標籤格式：二分類

函數原型：

```
# 二分類交叉熵
Tensor =keras.losses.binary_crossentropy (y_true, y_pred, from_logits=False)
```

參數介紹：

(1) y_true：眞實標籤值 (One-hot 形式的標籤)

(2) y_pred：由 from_logits 的值爲 True 或 False 決定傳入型態。

(3) from_logits：默認 False。若爲 True，表示接收到了原始的 logits，爲 False 表示輸出層經過了 sigmoid 函數處理

程式範例 | ch05_21

```
import tensorflow as tf
from tensorflow import keras

y_true = tf.constant([[0, 1],
                      [1, 0]])
y_pred = tf.constant([[0.8, 0.2],
                      [1., 0.]])
loss = keras.losses.binary_crossentropy(y_true,y_pred)
loss1 = tf.reduce_mean(keras.losses.binary_crossentropy(y_true,y_pred))
print(loss)
print(loss1)
```

程式輸出

```
tf.Tensor([ 1.6094375 -0.        ], shape=(2,), dtype=float32)
tf.Tensor(0.80471873, shape=(), dtype=float32)
```

2. 標籤格式：單標籤多分類

函數原型：

```
# 多分類交叉熵
Tensor =keras.losses.categorical_crossentropy(y_true, y_pred,from_
logits=False)
```

參數介紹：

(1) y_true：真實標籤值 (One-hot 形式的標籤)。

(2) y_pred：預測標籤值 (由 from_logits 的值為 True 或 False 決定傳入型態)。

(3) from_logits：默認 False。若為 True，表示接收到了原始的 logits，為 False 表示輸出層經過了 softmax 函數處理。

程式範例　│　ch05_22

```
y_true = tf.constant([[0, 1, 0],
                      [0, 0, 1],
                      [1, 0, 0]])
y_pred = tf.constant([[0.2, 0.8, 0],
                      [0.1, 0.1, 0.8],
                      [0.9, 0.05, 0.05]])
loss3 = keras.losses.categorical_crossentropy(y_true,y_pred)
loss4 = tf.reduce_mean(keras.losses.categorical_crossentropy(y_true,y_pred))
print(loss3)
print(loss4)
```

程式輸出

```
tf.Tensor([0.22314353 0.22314353 0.10536055], shape=(3,), dtype=float32)
tf.Tensor(0.18388253, shape=(), dtype=float32)
```

3. 標籤格式：整數標籤值

函數原型：

```
# 多分類交叉熵
Tensor =keras.losses.spares_categorical_crossentropy(y_true, y_
pred,from_logits=False)
```

參數介紹：

(1) y_true：真實標籤值 (整數值的標籤)。

(2) y_pred：預測標籤值 (由 from_logits 的值為 True 或 False 決定傳入型態)。

(3) from_logits：默認 False。若為 True，表示接收到了原始的 logits，為 False 表示輸出層經過了 softmax 函數處理。

程式範例　│　ch05_23

```
y_true =tf.constant([1,2,0])   # 等數標籤值
y_pred = tf.constant([[0.05, 0.95, 0],
                      [0.1, 0.1, 0.8],
                      [0.9, 0.05, 0.05]])
loss5 = tf.keras.losses.sparse_categorical_crossentropy(y_true, y_pred)
loss6 = tf.reduce_mean(
    tf.keras.losses.sparse_categorical_crossentropy(y_true, y_pred))
print(loss5)
print(loss6)
```

程式輸出

```
tf.Tensor([0.05129344 0.22314355 0.10536056], shape=(3,), dtype=float32)
tf.Tensor(0.12659918, shape=(), dtype=float32)
```

二、自訂損失函數

在 Keras 中可以自定義損失函式，在自定義損失函式的過程中需要注意的一點是，損失函式的引數形式 (標籤值張量與預測值張量兩者 shape 必須相同)，這一點在 Keras 中是固定的，須如下形式：

```
def lossFun(y_true, y_pred):
# y_true：真實標籤
# y_pred：預測標籤，其 shape 必須與真實標籤同
   .
   return scalar  # 返回一個標量值
```

1. Compile() 的另一參數：metrics 介紹

當我們在進行模型訓練的時候，經常會發現在 Model.compile 的過程中會需要寫一個參數例如：metrics=['accuracy']，這個就是 metrics(成效評量指標)，它被用來在模型訓練過程中監測一些評量成效，而這個性能指標是什麼可以由我們來指定。指定的方法有兩種：

(1) 直接使用字串。

(2) 使用 tf.keras.metrics 下的類別創建的實例化對象或者函數。

這邊我們將程式範例 ch05_16 部分內容改寫，內容如下：

(1) 匯入 metrics 模組

```
from tensorflow.keras import metrics
```

(2) 改寫 model.compile() 函式內的 metrics 參數

```
model.compile(optimizer='adam',
              loss='sparse_categorical_crossentropy',
              metrics=['acc',
              'mse',metrics.sparse_top_k_categorical_accuracy])
```

在 metrics 的指定中，第一項與第二項是字串指定方式，第三項則是利用函式名稱指定。這邊要特別注意的是當使用字符串 "accuracy" 和 "crossentropy" 指明 metric 時，keras 會根據損失函數 (loss 參數指定的損失函數)、輸出層的神經元的 shape 來確定具體應該使用哪個 metric 函數。

程式執行時，這時候會同時顯示三種評價指標所傳回來的值，如下結果

```
Epoch 10/10
1875/1875 [==============================] - 5s 2ms/step -
loss: 0.0568 - acc : 0.9840 - mse : 27.5074
- sparse_top_k_categorical_accuracy : 0.9994
```

5-7　網路的保存與載入

　　訓練一個實際的類神經網路模型會需要非常大量的運算，所以在模型訓練完之後，最好可以把訓練好的模型與參數儲存下來，這樣之後在使用時就可以省去重新訓練的時間。不只如此，在訓練時間隔性地保存模型狀態也是非常好的習慣，這一點對於訓練大規模的網路尤其重要。一般大型的神經網路需要訓練數天甚至到數周的時長，如果不小心訓練過程發生當機停電等意外，那之前訓練的進度皆全部丟失。如果可以間斷地保存模型狀態到備份系統，即使發生當機停電等意外，也可以從最近一次儲存的網路狀態繼續訓練，這樣可以避免浪費掉之前的訓練時間。因此模型的保存與載入非常重要。

　　Keras API 提供了以下三種選擇：

　　(1) 儲存網路全部內容。

　　(2) 保存權重。

　　(3) 保存模型格式。

　　以下我們將教導讀者如何在訓練網路的過程中保存網路以及參數，最後並將保存後的網路讀取出來使用，這邊我們先以 Fashion MNIST 當訓練資料來創建一個網路，Fashion MNIST(時尚 (衣服、鞋、包等)) 資料集是一個包含 10 個種類的服飾正面灰階圖片 (28×28)，如圖 5-32 所示。主要為 Zalando 所 release 的 dataset，也是一個很適合大家一開始用來嘗試自己寫的 model 做訓練的一個資料集。

　　在這資料集中包含了 6 萬張的訓練集資料與 1 萬張的測試集資料，其中訓練集與測試集標籤編號對應如下：

0	T-shirt/top(T 恤)	1	Trouser(褲子)	2	Pullover(套衫)
3	Dress(裙子)	4	Coat(外套)	5	Sandal(涼鞋)
6	Shirt(汗衫)	7	Sneaker(運動鞋)	8	Bag(包)
9	Ankle boot(踝鞋)				

　　讀者也可以至 https://github.com/ThingsWorld/cs229note/tree/master/data 先下載資料集，下載後會有以下四個檔案，他的儲存方式與經典 MNIST 數據集完全一致。

　　　t10k-images-idx3-ubyte.gz

　　　t10k-labels-idx1-ubyte.gz

　　　train-images-idx3-ubyte.gz

　　　train-labels-idx1-ubyte.gz

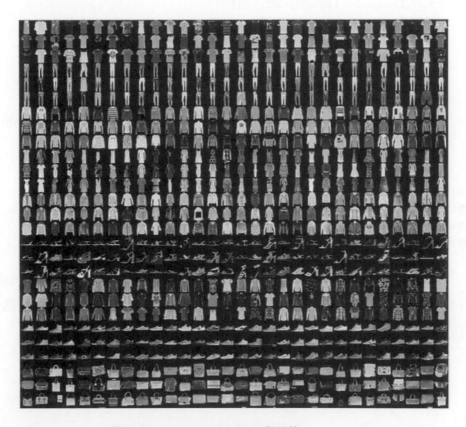

圖 5-32　Fashion MNIST 資料集

以下，我們將用程式範例 ch05_24 來實現模型訓練、保存與載入的動作。

1. 載入資料

程式範例	ch05_24 (part 1)

```python
import tensorflow as tf
import matplotlib.pyplot as plt

(train_image,train_label),(test_image,test_label)=\
    tf.keras.datasets.fashion_mnist.load_data()
print("train_image : ",train_image.shape)
print("train_label : ",train_label.shape)
print("test_image : ",test_image.shape)
print("test_label : ",test_label.shape)
```

程式輸出

```
train_image :  (60000, 28, 28)
train_label :  (60000,)
test_image :  (10000, 28, 28)
test_label :  (10000,)
```

下載的資料會放在 C:\Users\[使用者名稱資料夾]\.keras\datasets\fashion-mnist(使用者名稱依各電腦設定有所不同)，資料夾底下會有四個檔案。

t10k-images-idx3-ubyte.gz	2021/5/2 上午 01:37	WinRAR 壓縮檔	4,319 KB
t10k-labels-idx1-ubyte.gz	2021/5/2 上午 01:37	WinRAR 壓縮檔	6 KB
train-images-idx3-ubyte.gz	2021/5/2 上午 01:37	WinRAR 壓縮檔	25,803 KB
train-labels-idx1-ubyte.gz	2021/5/2 上午 01:37	WinRAR 壓縮檔	29 KB

下載的資料中可以看到訓練集有 60000 筆，每一筆的資料維度大小為 28×28，資料集有 10000 筆，每一筆的資料維度大小也是 28×28。此外，訓練集與資料集中都有對應的標籤值。這邊也可以將資料集中的前面 9 筆資料圖片印出，其程式碼如下：

程式範例 | **ch05_24 (part 2)**

```python
class_names = ['T-shirt/top', 'Trouser', 'Pullover', 'Dress', 'Coat',
               'Sandal', 'Shirt', 'Sneaker','Bag', 'Ankle boot']
# 顯示指定的影像（這裡顯示九張）
def ShowImage(x,y):
    for i in range(9):
        plt.subplot(330 + 1 + i)
        plt.imshow(x[i], cmap=plt.get_cmap('gray'))
        plt.xticks([])
        plt.yticks([])
        plt.xlabel(class_names[y[i]])
    plt.show()

ShowImage(train_image,train_label)
```

程式輸出

Ankle boot

T-shirt/top

T-shirt/top

Dress

T-shirt/top

Pullover

Sneaker

Pullover

Sandal

2. 資料初始化與建立模型：

| 程式範例 | ch05_24 (part 3) |

```python
# 對資料集做一個前置處理, 將資料正規到 0~1 之間
def preprocess(x, y):
    x = tf.cast(x, dtype=tf.float32) / 255.
    y = tf.cast(y, dtype=tf.int32)
    return x,y
# 建立模型

def build_model():
    # 線性疊加
    model = tf.keras.models.Sequential()
    # 改變平坦輸入
    model.add(tf.keras.layers.Flatten(input_shape=(28, 28)))
    # 第一層隱藏層, 包含256個神經元
    model.add(tf.keras.layers.Dense(256, activation=tf.nn.relu))
    # 第二層隱藏層, 包含128個神經元
    model.add(tf.keras.layers.Dense(128, activation=tf.nn.relu))
    # 第三層隱藏層, 包含256個神經元
    model.add(tf.keras.layers.Dense(64, activation=tf.nn.relu))
    # 第四層為輸出層分 10 個類別
    model.add(tf.keras.layers.Dense(10, activation=tf.nn.softmax))
    return model

model = build_model()
print(model.summary())
```

程式輸出

```
Model: "sequential"

-------------------------------------------------------------------
Layer (type)                    Output Shape              Param #
===================================================================
flatten (Flatten)               (None, 784)               0
-------------------------------------------------------------------
dense (Dense)                   (None, 256)               200960
-------------------------------------------------------------------
dense_1 (Dense)                 (None, 128)               32896
-------------------------------------------------------------------
dense_2 (Dense)                 (None, 64)                8256
-------------------------------------------------------------------
dense_3 (Dense)                 (None, 10)                650
===================================================================
Total params: 242,762
Trainable params: 242,762
Non-trainable params: 0

-------------------------------------------------------------------
None
```

在將資料傳給神經網路模型訓練之前,我們需要將這些值縮放到 0 到 1 的範圍內。建立好模型後將模型各層資訊印出。

3. 編譯與訓練模型

程式範例 | **ch05_24 (part 4)**

```
# 編譯模型
model.compile(optimizer= tf.keras.optimizers.Adam(),
              loss='sparse_categorical_crossentropy',
              metrics=['accuracy'])

train_images, train_labels = preprocess(train_image, train_label)
batchsz = 128  # 設定批次大小
# 訓練模型
history = model.fit(train_images, train_labels,epochs=100,
                    batch_size = batchsz,    # 設定批次訓練大小
                    validation_split = 0.2,    # 劃分資料集的 20% 作為驗證集用
                    verbose = 2)  # 印出為精簡模式
```

程式輸出

```
Epoch 99/100
375/375 - 1s - loss: 0.0324 - accuracy: 0.9877 - val_loss: 0.7080 - val_accuracy: 0.8930
Epoch 100/100
375/375 - 1s - loss: 0.0345 - accuracy: 0.9872 - val_loss: 0.7621 - val_accuracy: 0.8849
```

這邊印出最後兩個周期的訓練結果。由於此範例的標籤輸出不是 one-hot 格式，而是 integer，因此在 compile 的 loss 參數我們使用 "sparse_categorical_crossentropy"：稀疏多分類交叉熵損失，來計算損失。

這邊也可以將訓練集與驗證集的正確率以圖表方式顯示出來。

程式範例　│　ch05_24 (part 5)

```python
# 繪出Loss 曲線
plt.plot(history.history['accuracy'])
plt.plot(history.history['val_accuracy'])
plt.xlabel("epoch")
plt.ylabel("accuracy")
plt.legend(['train', 'validation'], loc='upper left')
plt.show()
```

程式輸出

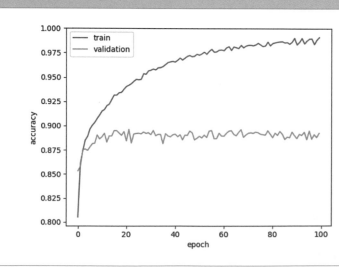

4. 保存模型

方法一：保存網路模型與權重參數

可以使用 model.save(filepath) 將 Keras 模型和權重保存在一個 HDF5 文件中，該文件將包含：

(1) 模型的結構，以便重構該模型。

(2) 模型的權重。

(3) 訓練配置 (損失函數、優化器等)。

(4) 優化器的狀態，以便於從上次訓練中斷的地方開始

範例程式碼如下：

程式範例 | **ch05_24 (part 6)**

```python
# 儲存網路
model.save('Fashion_model.h5')
print('Save Model')
del model
# 載入模型
print('loaded model from Fashion_model.h5')
test_image, test_labels = preprocess(test_image, test_label)
Model2 = tf.keras.models.load_model('Fashion_model.h5',compile=False)
# 拿前十筆資料來預測並印出標籤
prediction = Model2.predict(test_image[:10])
print(tf.argmax(prediction,1))
# 印出前十筆資料的正確標籤
print(test_labels[:10])
```

程式輸出

```
Save Model
loaded model from Fashion_model.h5
tf.Tensor([9 2 1 1 6 1 4 6 5 7], shape=(10,), dtype=int64)
tf.Tensor([9 2 1 1 6 1 4 6 5 7], shape=(10,), dtype=int32)
```

在程式中首先將模型存起來，接下來刪除模型，再做模型載入的動作。最後將測試資料的前十筆當作載入的模型的輸入並進行預測，這邊也將對應的標籤值印出。此外，在輸出中，讀者可以查看一下工作目錄下是否有 Fashion_model.h5 檔案 (筆者這邊的儲存檔案名稱是 Fashion_model.h5)

Fashion_model.h5

注意：如果載入模型後想用評估函數 evaluate()，則必須在載入模型後重新編譯，原因是 predict() 不評估任何指標或損失，它只是通過模型傳遞輸入數據並獲取其輸出，但評估函數 evaluate() 會計算損失函數和指標，它們是 compile() 函數的參數內容。

小提醒

1. compile 函數在模型中到底做了什麼事？

compile 在參數中定義了：

(1) loss function 損失函數。

(2) optimizer 優化器。

(3) metrics 度量。

它與權重更新無關，也就是說 compile 並不會影響權重值是否改變，簡單的來說就是不會影響之前訓練的結果。

因此如果我們要『訓練模型』或者『評估 (evaluate) 模型』，則需要 compile 函數，因為訓練要使用損失函數和優化器，評估要使用度量方法；但如果我們要預測 (predict)，則就不需要 compile 函數再次編譯模型。

2. 何時需要再次編譯？

當我們要更改模型中的『損失函數 (loss)』、『優化器 (optimizer)』、『學習率 (lr)』、『衡量標準 (metrics)』，也就是影響到 compile 內部參數時則必須再次編譯。

範例程式碼如下：

| 程式範例 | ch05_24 (part 7) |

```python
# 儲存網路
model.save('Fashion_model.h5')
print('Save Model')
del model
# 載入模型
print('loaded model from Fashion_model.h5')
test_image, test_labels = preprocess(test_image, test_label)
Model2 = tf.keras.models.load_model('Fashion_model.h5',compile=False)
Model2.compile(optimizer= tf.keras.optimizers.Adam(),
               loss='sparse_categorical_crossentropy',
               metrics=['accuracy'])
loss,accuracy = Model2.evaluate(test_image,test_labels)
# 列印損失值與正確率
print("\n test loss : ", loss)
print("\n test accuracy : ", accuracy)
```

程式輸出

```
Save Model
loaded model from Fashion_model.h5
313/313 [==============================] - 1s 1ms/step - loss: 0.9335 - accuracy: 0.8874

 test loss :  0.9208888411521912

 test accuracy :  0.8884000182151794
```

TensorFlow 之所以能夠在業界被廣泛使用，除了強大的 API 支持建立網路與各種計算之外，還得益於它強大的跨平台系統，包括移動端和網頁端等的支持。當需要將模型移至到其他平台使用時，使用 TensorFlow 提出的 SavedModel 方式就能夠輕鬆完成這個任務。

通過 tf.saved_model.save(network,path) 即可將模型以 SavedModel 方式保存到 path 目錄 (資料夾) 中，程式碼如下：

程式範例　│　ch05_24 (part 8)

```
# 儲存網路至工作路徑底下的 temp 資料夾
tf.saved_model.save(model,'temp')
print('Save Model')
# 刪除模型
del model
# 測試資料的預處理
test_image, test_labels = preprocess(test_image, test_label)
print('Load Model')
# 從 temp 資料夾底下載入模型
Model2 = tf.saved_model.load('temp')
categorical_accuracy = tf.keras.metrics.SparseCategoricalAccuracy()
# 輸入測試資料
y_pred = Model2(test_image)
# 利用 update_state() 設定更新真實值與預測值的數據
categorical_accuracy.update_state(y_true=test_label, y_pred=y_pred)
# 執行結果
print("Test Accuracy : ",categorical_accuracy.result())
```

如果是以 SavedModel 方式儲存，會結果會建立以下三種檔案及資料夾：

(1) assets 資料夾：TF 計算圖 (graph) 會用到的檔案都包含在 assets 裡面，比如自然語言處理會用到的單字表，但一般來說沒有。

(2) variables 資料夾：參數權重，包含了所有模型的變量 (tf.Variable objects) 參數。

(3) saved_model.pd 檔案：保存的是 MetaGraph 的網絡結構。

程式輸出

```
Save Model
Load Model
Test Accuracy :  tf.Tensor(0.888, shape=(), dtype=float32)
```

此外，可以到工作目錄底下的 temp 資料夾底下觀察是否有儲存模型的相關資料，如圖 5-33 所示。

名稱	修改日期	類型	大小
assets	2021/8/31 下午 07:56	檔案資料夾	
variables	2021/8/31 下午 10:13	檔案資料夾	
saved_model.pb	2021/8/31 下午 10:13	PB 檔案	117 KB

圖 5-33 SavedModel 保存模型

方法二：儲存權重方式

若只想要儲存模型的參數 (也就是 weights)，不包含模型本身，可以使用 save_weights()，這種儲存與載入網路的方式最為輕量級，文件中保存的僅僅是張量參數的數值，並沒有其它額外的結構參數。但是它需要使用相同的網路結構才能夠正確恢復網路狀態，因此一般在擁有網路源文件的情況下使用。

程式碼如下：

程式範例 ch05_24 (part 9)

```
# 網路編譯
newModel.compile(optimizer=_tf.keras.optimizers.Adam(),
              loss='sparse_categorical_crossentropy',
              metrics=['accuracy'])
# 測試資料前處理
test_image, test_labels = preprocess(test_image, test_label)


# 載入網路參數
newModel.load_weights('my_model_weights.h5')
print('Load Model weight')
# 網路評估
loss, accuracy = newModel.evaluate(test_image,test_labels)
# 列印損失值與正確率
print("\n test loss : ", loss)
print("\n test accuracy : ", accuracy)
```

程式輸出

```
test loss :  0.8626531362533569

test accuracy :  0.8912000060081482
```

Chapter 6
神經網路的優化與調教

6-1 過擬合 (overfitting) 與欠擬合 (underfitting) 問題

我們常聽到很多人在說這個模型的泛化能力好不好？那甚麼是泛化能力呢？所謂的泛化能力 (generalization ability) 是指一個機器學習算法對於沒有見過的樣本資料有很好的識別能力。也就是此算法在定義的範圍內都能夠使用。

這邊舉一個例子，人們從幼稚園至小學開始，通過不斷的學習，因此漸漸的就可以熟練的掌握加減法，但這是如何做到的呢？第一步可能大人先讓他們知道了有阿拉伯數字的存在，漸漸地開始會從一數到十，再來可能就開始教導他們先拿一顆糖果，再拿一顆糖果，這樣有多少顆這就是相加，然後吃掉了一顆糖果，這樣就是相減，漸漸的從個位運算到十位運算，再慢慢地推廣到了多位數的加減法運算。

對於機器學習算法也是如此，我們通過資料及撰寫的演算法讓機器知道基本知識後，之後算法通過自己的學習 (也就是訓練)，推廣至更多對於相似資料的識別能力，如果機器在不斷的測試中都能夠識別正確，那麼我們認為機器已經總結這類資料的共同特徵與相似處，但如果說機器只能辨識我們給定的資料，而沒辦法識別其他的資料 (例如他只能辨識我們給定的狗照片、但其他的狗照片無法辨識)，那麼我們認為機器只是死記硬背，並沒有學以致用的能力，這樣就是泛化能力非常的低，同時我們也把這種現象叫做這個算法「過擬合 (overfitting)」了。

另外還有一種狀況稱「欠擬合 (Underfitting)」，意思是我們訓練出來的機器算法，在識別資料時所給的答案值與真實答案之間有顯著的落差，造成這個機器算法沒有什麼用處。例如希望機器去學習甚麼是貓跟狗，結果最後你給機器不管是甚麼動物圖片，他都識別成貓跟狗，這個我們就稱為欠擬合 (Underfitting)，因為這個算法連貓狗的特徵都無法學習出來。

那什麼情況下會產生過擬合與欠擬合的狀況呢？主要有兩個原因：「模型容量」與「訓練的資料多寡」。

● 6-1-1　模型容量

在機器學習的領域中，我們會說容量 (capacity) 是模型擬合複雜函數的能力。一種可以表現模型容量大小的指標為模型的假設空間 (Hypothesis Space) 大小，即模型經由輸入可以得到的映射集的範圍大小。假設空間如果越大，從假設空間中搜索出逼近真實資料的模型的函數也就越有可能；相反的，如果假設空間非常小，就很難從中找到逼近真實模型的函數。通常，越是複雜的模型其容量越高，但是容易造成過擬合。反之，越是簡單的模型其容量越低，卻容易導致欠擬合。這邊我們用一個範例來解釋上面的說明。假設考慮樣本資料點來自於五次多項式，為了讓資料模擬得更接近真實情況，因此這邊加了一些噪聲 (誤差)，其資料分布圖如下 (圖 6-1)。

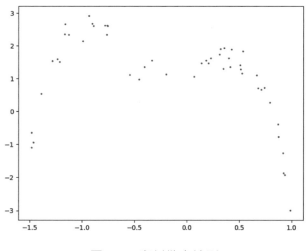

圖 6-1　資料散布情形

接下來我們利用多次多項式來找到一條能夠較好地逼近真實數據的分佈。首先一開始找一次多項式，即 $y = ax + b$，如圖 6-2，從圖中可以發現假設空間大於一次多項式的空間，因此接下來稍微增大假設空間，令假設空間為所有的 3 次多項式函數，即 $y = ax^3 + bx^2 + cx + d$，如圖 6-3，從圖中發現雖然他比一次多項式模型表達了更廣的假設空間，但很明顯的還是表現得不夠好。

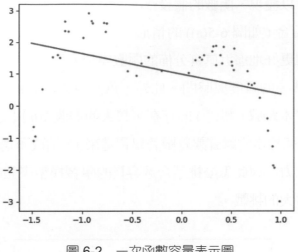

圖 6-2 一次函數容量表示圖

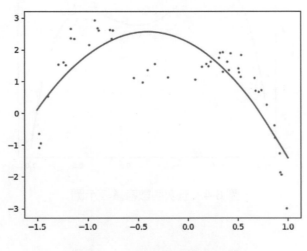

圖 6-3 三次函數容量表示圖

　　因此再次加大假設空間，使得可以搜索的函數為 5 次多項式，即 $y = ax^5 + bx^4 + cx^3 + dx^2 + ex + f$，在此假設空間中，可以搜索到一個較好的函數，如圖 6-4 中 5 次多項式所示。

　　從上面範例中可以發現，函數的假設空間如果太小則無法找出一個函數模型能逼近樣本，而造成欠擬合 (如圖 6-5(a)) 的情形，所以函數的假設空間越大，就越有可能找到一個函數能夠更好地逼近真實分佈的函數模型。但是這樣也有缺點，因為較大的假設空間會增加搜尋的難度與時間。此外，雖然較大的假設空間可以找到更好的函數模型，但由於樣本躁聲 (誤差) 的存在，較大的假設空間中也包含了表達能力過強的函數 (因為把訓練樣本的躁聲誤差跟著學習進來)，造成了過擬合 (如圖 6-5(b))，傷害了模型的泛化能力。因此怎麼挑選合適容量的學習模型來完成適度的擬合 (如圖 6-5(c)) 也是一個非常大的挑戰。

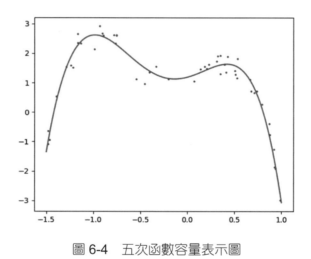

圖 6-4   五次函數容量表示圖

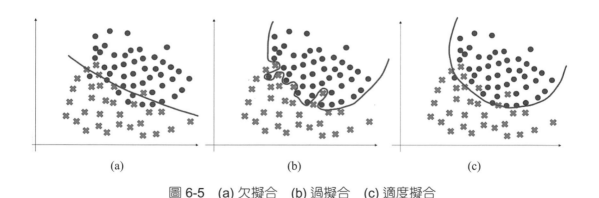

圖 6-5   (a) 欠擬合   (b) 過擬合   (c) 適度擬合

● 6-1-2　如何識別模型過擬合

對於機器學習或深度學習的模型而言，我們不僅要求它對訓練數據集有比較小的訓練誤差，同時也希望它可以對未知數據 (也就是我們用的測試集) 也有很好的擬合結果 (泛化能力)，這樣所產生的測試誤差被稱為泛化誤差 (如圖 6-6 過擬合區的泛化誤差曲線)。而怎麼去測量泛化能力的好壞，最直觀的觀察與計算方式就是去分析模型的過擬合 (overfitting) 和欠擬合 (underfitting) 的情形。一般來說，訓練過程中模型複雜度與誤差會是如圖 6-6 所示的一個曲線圖。

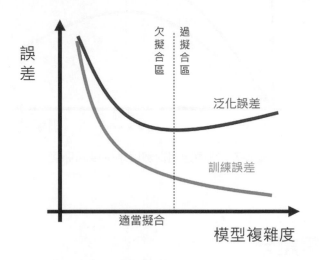

圖 6-6　模型複雜度與誤差關係圖

基本上，我們可以從模型的訓練與測試的準確度或者式誤差圖表的顯示，來識別出是否有過擬合或者式欠擬合的情形。從圖 6-6 可知，當給定一個訓練數據集，如果模型的複雜度過低，很容易出現欠擬合狀況；如果模型複雜度過高，很容易出現過擬合狀況。因此解決欠擬合和過擬合的一個辦法是針對數據集選擇合適複雜度的模型 (中間那條虛線)。

此外，以訓練集跟驗證集的訓練週數與準確度來說，如圖 6-7。由於模型在訓練過程中對於訓練資料反覆學習，因此準確度會逐漸上升，但驗證資料集不會參與訓練，因此過了某個週期後，如圖 6-7 中間那條虛線，準確度會開始下降，而這個狀況也是代表模型開始產生過擬合，因此可以提早停止訓練避免過擬合。

由於現代深度神經網路能夠表達的模型能力非常強，但往往訓練數據集資料量不夠，導致無法學到更多資料的泛化特性，也因此很容易出現過擬合現象。那麼如何有效的檢測並減少過擬合現象呢？在實務上有許多有效方法可以來避免模型過擬合，以下便提出了一些常見的方法，並會在各節中詳述並實際演練。

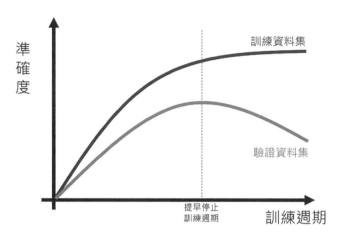

圖 6-7　訓練週期次數與準確度關係圖

6-2　數據集劃分

在訓練一個模型的時候，我們所搜集到資料並不能全部拿來當作訓練集做訓練，必須保留一些資料當作測試資料來評估模型最後訓練的結果好壞。一般最簡單的狀況下會把資料會被切分成測試集 (training) 跟訓練集 (test) 兩種。但由於有時候希望在訓練的過程中能夠有一些資料不參與訓練但是卻要拿來驗證模型參數的好壞，因此這時候會把資料劃分會分成三種，分別是：訓練集 (training)、驗證集 (validation) 和測試集 (test)。

這裡舉個學習英文語言的範例來描述三個數據集：

一、訓練集 (training)

舉例來說就是補習班上課學習英文，藉由不斷的學習英文讓自己對於英文的能力不斷提升。所以訓練集 (Training Set) 主要用在訓練階段，用於模型擬合，直接參與了模型參數調整的過程。

二、驗證集 (validation)

舉例來說就是補習班的模擬考，這時你會根據模擬考的成績去推斷你的英文哪邊還需要加強、或者調整學習方式重新學習。因此驗證集 (Validation Set) 在整個訓練的過程中是用於評估模型的擬合能力與超參數調整的依據。但是驗證集並非一定需要，不像訓練集和測試集。如果不需要調整超參數，就可以不使用驗證集。

三、測試集 (test)

就像是參加英文檢定考試，用來評估你最終英文學習結果。因此測試集是用來評估模型最終的泛化能力。這邊要注意的是測試集是為了能評估模型真正的擬合能力，因此測試集不應該變為調整參數或選擇特徵等依據。

訓練集、驗證集和測試集可以按著自己定義的比例來劃分，比如常見的 60%：20%：20% 的劃分，圖 6-8 演示了 Fashion-MNIST 圖像分類數據集的劃分示意圖。

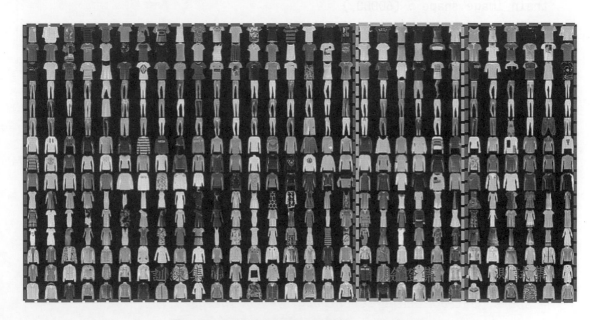

圖 6-8　圖像依訓練集 - 驗證集 - 測試集分類

以下提供了三種數據集切割方式：

1. 方法一：利用 sklearn 內的 train_test_split() 函式，範例如下：

程式範例	ch06_1

```python
from sklearn.model_selection import train_test_split
import tensorflow as tf
from tensorflow.keras.models import Sequential
from tensorflow.keras import layers

(train_image,train_label),(test_image,test_label)=\
    tf.keras.datasets.fashion_mnist.load_data()

print("train_image.shape :",train_image.shape)
print("train_image.shape :",train_label.shape)

# 把訓練集切分成 80% 訓練集, 20% 驗證集
train_data, Valid_data, train_labelNew,  Valid_LabelNew = \
    train_test_split(train_image,train_label,test_size=0.2)

print("train_data.shape :",train_data.shape)
print("Valid_data.shape :",Valid_data.shape)
```

程式輸出

```
train_image.shape : (60000, 28, 28)
train_image.shape : (60000,)
train_data.shape : (48000, 28, 28)
Valid_data.shape : (12000, 28, 28)
```

當分割完成後，訓練時可以在 validation_data 參數做設定，如下範例。

```python
model = Sequential([
    layers.Flatten(input_shape=(28, 28)),     # 將輸入資料從 28x28 攤平成 784
    layers.Dense(256, activation='relu'),
    layers.Dense(128, activation='relu'),
    layers.Dense(64, activation='relu'),
    layers.Dense(10, activation='softmax') # output 為 10 個 class
])
# model 每層定義好後需要經過 compile
# sparse_categorical_crossentropy 的標籤是 integer
```

```
model.compile(optimizer='adam',
              loss= 'sparse_categorical_crossentropy',
              metrics=['acc'])
history = model.fit(train_data,train_labelNew,
                    # 驗證集可以在這邊設定
                    validation_data=0.2, # 訓練集切出20%給驗證集
                    epochs=500,
                    batch_size=128,  # 設定批次大小
                    shuffle=True)    # 是否打散
```

2. 方法二：利用 **tf.split()** 函式

　　tf.split() 函式定義如下：

tf.split(value, num_or_size_splits, axis=0, num=None, name='split')

參數解釋：

(1) value：準備切分的張量

(2) num_or_size_splits：準備切成幾份

(3) axis：準備在第幾個維度上進行切割

程式範例　│　ch06_2

```
import tensorflow as tf

(train_image,train_label),(test_image,test_label)=\
    tf.keras.datasets.fashion_mnist.load_data()

print("train_image.shape :",train_image.shape)
print("train_image.shape :",train_label.shape)
train_data, valid_data, test_data = tf.split(train_image,
                          [36000,12000,12000],axis=0)
print("train_data.shape :", train_data.shape)
print("valid_data.shape :", valid_data.shape)
print("test_data.shape :", test_data.shape)
```

程式輸出

```
train_data.shape : (36000, 28, 28)
valid_data.shape : (12000, 28, 28)
test_data.shape : (12000, 28, 28)
```

---

3. 方法三：利用 **fit()** 函數訓練時直接指定分割

```
history = model.fit(train_data,train_labelNew,
                    # 驗證集可以在這邊設定
                    validation_data=0.2, # 訓練集切出20%給驗證集
                    epochs=500,
                    batch_size=128,   # 設定批次大小
                    shuffle=True)     # 是否打散
```

 6-3 提前停止 **(Early stopping)**

　　在圖 6-7 中可以看到，在訓練的過程中，即使在相同的網路設定下，隨著訓練的進行，可能觀測到不同的過擬合、欠擬合狀況。在訓練的前期，隨著訓練的進行，模型的訓練資料準確率和測試資料準確率都呈現增大的趨勢，此時並沒有出現過擬合現象；但在訓練後期，由於模型的實際容量發生改變，因此開始會觀察到了過擬合的現象，所以這時候就應該要停止訓練，Early stopping 是一種應用於機器學習、深度學習的提早停止訓練的技巧。在進行監督式學習的過程中，這樣的方式很有可能可以找到模型收斂時機點的方法。

　　當一個模型訓練太久時，模型就會發生所謂的 Overfitting(過擬合)，因為在訓練的過程中模型過度地去擬合它的訓練資料。當然，這個模型在我們的訓練資料上會表現得很好，可是在其他的資料、也就是所謂的測試資料上卻會顯得效果很差，也就是這個模型的泛化性不好。

　　在程式範例 ch06_3 中說明如何在 TensorFlow 2 中實現 early stopping。

程式範例 | ch06_3

```python
from tensorflow.keras.models import Sequential
from tensorflow.keras import layers
from tensorflow.keras import metrics
from tensorflow.keras.callbacks import EarlyStopping

# 匯入Keras 的 mnist模組
from tensorflow.keras.datasets import mnist
(train_Data, train_Label), (test_Data, test_Label) = mnist.load_data()
model = Sequential([
    layers.Flatten(input_shape=(28, 28)),    # 將輸入資料從 28x28 攤平成 784
    layers.Dense(256, activation='relu'),
    layers.Dense(128, activation='relu'),
    layers.Dense(64, activation='relu'),
    layers.Dense(10, activation='softmax') # output 為 10 個 class
])

 # 定義訓練的步驟數目
 NUM_EPOCHS = 100

# model 每層定義好後需要經過 compile
model.compile(optimizer='adam',
              loss= 'sparse_categorical_crossentropy',
              metrics=['acc',metrics.mse,
                     metrics.sparse_top_k_categorical_accuracy])
# 定義 tf.keras.EarlyStopping 回調函數,
# 並指名監控的對象 => val_sparse_top_k_categorical_accuracy
earlystop_callback = EarlyStopping(
  monitor='val_sparse_top_k_categorical_accuracy', min_delta=0.001,
  patience=1, verbose=1, mode='auto')
# 將建立好的 model 去 fit 我們的 training data
model.fit(train_Data, train_Label,
          validation_split = 0.2,    # 劃分資料集的 20% 作為驗證集用
          epochs=NUM_EPOCHS,callbacks=[earlystop_callback],)
# 利用 test_Data 去進行模型評估
# verbose = 2 為每個 epoch 輸出一行紀錄
model.evaluate(test_Data, test_Label, verbose=2)
```

程式輸出

```
Epoch 2/100
1500/1500 [==============================] - 4s 3ms/step - loss: 0.2411 -
 acc: 0.9347 - mean_squared_error: 27.4323 -
 sparse_top_k_categorical_accuracy: 0.9952 - val_loss: 0.2048 - val_acc:
 0.9491 - val_mean_squared_error: 27.4426 -
 val_sparse_top_k_categorical_accuracy: 0.9950
Epoch 3/100
1500/1500 [==============================] - 4s 3ms/step - loss: 0.1730 -
 acc: 0.9508 - mean_squared_error: 27.4746 -
 sparse_top_k_categorical_accuracy: 0.9975 - val_loss: 0.2105 - val_acc:
 0.9473 - val_mean_squared_error: 27.4430 -
 val_sparse_top_k_categorical_accuracy: 0.9958
Epoch 00003: early stopping

313/313 - 1s - loss: 0.1965 - acc: 0.9475 - mean_squared_error: 27.3351 -
 sparse_top_k_categorical_accuracy: 0.9965
```

範例解說：

在範例中通過 tf.keras.EarlyStopping 回調函數在 TensorFlow 中實現 early stopping，monitor 跟蹤用於決定是否應終止訓練的 quantity。在這種情況下，這裡使用驗證準確性。min_delta 是觸發終止的閾值。在這種情況下，我們要求精確度至少應提高 0.001 才繼續訓練。Patience 是指可以容忍在多少個 epoch 內監控的數據都沒有出現改善。使用時 patience = 1，訓練會在第一個時期後立即終止，並且不等待改善。

從範例中發現，原本要執行 100 個 EPOCH 的訓練，由於監控變數 val_sparse_top_k_categorical_accuracy 它於第二週期正確率並沒有超過 0.01，因此就提前結束訓練。

EarlyStopping() 函數原型：

```
tf.keras.callbacks.EarlyStopping(
    monitor='val_loss', min_delta=0,
    patience=0, verbose=0, mode='auto',
    baseline=None, restore_best_weights=False
)
```

參數說明：

(1) monitor：這參數用來設置監控的數據，可以設置的數據除 loss 外，其他可監控的數據與 metric 所設定的指標相關。另外如果在訓練時有設定驗證集，就會多出 val_loss、val_acc 等。一般來說，監控的數據會從驗證集中挑選，會更符合模型能力的現況。

(2) min_delta：評斷監控的數據是否有大於此值，如果大於此值則繼續訓練。

(3) patience：此參數在說明可以容忍在多少個 epoch 內監控的數據都沒有大於或小於 min_delta。patient 的設置會與 min_delta 會相關，一般來說 min_delta 小，patient 可以相對降低；反之，則 patient 加大。

(4) verbose：有 0 或 1 兩種設置。0 是不會輸出任何的訊息，1 的話會輸出 debug 的訊息。

(5) mode：有 auto、min 和 max 三種設置選擇。用來設定監控的數據的改善方向，如過希望你的監控的數據是越大越好，則設置為 max，如監控 acc(正確率)；反之，若希望數據越小越好，則設定 min，如監控 loss(損失率)。

(6) restore_best_weights：通常發生 EarlyStopping 時，這時權重通常都不是最佳的。因此如果要在停止後儲存最佳權重，請將此值設定為 True。

6-4 設定模型層數

對於神經網路來說，網路的層數和每層神經元個數對於網路容量是很重要的參考依據，通過減少網路的層數，並減少每層中網路神經元的數量，可以有效降低網路的容量。反之，如果發現模型欠擬合，需要增大網路的容量，可以通過增加網路層數，增大每層的神經元個數等方式實現。

範例：利用不同的網路層數找決策邊界並查看邊界的曲線狀況。

1. 製作樣本空間：

這邊我們利用 sklearn.datasets 裡面有一個 make_moons() 函數，此函數可以雙月亮型的樣本數據，函式原型如下：

```
sklearn.datasets.make_moons(n_samples=100, shuffle=True,
noise=None, random_state=None)
```

參數說明：

(1) n_samples：整數型，可選，產生的樣本點的數量，默認為 100。

(2) shuffle：布爾型，可選填，是否對樣本進行重新洗牌 (默認為 True)。

(3) noise：浮點型 or None 型 (默認為 None)，加到數據裡面的高斯噪聲的標準差。

(4) 返回值：

(5) x：產生的形狀為 [n_samples, 2] 的一個數組，為產生的樣本。

(6) y：產生的形狀為 [n_samples] 維的一個數組，為每個樣本的分類結果 (0 或 1)。

這邊我們可以利用 make_moons() 函數來產生標籤為 0 與 1 的兩類數據，代碼如下：

注意：如果沒有安裝 scikit-learn 套件，可以用以下指令安裝
pip install -U scikit-learn

程式範例 ｜ ch06_4

```python
from sklearn.datasets import make_moons
import matplotlib.pyplot as plt

fig=plt.figure()
x1,y1=make_moons(n_samples=1000,noise=0.1)
plt.title('make_moons function example')
plt.scatter(x1[:,0],x1[:,1],marker='o',c=y1)
plt.show()
```

程式輸出

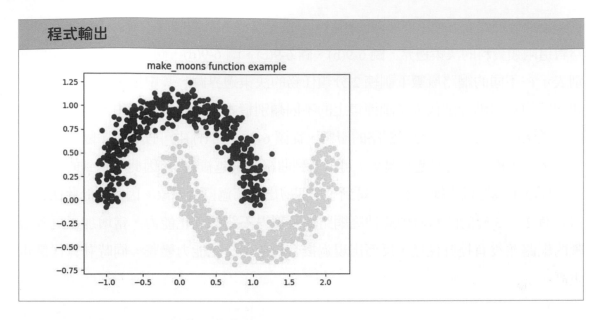

　　這邊我們可以將兩類的資料樣本的分布稍微雜亂一點，如圖 6-9(a)，並且資料樣本點以不同的形狀 (星星與十字形狀) 表示其所屬類別，為了說明網路層數對於模型容量的影響，因此我們先求出這兩類的決策邊界 (Decision boundary) 並加以可視化。在本範例中，為了只考慮增加層數所帶來的影響因素，因此每次再加入隱藏層的時候每層的神經元個數不變，程式碼如下所示：

```
# 構建 5 種不同層數的網路
for n in range(5):
    # 建立容器
    model = Sequential()
    # 建立第一層
    model.add(layers.Dense(8, input_dim=2, activation='relu'))
    # 新增 n 層，共 n+2 層
    for _ in range(n):
        model.add(layers.Dense(32, activation='relu'))
    # 建立最末層
    model.add(layers.Dense(1, activation='sigmoid'))
    # 模型裝配與訓練
    model.compile(loss='binary_crossentropy',
                  optimizer='adam', metrics=['accuracy'])
    model.fit(X_train, y_train, epochs=EPOCHS, verbose=1)
```

　　這邊分別建立五種不同層數的網路，分別是 2～6 層隱藏層，並去求得這五種網路對這兩類資料的決策邊界，圖 6-9(b)、圖 6-9(c)、圖 6-9(d)、圖 6-9(e) 與圖 6-9(f) 分別表示在不同的網路層數下訓練 2 分類任務的決策邊界圖，其中星星形狀的資料點和加號的資料點分別代表了訓練集上的不同類別樣本，在訓練過程中，網路中所有的參數保持一致，只改變了網路的層數，從圖 6-9(b)～(f) 中可以看到，隨著網路層數的加深，模型的容量越來越大 (可以看到曲線越來越複雜)，因此學習到的模型決策邊界越來越逼近訓練樣本，但是到了第四層出現了過擬合現象。因此對於此任務，只要有 2～3 層的隱藏層則此神經網路即可獲得不錯的泛化能力，當增加了更多層數的網路並沒有提升性能，反而出現過擬合現象，泛化能力變差，同時計算代價也更高。

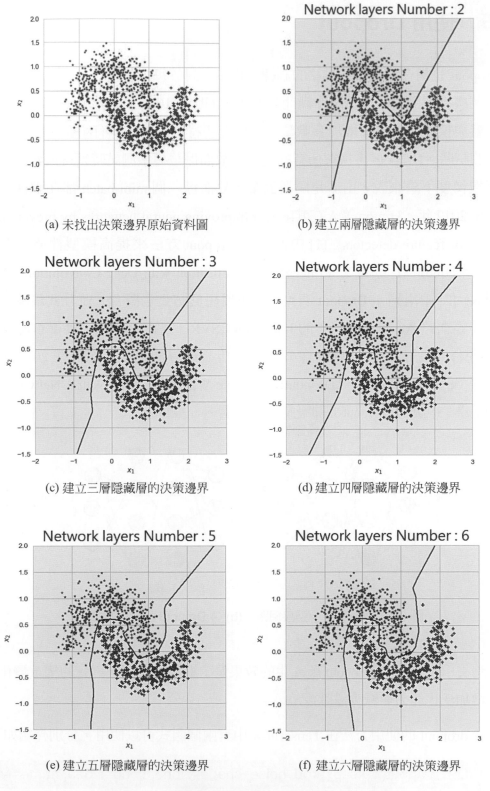

圖 6-9　不同層數的神經網路決策邊界結果示意圖

6-5 使用 Dropout

　　Dropout 是指在深度學習網絡的訓練過程中，對於每一層神經網路，按照一定的機率將某些神經元暫時從網路中斷開其連接，如圖 6-10(b)，以減少每次訓練時神經元實際參與模型的計算而增加參數量；但這邊要特別的是，只有訓練時將其斷開，但是在測試時，Dropout 會恢復所有的連接，故而保證模型測試時獲得最好的性能。對於隨機梯度下降來說，由於是隨機丟棄，故而每一個 mini-batch 都在訓練不同的網路。在 2012 年，Hinton 等人在其論文《Improving neural networks by preventing co-adaptation of feature detectors》[1] 中使用了 Dropout 方法來提高模型性能。而在同年，Alex、Hinton 在其論文《ImageNet Classification with Deep Convolutional Neural Networks》[2] 中用到了 Dropout 演算法，主要用於防止過擬合。並且此篇論文提到的卷積神經網路 AlexNet 在同年的 ImageNet LSVRC 競賽中奪得了冠軍 (Top-5 錯誤率為 15.3%)，使得 CNN 成為影像分類上的核心演算法模型。而後在 2014 年時，Hinton 等人又在其論文《Dropout: A Simple Way to Prevent Neural Networks from Overfitting》[3] 使用 Dropout 正則化防止過擬合。

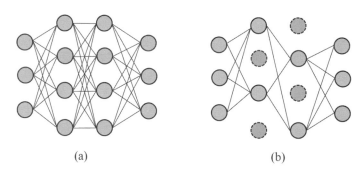

　　　　(a)　　　　　　　　　　(b)

圖 6-10　(a) 標準全連接網路　(b) 帶 Dropout 的全連接網路

　　從論文中可以得到 Dropout 所產生的效果是：網絡對某個神經元的權重變化更不敏感，增加泛化能力並減少過擬合。

　　關於 dropout 的使用方法在 Tensorflow 中有兩個函式可以使用，分別介紹如下：

```
tf.nn.dropout(x, keep_prob, noise_shape=None, seed=None, name=None)
```

參數說明：

(1) x：指輸入 (為浮點類型的 tensor)。

(2) keep_prob：keep_prob 為浮點類型的 scalar，範圍在 (0,1] 之間，表示 x 中的元素被保留下來的概率。

```
tf.layers.dropout(inputs, rate=0.5, noise_shape=None, seed=None,
training=False, name=None)
```

參數說明：

(1) inputs：為輸入的張量。

(2) rate：指定元素被丟棄的概率，如果 rate=0.1，則 inputs 中 10% 的元素將被丟棄。

(3) training：為 true(即訓練階段)，則會進行 dropout，否則不進行 dropout，直接返回 inputs。

特別說明：比較 tf.nn.dropout 與 tf.layers.dropout 區別：

1. tf.nn.dropout 中參數 keep_prob：每一個神經元被保存下的機率。而 tf.layer. dropout 中參數 rate：每一個神經元被丟棄的機率。所以，keep_prob = 1 - rate。

2. 在 tf.layers.dropout 中有一個 training 參數：在 training 參數為 Truc 的時候，函式傳回值為做 dropout 後的輸出；或者是 training 參數為 False 的時候，函式傳回值為沒有做 dropout 後的輸出。

以下用程式範例 ch06_5 來說明其用法。

程式範例 │ **ch06_5**

```python
import tensorflow as tf
# 建立一個有線性運算與 dropout 層的網路
def MakeNN(inputs, in_size, out_size,keep_prob ,activation_function=None):
    Weights = tf.Variable(tf.random.normal ([in_size, out_size]))
    # 偏置 b 的 shape 為1行out_size列
    biases = tf.Variable(tf.zeros([1, out_size])+0.1)
    Wx_plus_b = tf.matmul(inputs, Weights) + biases
    # 調用dropout功能
    Wx_plus_b = tf.nn.dropout(Wx_plus_b, keep_prob)
    if activation_function is None:
        # 如果沒有設置激活函數，則直接就把當前信號原封不動地傳遞出去
        outputs = Wx_plus_b

    else:
        # 如果設置了激活函數，則會由此激活函數來對信號進行傳遞
        outputs = activation_function(Wx_plus_b)
    return outputs


X = tf.random.normal([1,784])
ModelOut = MakeNN(X,784,10,0.5,tf.nn.relu)
print(ModelOut)
```

程式輸出

```
tf.Tensor(
[[  9.865786    3.036098    0.          0.          85.91507
   34.105404
   107.79593    0.          0.          0.         ]],
 shape=(1, 10), dtype=float32)
```

　　這邊我們也可以將 Dropout 當作一層網路使用，在網路中間插入一個 Dropout 層。如程式範例 ch06_6 所示。

程式範例 | **ch06_6**

```python
import tensorflow as tf
(train_image,train_label),(test_image,test_label)=\
    tf.keras.datasets.fashion_mnist.load_data()
# 對資料集做一個前置處理, 將資料正規到 0~1 之間
def preprocess(x, y):
    x = tf.cast(x, dtype=tf.float32) / 255.
    y = tf.cast(y, dtype=tf.int32)
    return x,y
# 建立模型
def build_model():
    # 線性疊加
    model = tf.keras.models.Sequential()
    # 改變平坦輸入
    model.add(tf.keras.layers.Flatten(input_shape=(28, 28)))
    model.add(tf.keras.layers.Dense(256, activation=tf.nn.relu))
    model.add(tf.keras.layers.Dense(128, activation=tf.nn.relu))
    model.add(tf.keras.layers.Dropout(0.5))    # 使用 Dropout 層
    model.add(tf.keras.layers.Dense(64, activation=tf.nn.relu))
    model.add(tf.keras.layers.Dropout(0.5))    # 使用 Dropout 層
    model.add(tf.keras.layers.Dense(10, activation=tf.nn.softmax))
    return model
model = build_model()
# 編譯模型
model.compile(optimizer= tf.keras.optimizers.Adam(),
              loss='sparse_categorical_crossentropy',
              metrics=['accuracy'])


train_images, train_labels = preprocess(train_image, train_label)
batchsz = 128  # 設定批次大小
# 訓練模型
history = model.fit(train_images, train_labels,epochs=50,
                    batch_size = batchsz,    # 設定批次訓練大小
                    verbose = 2) # 印出為精簡模式
loss, accuracy = model.evaluate(test_image, test_label)
print("\nLoss: %.2f, Accuracy: %.2f%%" % (loss, accuracy*100))
```

程式輸出

(1) 沒有接 Droup 層的測試資料損失率與正確率如下：

```
Epoch 50/50
469/469 - 1s - loss: 0.0776 - accuracy: 0.9707
313/313 [==============================] - 1s 1ms/step - loss: 112.8120 - accuracy: 0.8663

Loss: 112.81, Accuracy: 86.63%
```

(2) 有接 Droup 層的測試資料損失率與正確率如下：

```
Epoch 50/50
469/469 - 1s - loss: 0.1713 - accuracy: 0.9377
313/313 [==============================] - 1s 1ms/step - loss: 68.7775 - accuracy: 0.8635

Loss: 68.78, Accuracy: 86.35%
```

　　從上述的結果可以看到，在沒有接 Dropout 層時，雖然訓練資料訓練最後的正確率比有接 Dropout 層時高，但是最後用測試資料測試時，沒有接 Dropout 層的正確率卻沒有高出有接 Dropout 層的太多，因此可以知道當沒有接上 Dropout 層，而且訓練週期 50 次時，此時模型已經有過擬合的狀況產生，而接上 Dropout 層的確對過擬合的狀況有所幫助。

　　除了上述範例之外，這邊也利用雙月形兩類資料點求決策邊界的範例，一開始建立了 7 層的全連接網路，為了探討 Dropout 層對網路訓練的影響，因此在全連接層中間隔插入 0 ～ 4 個 Dropout 層，並以視覺化的方式探討過擬合的情形。

以下為本次範例程式碼：

```python
# 構建 5 種不同數量 Dropout 層的網路
for n in range(5):
    # 建立容器
    model = Sequential()
    # 建立第一層
    model.add(layers.Dense(8, input_dim=2, activation='relu'))
    counter = 0
    # 網路層數固定為 5
    for _ in range(5):
        model.add(layers.Dense(64, activation='relu'))
        # 新增 n 個 Dropout 層
        if counter < n:
            counter += 1
            model.add(layers.Dropout(rate=0.5))

    # 輸出層
    model.add(layers.Dense(1, activation='sigmoid'))
    # 模型裝配
    model.compile(loss='binary_crossentropy',
                  optimizer='adam', metrics=['accuracy'])
    # 訓練
    model.fit(X_train, y_train, epochs=_EPOCHS, verbose=1)
```

網路訓練後所得到的決策邊界的結果如圖 6-11(a) ～ (e)。

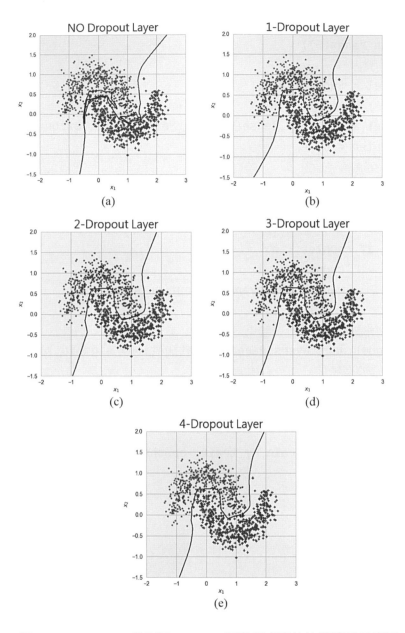

圖 6-11 (a) ～ (e) 帶不同 Dropout 層數所求出的決策邊界示意圖

從圖 6-11 中可以發現經過越多 Dropout 層時，其擬合的狀況越好，因此在設計深度網路時可以適度的使用 Dropout 層來對網路做優化動作。

6-6 使用正則化 (regularization)

　　簡單來說，正則化 (regularization) 是一種權重衰減 (Weight Decay) 的概念，主要的目的是爲了減小測試誤差的行爲。當我們在建造網路模型時，主要的目的就是讓模型在面對新數據的時候，可以有很好的表現。當你用比較複雜的模型 (例如比較多層的網路) 去擬合數據時，這時候很容易出現過擬合現象，因此導致模型的泛化能力下降，這時候就可以使用正則化 (regularization) 的方式來降低模型的複雜度。

　　正則化的原理其實很好理解，其方法就是在損失函數 (Loss Function 或 Cost Function) 的後面增加一個懲罰項 (代表對某些參數做一些限制)，如果一個權重太大，將導致損失過大，這時候就會在反向傳播後就會對該權重進行懲罰 (也就是如果 W 的分量大的話就抑制多一點，如果分量小就抑制少一點)，使其保持在一個較小的值。常見的正則化有 L1 Regularization 和 L2 Regularization 的公式：

(1) L1 Regularization

$$\mathrm{Cos}t = \sum_{i=0}^{N}(y_i - \sum_{j=0}^{M}x_{ij}W_j)^2 + \lambda\sum_{j=0}^{M}|w_j| \qquad (6\text{-}1)$$

(2) L2 Regularization

$$\mathrm{Cos}t = \underbrace{\sum_{i=0}^{N}(y_i - \sum_{j=0}^{M}x_{ij}W_j)^2}_{\text{Loss function}} + \underbrace{\lambda\sum_{j=0}^{M}W_j^2}_{\text{Regularization Term}} \qquad (6\text{-}2)$$

在 Keras 中，有三種正則化技巧可以拿來使用：

(1) keras.regularizers.l1：使用 L1 正則化

(2) keras.regularizers.l2：使用 L2 正則化

(3) keras.regularizers.l1_l2：同時使用 L1 與 L2 正則化

那麼應該如何使用這三種正則化技巧呢？這邊以 Keras 中的 Dense() 函式建立的層為例，在 Dense() 中會發現有以下三個參數：

(1) kernel_regularizer

(2) bias_regularizer

(3) activity_regularizer

這邊先解釋這三個參數的意義：

(1) kernel_regularizer：對該層中的權值進行正則化，亦即對權值進行限制，使其不至於過大。

(2) bias_regularizer：與權值類似，限制該層中偏移值 biases 的大小。

(3) activity_regularizer：對該層的輸出進行正則化。

在本範例中繼續以雙月形兩類資料點求決策邊界為範例。為了證明正則化帶來的影響，因此我們的網路架構與其它參數值皆保持不變，在 Dense() 函數上添加 L2 正則化參數，並通過改變不同的正則化參數 λ (程式中的 _lambda 參數) 來獲得不同程度的正則化效果。

程式碼如下：

```
# 建立帶正則化項的神經網路
model = Sequential()
model.add(layers.Dense(8, input_dim=2, activation='relu')) # 不帶正則化項
# 第 2-4 層均是帶 L2 正則化項
model.add(layers.Dense(256, activation='relu',
                       kernel_regularizer=regularizers.l2(_lambda)))
model.add(layers.Dense(256, activation='relu',
                       kernel_regularizer=regularizers.l2(_lambda)))
model.add(layers.Dense(256, activation='relu',
                       kernel_regularizer=regularizers.l2(_lambda)))
# 輸出層
model.add(layers.Dense(1, activation='sigmoid'))
model.compile(loss='binary_crossentropy', optimizer='adam',
              metrics=['accuracy'])
```

這邊的 _lambda 為 1e-5, 1e-4, 1e-3,1e-2,0.1 帶入，執行後的結果如圖 6-12(a) ～ (e) 所示。

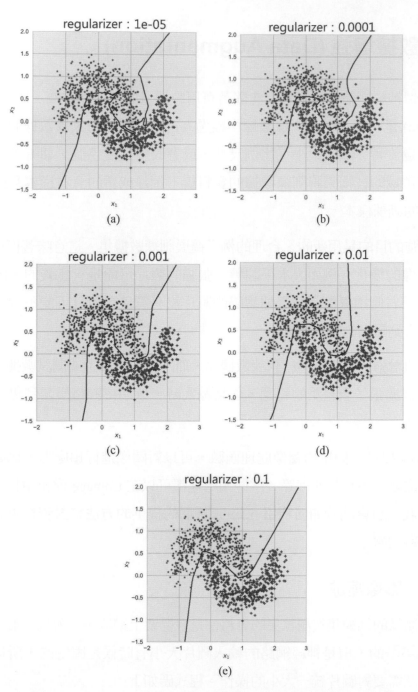

圖 6-12 (a) ～ (e) 不同的正則化參數所影響的決策邊界示意圖

6-7 **數據增強 (Data Augmentation)**

　　深度學習神經網絡的性能通常會隨著可用數據量的增加而提高。數據增強 (Data Augmentation) 是一種從現有訓練數據中經過人為地創建新的訓練數據的技術。例如一張圖片經過旋轉、調整大小、比例尺寸，或者改變亮度色溫、翻轉等處理等。這是利用特定領域的技術來將訓練數據的資料樣本創建成新的資料樣本且此資料樣本不同於原本的訓練樣本。

　　數據增強的目的是用新的、合理的例子擴展訓練數據集。這意味著模型可能會看到訓練集圖像的變化。例如，水平翻轉一張貓的照片可能是有意義的，因為照片可能是從左側或右側拍攝的。垂直翻轉貓的照片沒有意義，而且可能不合適，因為模型不太可能看到顛倒的貓的照片。

　　圖像數據增強通常僅應用於訓練數據集，而不應用於驗證或測試數據集。通過數據增強的方法擴張了資料集的範圍，作為輸入時，以期待網路學習到更多的影像不變性特徵。

　　tensorflow 提供了簡單的圖像處理函數，可以對圖像進行預處理，比如放縮、裁剪、翻轉、改變光照和對比度等。這些預處理都可以在 tf.image 模組中找到。此外，在此章節中我們也會講到如何利用 tf.keras 裡面的提供的方法來對資料夾底下的影像批次圖片資料的轉化。

● **6-7-1　影像縮放**

　　有時候測試的訓練集與測試集的資料都是自己要上網收集，所以一般來講圖片的尺寸是大小不一的，但是神經網路的輸入圖片大小有時候是固定的，所以在圖片預處理階段應該需要對圖片統一大小的操作。程式碼如下：

程式範例 | **ch06_7**

```python
import tensorflow as tf
import matplotlib.pyplot as plt
import numpy as np
def ResizeImage(x):
    image = tf.io.read_file(x)
    # 將圖像使用JPEG的格式解碼從而得到圖像對應的三維矩陣。
    image = tf.image.decode_jpeg(image, channels=3)   # RGBA
    print("原始影像大小 :",image.shape)   # 顯示原始大小
    image = tf.image.resize(image, [128,128])   # 對影像縮小
    image = np.asarray(image.numpy(),dtype='uint8')
    plt.imshow(image)
    plt.show()

ResizeImage('test.jpg')
```

程式輸出

原始影像大小 : (620, 620, 3)

在 Keras 中，ImageDataGenerator 類別提供了資料增強的相關功能。可以根據設定的條件 (例如縮放影像、裁剪、翻轉等) 來快速的在指定的資料夾產生增強的數據，程式範例如 ch06_8 所示：

1. 在本範例中，首先會在工作目錄底下產生一個資料夾 (本範例的資料夾名稱為 flower)，並在此資料夾底下擺放類別資料。例如擺放 rose 資料夾，底下有五張圖片，如圖 6-13。

1.jpg   2.jpg   3.jpg   4.jpg   5.jpg

圖 6-13   欲增強的原始資料

2. 接下來通過 ImageDataGenerator 來生成一個數據生成器，其中 rescale 引數指定將影像縮放幾倍。接下來利用此物件內的 flow_from_directory() 方法來讀取來源影像，並設定一次讀多少張 (batch_size)、設定縮放的尺寸 (target_size) 與設定存取的類別名稱 (classes)(在 directory 的資料夾名稱)，最後設定存取檔名與格式。

flow_from_directory() 方法內部常見參數介紹：

(1) directory：目標資料夾路徑，在資料夾底下對於每一個類別都要包含一個子資料夾。子文件夾中任何 JPG、PNG、BNP、PPM 格式的圖片都會被生成器使用。

(2) batch_size：一個 batch 的大小，預設為 32。

(3) save_to_dir：None 或字串，此參數能讓你將增強後的圖片保存起來，用以可視化。

(4) target_size：整數 tuple，預設為 (256, 256)。圖像將被 resize 成該尺寸。

(5) classes：可選參數，為子資料夾的列表，如 ['rose','tulips']，預設為 None。若未提供列表，則該類別列表將從 directory 下的子資料夾名稱自動推斷。其中每一個子資料夾都會被認為是一個新的類別。

(6) save_prefix：字串格式，為儲存增強後圖片的檔案名稱前綴，只有當 save_to_dir 有被設置時才有效。

(7) save_format：指定保存圖片的數據格式，為 "png" 或 "jpeg" 之一，預設為 "jpeg"。

(8) shuffle：是否打亂數據，預設為 True。

3. 產生的生成器可以搭配 for...in 迴圈一起使用，開始進行迭代，這邊要注意的一點是這個生成器會一直生成要生成的資料，所以我們需要在使用時手動指定結束條件。

程式範例 | ch06_8

```python
gen_path = r'flower'        # 存放類別的資料夾
savePath = 'train_image'    # 產生的圖片存放路徑
def print_result(path):
    imagelist = os.listdir(path)
    fig = plt.figure()
    for i in range(len(imagelist)):
        imgpath = path + '\\' + imagelist[i]
        img = mpimg.imread(imgpath)
        sub_img = fig.add_subplot(441 + i)
        sub_img.imshow(img)
        fig.tight_layout()
    plt.show()
    return fig
# 產生一個 ImageDataGenerator 類別物件
image_gen = ImageDataGenerator(rescale=1)
# 建立迭代器，並指定讀取數據路徑(directory)與設定生成的影像存取路徑(save_to_dir)
# target_size 可以指定經過處理後的圖形大小多少
it = image_gen.flow_from_directory(directory='flower',
                                   batch_size=5,
                                   save_to_dir = savePath,
                                   target_size=(128,128),
                                   classes=['rose'],
                                   save_prefix='trans_',
                                   save_format='jpg')
# 利用迴圈來做迭代產生影像（本範例中只產生一次迭代）
for data_batch,_ in it:
    print(data_batch.shape)
    break
# 印出產生的資料
fig = print_result(savePath)
```

程式輸出

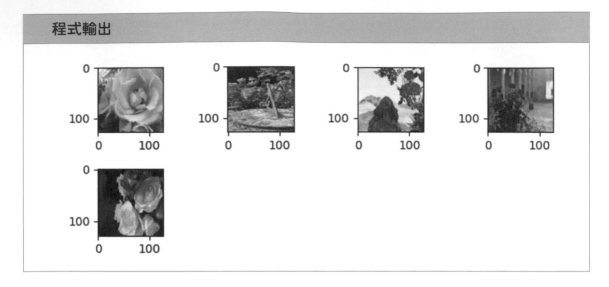

最後產生來源影像的縮放大小影像五張，大小為 128×128。

● 6-7-2 旋轉增強

旋轉增強是隨機的對圖片進行 0 到 360 度的順時針旋轉，影像旋轉是非常常見的影像數據增強方式，通過一定角度的旋轉運算則可以獲得不同角度的新圖片，且這些圖片的特徵訊息不會改變。

程式範例 | ch06_9

```python
import tensorflow as tf
import matplotlib.pyplot as plt
import numpy as np
def RotateImage(img):
    img = tf.io.read_file(img)
    img = tf.image.decode_jpeg(img, channels=3)
    img = tf.image.rot90(img, 3)   # 順時針旋轉 90 度三次
    showimage = np.asarray(img.numpy(),dtype='uint8')
    plt.figure(1)
    plt.imshow(showimage)
    plt.show()

RotateImage('test.jpg')
```

程式輸出

這邊我們也利用 Keras 中，ImageDataGenerator 類別提供了旋轉的資料增強功能。範例如下：

程式範例　│　ch06_10（修改程式範例 ch06_8）

```
# 產生一個 ImageDataGenerator 類別物件
image_gen = ImageDataGenerator(rescale=1,rotation_range=90)
# 建立迭代器
# 指定讀取數據路徑(directory)與設定生成的影像存取路徑(save_to_dir)
# target_size 可以指定經過處理後的圖形大小多少
it = image_gen.flow_from_directory(directory='flower',
                                   batch_size=5,
                                   save_to_dir = savePath,
                                   target_size=(128,128),
                                   classes=['rose'],
                                   save_prefix='trans_',
                                   save_format='jpg')
```

程式輸出

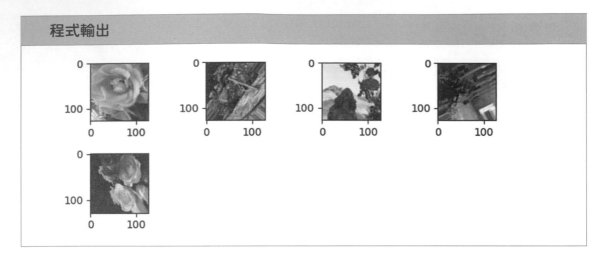

這邊我們除了將影像縮放至 128×128 之外，在 ImageDataGenerator 類別中新增 rotation_range=90 設定，此目的在隨機產生將原始影像旋轉 0 ～ 90 之間的增強影像。

● 6-7-3　翻轉增強

旋轉翻轉也是非常常見的影像數據增強方式，圖片的翻轉可分為水平翻轉和垂直翻轉兩種，程式碼如下：

程式範例 ｜ ch06_11（水平翻轉）

```python
import tensorflow as tf
import matplotlib.pyplot as plt
import numpy as np

def flip_left_right(img):
    img = tf.io.read_file(img)
    img = tf.image.decode_jpeg(img, channels=3)  # RGBA
    # 隨機水平翻轉
    img = tf.image.random_flip_left_right(img)
    showimage = np.asarray(img.numpy(),dtype='uint8')
    plt.figure(1)
    plt.imshow(showimage)
    plt.show()

flip_left_right('test.jpg')
```

程式輸出

程式範例 | ch06_12 (垂直翻轉)

```python
import tensorflow as tf
import matplotlib.pyplot as plt
import numpy as np

def flip_up_down(img):
    img = tf.io.read_file(img)
    img = tf.image.decode_jpeg(img, channels=3)  # RGBA
    # 隨機上下翻轉
    img = tf.image.random_flip_up_down(img)
    showimage = np.asarray(img.numpy(),dtype='uint8')
    plt.figure(1)
    plt.imshow(showimage)
    plt.show()

flip_up_down('test.jpg')
```

程式輸出

這邊我們也利用 Keras 中，ImageDataGenerator 類別提供了旋轉的資料增強功能。範例如下：

程式範例 | **ch06_13**

```
# 產生一個 ImageDataGenerator 類別物件
image_gen = ImageDataGenerator(rescale=1,vertical_flip=True)
# 建立迭代器
# 指定讀取數據路徑(directory)與設定生成的影像存取路徑(save_to_dir)
# target_size 可以指定經過處理後的圖形大小多少

it = image_gen.flow_from_directory(directory='flower',
                                    batch_size=5,
                                    save_to_dir = savePath,
                                    target_size=(128,128),
                                    classes=['rose'],
                                    save_prefix='trans_',
                                    save_format='jpg')
```

程式輸出

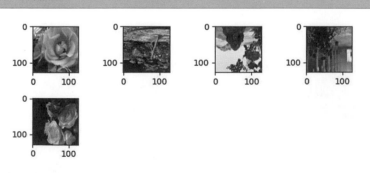

範例中在 ImageDataGenerator 類別中新增 vertical_flip= True 設定，vertical_flip 是作用是對圖片執行上下翻轉操作，和 horizontal_flip 一樣，每次生成均是隨機選取圖片進行翻轉 (讀者可以自行試試把 horizontal_flip 設置成 True 後執行看看其結果)

6-7-4　轉置增強

數學上叫轉置 (transpose)，在數組上就是交換坐標軸，在圖像上來看就是沿著對角線翻轉這種變換不是通過一次上下翻轉和一次左右翻轉可以得到的！

程式範例	ch06_14 (轉置翻轉)

```python
def flip_transpose(img):
    img = tf.io.read_file(img)
    img = tf.image.decode_jpeg(img, channels=3)  # RGBA
    # 隨機轉置翻轉
    img = tf.image.transpose(img)
    showimage = np.asarray(img.numpy(),dtype='uint8')
    plt.figure(1)
    plt.imshow(showimage)
    plt.show()

flip_transpose('test.jpg')
```

程式輸出

● 6-7-5 裁剪增強

所謂的裁剪增強，就是在原圖的上下或者左右方向去掉部分邊緣像素，可以保持圖片主要內容不變，而且同時獲得新的圖片樣本。這樣做的原因只要是希望經由放大影像的過程當中，最後整張的影像大小並不改變。其做法如下：在裁剪影像時，一般先將圖片縮放到略大於網路輸入尺寸的大小，再裁剪到網路輸入尺寸所需要的大小。例如網路的輸入大小為 227×227，那麼可以先通過 resize 函數將圖片縮放到 247×247 大小，再隨機裁剪到 227×227 大小。代碼實現如下：

程式範例	ch06_15

```python
def Resize_CutImage(img):
    img = tf.io.read_file(img)
    img = tf.image.decode_jpeg(img, channels=3)   # RGBA
    #先將影像縮放到 247x247
    img = tf.image.resize(img,[247,247])
    # 再將影像裁剪至 227x227
    img = tf.image.random_crop(img,[227,227,3])
    showimage = np.asarray(img.numpy(),dtype='uint8')

    plt.figure(1)
    plt.imshow(showimage)
    plt.show()

Resize_CutImage('test.jpg')
```

程式輸出

除了上述的方式外，tf.image 還提供了 central_crop() 函式提供裁減功能，其函式原型如下：

tf.image.central_crop(img，rate)。其中 img 是目標影像，rate 是縮放比例。

程式範例 | **ch06_16**

```python
import tensorflow as tf
import matplotlib.pyplot as plt
import numpy as np

def Resize_CutImage2(img):
    img = tf.io.read_file(img)
    img = tf.image.decode_jpeg(img, channels=3)  # RGBA
    # 裁減圖形, 比例為原圖的 0.7
    img = tf.image.central_crop(img,0.7)
    showimage = np.asarray(img.numpy(),dtype='uint8')
    plt.figure(1)
    plt.imshow(showimage)
    plt.show()

Resize_CutImage2('test.jpg')
```

程式輸出

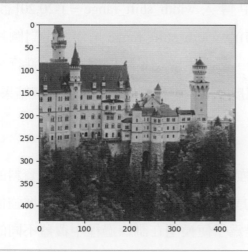

● 6-7-6　平移增強

對圖像沿著橫軸、縱軸或橫軸縱軸方向等移動，移動後出現的空缺空間使用背景進行填充。平移更加符合檢測對象在圖片中隨意定位等實際情況，其增強效果更好。程式範例如下：

程式範例	ch06_17

```
# 產生一個 ImageDataGenerator 類別物件
image_gen = ImageDataGenerator(rescale=1,width_shift_range=[-20,20])
```

程式輸出

這邊我們使用 ImageDataGenerator() 類來進行平移，可以在建立 ImageDataGenerator 物件時在建構函式中傳入 width_shift_range = [-20,20] 設定 ([-20,20] 代表隨機左右平移 20 個像素 (pixel))，width_shift_range 是作用是對圖片執行左右平移操作，和 height_shift_range 一樣，每次生成均是隨機選取圖片進行平移 (讀者可以自行試試把 height_shift_range 設置成某兩個數值範圍後執行看看其結果)。

● 6-7-7　亮度增強

對圖像設定不同的亮度也是很常用的增強方式之一，原因是因為在收集資料的過程中往往沒有辦法同一種資料收集到不同的亮度資訊，因此可以使用亮度增強使圖片變亮、使圖片變暗或者兼顧兩者。這樣是為了使模型在訓練過程中覆蓋不同的亮度水平。程式範例如下：

程式範例 | **ch06_18**

```python
def ReBrightnessImage(img):
    img = tf.io.read_file(img)
    img = tf.image.decode_jpeg(img, channels=3)   # RGBA
    # 調正亮度：delta 建議 0 ~ 1 之間
    img = tf.image.adjust_brightness(img,delta = 0.5)
    showimage = np.asarray(img.numpy(),dtype='uint8')
    plt.figure(1)
    plt.imshow(showimage)
    plt.show()

ReBrightnessImage('test.jpg')
```

程式輸出

　　tf.image.adjust_brightness 調整亮度，其中參數 delta 值建議在 0 ～ 1 之間，以避免亮度值不合導致無法顯示。此外，tf.image 類別還提供其它色彩調整函數，介紹如下：

1. tf.image.adjust_contrast：調整對比度。調整對比度，選擇較小增量，避免"過曝"，達到最大值無法恢復，可能全白全黑。

2. tf.image.adjust_hue 調整色度，色彩更豐富。delta 參數控制色度數量。

3. tf.image.adjust_saturation 調整飽和度，突出顏色變化。

　　此外，這邊我們也可以利用 ImageDataGenerator() 類別物件來調整亮度，可以在建立 ImageDataGenerator 物件時在建構函式中傳入 brightness_range 引數來指定一個最大值和最小值範圍來選擇一個亮度數值。值小於 1.0 的時候，會變暗圖片，如 [0.5，1.0]，相反的，值大於 1.0 時，會使圖片變亮，如 [1.0,1.5]，當值為 1.0 時，亮度不會變化。

　　在範例中，我們用到搭配 ImageDataGenerator() 生成器的另一個函數：flow()。他主要的任務是接收 numpy 陣列和標籤，並在一個無限循環中不斷的返回增強後的 batch 數據 (所以循環中必須要設定終止條件)。

函數原型：

```
flow(self, X, y, batch_size=32, shuffle=True, seed=None, save_to_
dir=None, save_prefix=", save_format='png')
```

參數說明：

(1) x：樣本數據。

(2) y：標籤。

(3) batch_size：整數，預設 32。

(4) shuffle：布林值，是否隨機打亂數據，預設為 True。

(5) save_to_dir：None 或字串，該參數能讓你將增強後的圖片保存至規定路徑內，用以可視化。

(6) save_prefix：字串格式，為儲存增強後圖片的檔案名稱前綴，只有當 save_to_dir 有被設置時才有效。

(7) save_format：指定保存圖片的數據格式，為 "png" 或 "jpeg" 之一，預設為 "jpeg"。

(8) seed：整數, 隨機數種子。

程式範例 | **ch06_19**

```
from numpy import expand_dims
from tensorflow.keras.preprocessing.image import load_img
from tensorflow.keras.preprocessing.image import img_to_array
from tensorflow.keras.preprocessing.image import ImageDataGenerator
import matplotlib.pyplot as plt


img = load_img('dog.jpeg')  # 讀檔
img = img_to_array(img)  # 轉換為 numpy 陣列
img = expand_dims(img, 0)  # 擴充資料維度
# 建立生成器
datagen = ImageDataGenerator(brightness_range=[0.5,1.5])
# 準備迭代器
it = datagen.flow(img, batch_size=1)
fig = plt.figure()# 生成圖片並畫圖
for i in range(9):
    plt.subplot(3,3,1 + i)
    # 生成一個批次圖片
    batch = it.next()
    # 浮點型態轉化為整數型態才可以顯示
    image = batch[0].astype('uint32')
    fig.tight_layout()
    plt.imshow(image)
plt.show()
```

程式輸出

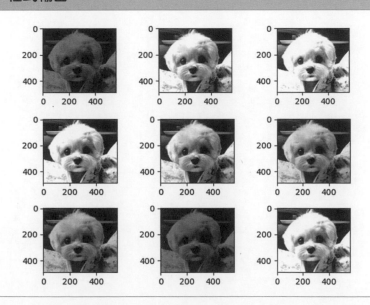

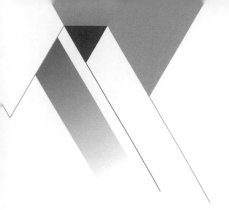

Chapter 7
卷積神經網路

7-1 淺談卷積神經 (Convolutional Neural Network) 網路

在談到卷積神經網路之前，這邊先回想一下當初我們是怎麼辨識 MNIST 資料集裡面的文字。首先會先把文字內部 28×28 個點的灰階資訊攤平變成 784 個特徵傳入到前向全連接網路，網路層數與每層神經元個數如圖 7-1，經過網路計算，最後由輸出層輸出 0～9 的機率值。

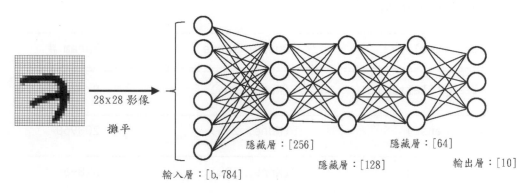

圖 7-1　4 層全連接層網路結構示意圖

這邊我們通過 TensorFlow 快速地搭建圖 7-1 網路模型，首先添加一個 Flatten 層。此層目的是將輸入的 28 × 28 個點的文字資訊攤平傳入網路中，接下來添加 4 個 Dense 層 (三個隱藏層與一個輸出層)，並使用 Sequential 容器封裝為一個網路對象，程式碼如下：

程式範例 | ch07_1

```python
# 匯入 Keras 提供的序列式模型類別
from tensorflow.keras.models import Sequential
from tensorflow.keras import layers

model = Sequential([
    layers.Flatten(input_shape=(28, 28)),    # 將輸入資料從 28x28 攤平成 784
    layers.Dense(256, activation='relu'),
    layers.Dense(128, activation='relu'),

    layers.Dense(64, activation='relu'),
    layers.Dense(10, activation='softmax') # output 為 10 個 class
])
print(model.summary())
```

程式輸出

```
Model: "sequential"

_____
Layer (type)                 Output Shape              Param #
=================================================================
flatten (Flatten)            (None, 784)               0
_____
dense (Dense)                (None, 256)               200960
_____
dense_1 (Dense)              (None, 128)               32896
_____
dense_2 (Dense)              (None, 64)                8256
_____
dense_3 (Dense)              (None, 10)                650
=================================================================
Total params: 242,762
Trainable params: 242,762
Non-trainable params: 0
_____
None
```

在程式中利用 summary() 函數列印出模型每一層的參數量統計結果。但這網路的參數量是怎麼計算的呢？這邊我們用圖 7-2 來說明。

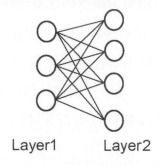

Layer1　　Layer2

圖 7-2　2 層全連接層網路結構示意圖

在圖 7-2 中，Layer1 有 3 個神經元，Layer2 有 4 個神經元，因為是全連接網路，因此每一條連接線上都有一個權重要計算，因此 Layer1 至 Layer2 的連接線個數 (權重個數) 共有 3 × 4 = 12 個，再加上 Layer2 的每個神經元上如果有偏移值要計算，則總共要計算的參數有 12 + 4 = 16 個，依此類推，在圖 7-1 中，一開始輸入有 784 (28 × 28) 個值，連接到第一個隱藏層有 256 個神經元 (節點)，因此第一個輸入層至第一個隱藏層要計算的參數個數有 784 × 256 + 256 = 200960 個參數，而第一個隱藏層 (256 個節點) 至第二個隱藏層 (128 個節點) 需要計算的參數有 256 × 128 + 128 = 32896 個參數，第二個隱藏層到第三個隱藏層需要計算的參數也可依此類推有 128 × 64 + 64 = 8256，最後第三個隱藏層到輸出層需要計算的參數有 64 × 10 + 10 = 650 個，因此像這樣的一個網路總參數量共有約 24 萬個。

從上面計算可以發現，隨著神經網路數的層數加深，這時會發現網路的參數量會爆炸性的提升，那這樣是否會引起甚麼問題？

1. **權重計算問題**：因為目前遇到的圖片都還小 (目前看到的最大為 28 × 28)，但是如果遇到更大的影像，例如 224 × 224 或者更高，而這時候的網路也更深，這樣的全連接網路的參數可能到達數百億個，這樣的計算量實在過於龐大，非常不符合實際做法。

2. **過擬合問題**：當網路越來越深時，權重參數也會越來越多，此時會讓優化函數越來越容易陷入局部最優解，最後讓網路產生過擬合的現象。而訓練到最後可能會發現，利用有限數據訓練的深層網路，性能還不如較淺層網路。

3. **梯度消失問題**：隨著網路層數增加，"梯度消失"現象更加嚴重。例如在圖 7-3 中，當輸入資料從輸入層經過網路前向計算，最後經由輸出進行損失計算，最後更新各層權重，若每一層的計算爲 z_i，且每一層輸出中都假設都接上 sigmoid 函數，則當我們計算更新 w_1 時，必須計算 $\partial Loss / \partial w_1$ 的梯度值，此值計算如下：

假設：

$$z_i = \frac{1}{1+e^{-h_i}} \qquad \frac{\partial z_i}{\partial h_i} \le 0.25$$

因此當我們要更新 w1 時，必須要計算 w1 梯度

$$\frac{\partial Loss}{\partial w_1} = \frac{\partial Loss}{\partial o_1} \frac{\partial o_1}{\partial z_4} \frac{\partial z_4}{\partial h_4} \frac{\partial h_4}{\partial z_3} \frac{\partial z_3}{\partial h_3} \frac{\partial h_3}{\partial z_2} \frac{\partial z_2}{\partial h_2} \frac{\partial h_2}{\partial z_1} \frac{\partial z_1}{\partial h_1} \frac{\partial h_1}{\partial w_1}$$

$$= \frac{\partial Loss}{\partial o_1} w_5 \underbrace{\frac{\partial z_4}{\partial h_4}}_{\le 0.25} w_4 \underbrace{\frac{\partial z_3}{\partial h_3}}_{\le 0.25} w_3 \underbrace{\frac{\partial z_2}{\partial h_2}}_{\le 0.25} w_2 \underbrace{\frac{\partial z_1}{\partial h_1}}_{\le 0.25} x_i$$

如果我們使用標準化初始 w，那麼各個層次的相乘都是 0-1 之間的小數，而激勵函數 sigmoid 的導數也是 0-1 之間的數，其連乘後，結果會變的很小，導致梯度消失。

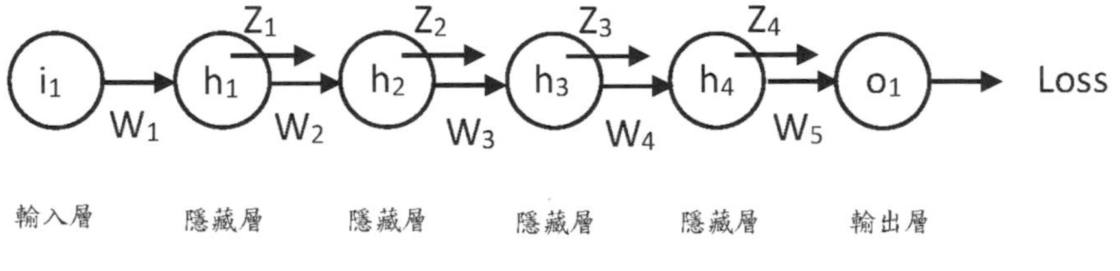

圖 7-3 　4 層隱藏層示意圖

此外，如果我們再仔細觀察圖 7-1 的網路，首先考慮輸入層和第一個隱藏層的關係，這時會發現隱藏層對我們輸入的像素點是同等對待的，也就是說第一個隱藏層對於輸入層並沒有考慮像素點與像素點之間的關係。但是當我們人類看到一張影像

並能夠辨識出是影像中的物體，絕對不會是以這種一點一點 (pixel) 的方式來進行腦中影像比對，那有沒有甚麼模型能夠考慮到這點呢？這時卷積神經網路(Convolutional Neural Network) 就被提出來了。

CNN (Convolutional Neural Network) 是模仿人類大腦認知方式的一種學習方法，例如我們辨識眼前看到的一張影像，應該會先注意到圖中的點、線、面等特徵，在經由大腦將它們組合成不同的形狀 (例如眼睛、鼻子、嘴巴等)，最後再把這些特徵轉換成人臉，這種抽象化的過程就是 CNN 演算法建立模型的方式，如圖 7-4 所示。

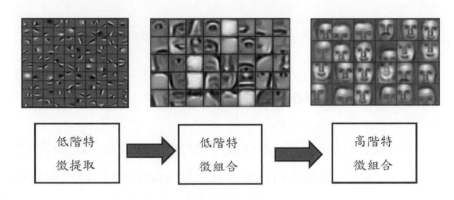

圖 7-4　人臉特徵組合示意圖

一個卷積神經網路 (Convolutional Neural Network) 的基本組成如下：

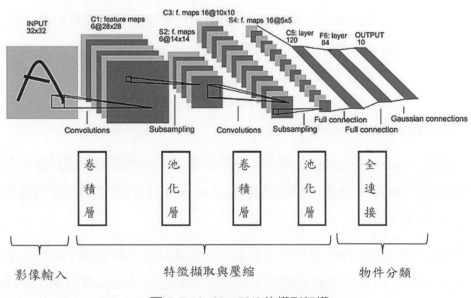

圖 7-5　LeNet-5[1] 的模型架構

　　這邊以 1998 年 Yann LeCuu[1] 等人提出 LetNet-5（卷積神經網路之父）架構來當作解說範例，從上面的 LetNet-5 架構中，CNN 網路對於輸入的圖片做了 2 次卷積 (Convolutions) 運算，2 次採樣 (Subsampling)、池化運算，跟 2 次的全連結 (Full connection) 還有 1 次的高斯連結 (Gaussian connections) 運算，其中的卷積運算跟採樣、池化在對圖片做局部特徵擷取的動作，最後把這些局部特徵擷取出來後做組合，後面再展開用 Full connection 做分類。因此整個 CNN 結構主要分成幾個部分：卷積層 (Convolution layer)、池化層 (Pooling layer) 及最後一個全連接層 (Fully Connected layer)。

7-2　卷積層 (Convolution Layer)

　　當我們在對影像做處理時，往往把圖像內部的像素點值表示為影像的特徵，例如一張大小為 1000 × 1000 的影像，可以表示有一個 1,000,000 的特徵值的圖形。在前面提到的神經網路中，如果第一層隱藏層的神經元數目為輸入層的一半，那麼光是輸入層到第一隱藏層的參數數據為 $1000000 \times 500000 = 5 \times 10^{11}$，這樣的參數量實在太大，如果要訓練此網路則所消耗的記憶體與時間皆非常的可觀。因此如果想創造可以辨識這樣大小圖形的網路，首先第一要解決的問題就是減少參數量。因此卷積神經網路提出了三個基本想法：『局部感受野 (local receptive fields)』、『權值共享 (shared weights)』及『池化 (pooling)』。

一、感受野 (receptive field)：

　　何謂感受野 (receptive field)？感受野是用來表示網路內部的不同神經元對原圖像感受範圍的大小，即每一層輸出的特徵圖 (feature map) 上的像素點在原始圖像上映射的區域大小，如圖 7-6 所示。

　　我們人的大腦對於影像的分析也是如此，會先從局部區域特徵（也可以想成區域關聯性）進行感知，然後在更高層的地方將局部的訊息綜合起來就得到了全局的訊息進而進行影像辨識。而在機器學習中，這個對區域關聯性進行『感知』的動作就是對影像進行卷積運算。

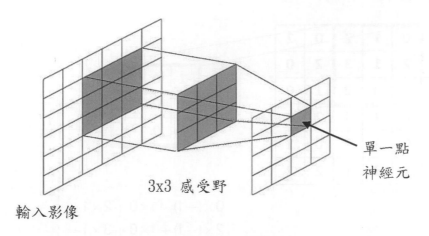

3x3 感受野

輸入影像

單一點
神經元

圖 7-6 3×3 感受示意圖

我們如何對影像做卷積運算呢？卷積運算就是將原始圖片的與特定的卷積核 (kernel)(有時也稱做 filter) 做卷積運算 (符號 ⊗)，方法如圖 7-7 所示：假設卷積核的大小爲 3×3，那卷積運算就是將下圖兩個 3×3 的矩陣作相乘後再相加。

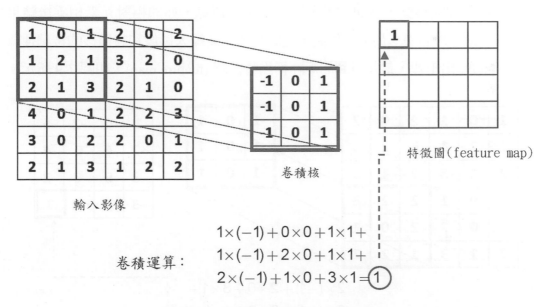

特徵圖(feature map)

卷積核

輸入影像

卷積運算：

$1\times(-1)+0\times0+1\times1+$
$1\times(-1)+2\times0+1\times1+$
$2\times(-1)+1\times0+3\times1=\textcircled{1}$

圖 7-7 3×3 卷積運算 (第一次運算)

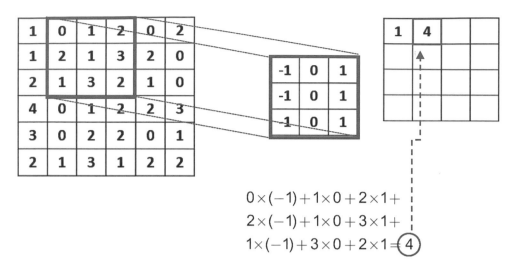

$$0 \times (-1) + 1 \times 0 + 2 \times 1 +$$
$$2 \times (-1) + 1 \times 0 + 3 \times 1 +$$
$$1 \times (-1) + 3 \times 0 + 2 \times 1 = 4$$

圖 7-8　3×3 卷積運算 (右移一格第二次運算)

　　第一次運算結束後，接下來卷積核會疊在影像上往右移一個間隔 (稱為 stride，步幅) 在做第二次運算，如圖 7-8 所示。因此所謂的卷積運算就是是讓卷積核在圖像矩陣內以固定間隔移動，並與重疊之圖像做積和運算，亦即相對元素相乘後結果相加，一直移動至最右邊、最下方位置，此時全部完成輸入影像和卷積核的捲積運算，得到 4×4 的輸出矩陣，最後得到的矩陣稱為特徵圖 (feature map)，如圖 7-9 所示。

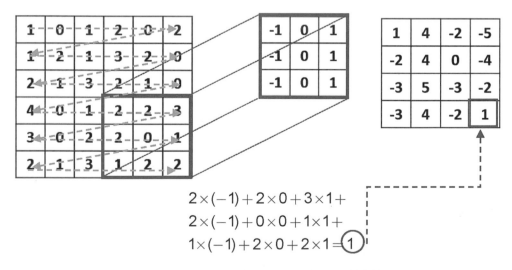

$$2 \times (-1) + 2 \times 0 + 3 \times 1 +$$
$$2 \times (-1) + 0 \times 0 + 1 \times 1 +$$
$$1 \times (-1) + 2 \times 0 + 2 \times 1 = 1$$

圖 7-9　3×3 卷積運算 (最右邊最下方運算)

　　卷積的主要目的就是為了從輸入影像中提取有用的特徵。在圖像處理中，有很多卷積核可以供我們選擇。每一種卷積核會幫助我們提取不同的特徵。比如水平 / 垂直邊緣提取、銳化等等 (如程式範例 07_2 ～ 07_4)。在卷積神經網路中，通過卷積核從影像中提取不同的特徵，卷積核的權重在訓練期間自動學習。然後將所有提取到的特徵 " 組合 " 以作出決定。

這邊我們利用 OpenCV 套件來進行卷積運算：(使用前請先安裝 OpenCV，如果是在 Anaconda 環境中執行，可以直接打：pip install opencv-python 指令進行安裝)

| 程式範例 | ch07_2 (垂直邊緣提取) |

```python
import cv2
import numpy as np
import matplotlib.pyplot as plt
# 讀入影像
src = cv2.imread("Lenna.png")
# 設定卷積核（邊緣計算）
kernel = np.array([[-1,0,1],
                   [-2,0,2],
                   [-1,0,1]], dtype="float32")
# 卷積運算
image = cv2.filter2D(src,-1,kernel)
htich = np.hstack((src, image))
plt.imshow(htich)
plt.show()
```

程式輸出

程式範例 | **ch07_3（水平邊緣提取）**

```python
# 讀入影像
src = cv2.imread("Lenna.png")
# 設定卷積核（邊緣計算）
kernel = np.array([[-1,-2,-1],
                   [0,0,0],
                   [1,2,1]], dtype="float32")
# 卷積運算
image = cv2.filter2D(src,-1,kernel)
htich = np.hstack((src, image))
plt.imshow(htich)
plt.show()
```

程式輸出

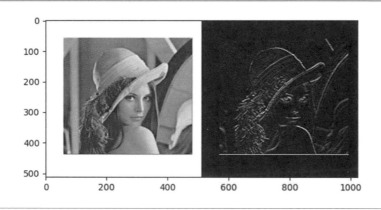

程式範例 | **ch07_4（銳化計算）**

```python
# 讀入影像
src = cv2.imread("Lenna.png")
# 設定卷積核（銳化計算）
kernel = np.array([[0,-1,0],
                   [-1,5,-1],
                   [0,-1,0]], dtype="float32")
# 卷積運算
image = cv2.filter2D(src,-1,kernel)
htich = np.hstack((src, image))
plt.imshow(htich)
plt.show()
```

程式輸出

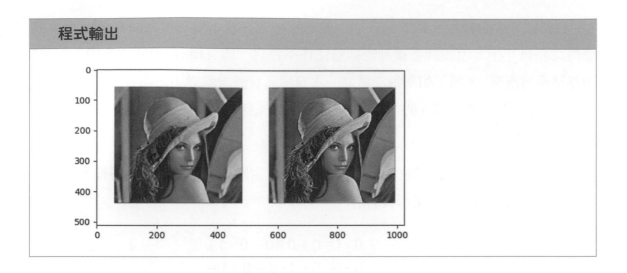

二、權值共享：

從圖 7-7 與 7-8 的卷積運算中可以發現，在卷積神經網路 (CNN) 中有「權值共享特性」，所謂的權值共享，就是給定一張輸入圖片，當用一個卷積核去掃這張圖時，卷積核裡面的數字就是權重，因為這張圖的每個位置是被同樣的卷積核掃過的，所以權重都是一樣的，這就是共享，如圖 7-10 所示。另外，也可以換個角度理解為什麼權值要固定，例如我想要在這張圖中把所有的邊緣特徵找出，那就代表要有一個找尋邊緣的卷積核，那麼這個卷積核在掃描全圖的時候，就可以把整張圖的邊緣特徵找出，得到了一個全都是邊緣的特徵圖 (如程式範例 ch07_2 與 ch07_3)。這樣同一個卷積核讓全部的神經元共享權值，減少了網路引數，這也是卷積網路相對於全連線網路的一大優勢。

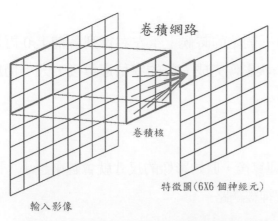

假設只有一個 3X3 的卷積核，則總共權重數目：9 個

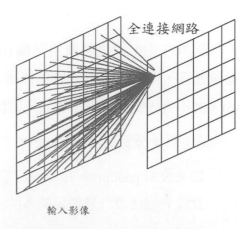

假設是全連接層，則參數總量為 8x8x9=576 個

圖 7-10 卷積網路與全連接網路參數比較

　　從圖 7-9 中會發現，當影像經過一輪的卷積運算後，這時得到的 feature map 會變得比原尺寸小，但設計卷積神經網路往往不會只一個卷積層 (如圖 7-5 中 LeNet-5 的卷積層爲兩層)，所以如果每次做完一次卷積運算圖像就變小一部分，那這樣沒有辦法設計較深 (層數較多) 的神經網路。此時就可以利用『填充 (padding)』的技巧來解決這樣的問題。

　　何謂 padding：在輸入特徵圖的每一邊新增一定數目的行與列，使得輸出和輸入的特徵圖的尺寸相同，如圖 7-11 所示。

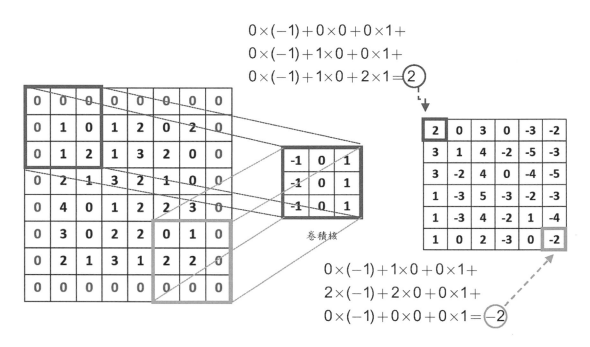

圖 7-11　3×3 卷積運算 (最右邊最下方運算)

　　在圖 7-11 中，我們將原始影像 (6×6) 一開始的時候上下左右行列各補上 0 再進行卷積運算，從圖中可以當卷積核掃完一次影像完成完整的卷積運算後，大小仍爲 (6×6)，並不會因爲做完卷積後結果圖像變小。

　　結論：爲什麼要設定 padding ？

1. 如果沒有 padding，每次進行卷積運算後，原始影像的尺寸就會越來越小，因此沒有辦法設計層數足夠多的深度神經網路。

2. 不希望每次做完卷積運算後都會丟失影像的邊緣資訊。

　　爲了盡可能的少漏掉有用訊息，因此在設計網路的時候會希望能夠較緊密地佈置感受野窗口以防特徵遺漏，但相對的計算量也會變得比較高。但有時我們遇到一些訊息量較少的圖片，例如天空雲量很少的圖片或者是一片大海的圖片，由於這類的圖片一些重要的特徵並不會很緊密的再一起，這時候爲了加速網路的計算時間我們會希望感受野對於這張圖片的掃描密度不用太高，因此我們可以適當的減少感受野的掃描數量，一般感受野密度控制手段是通過移動步長 (Strides) 實現的。

　　比較圖 7-9(步長 (Strides) 爲 1) 與圖 7-12(步長 (Strides) 爲 2)，這時會發現相同的卷積核掃過這兩張圖時，由於步長的不同，因此輸出的特徵圖高與寬由 4×4 降低爲 2×2，感受野的數量減少變爲 4 個。

　　通過設定步長大小，可以有效地控制訊息密度的提取。當步長設計的較小時，感受野以較小幅度移動窗口，有利於提取到更多的特徵訊息，且輸出的特徵圖尺寸也更大；當步長變的較大時，感受野以較大幅度移動窗口，有利於減少計算代價，但輸出張量的尺寸也更小。

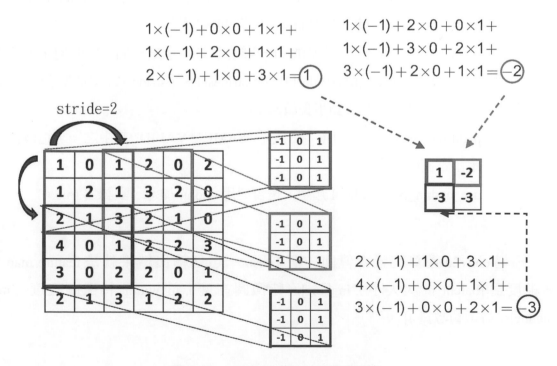

圖 7-12　stride=2 的 3 × 3 卷積運算

在 TensorFlow 中，通過 tf.nn.conv2d() 函數可以方便地實現 2D 卷積運算。

tf.nn.conv2d 原型如下：

```
tf.nn.conv2d( input, filter, strides, padding, use_cudnn_on_gpu=None,
name=None)
```

參數解釋：

(1) input：指需要做卷積的輸入圖像，它要求是一個 Tensor，維度格式為 [batch, in_height, in_width, in_channels]，其對應的意思是 [訓練時一個 batch 的圖片數量，圖片高度，圖片寬度，圖像通道數]，注意這是一個 4 維的 Tensor，要求類型為 float32 和 float64 其中之一。

(2) filter：相當於 CNN 中的卷積核，它要求是一個張量 (Tensor)，維度格式為 [filter_height, filter_width, in_channels, out_channels]，其對應的意思是 [卷積核的高度，卷積核的寬度，圖像通道數，輸出通道數 (卷積核個數)]，要求類型與參數 input 相同，有一個地方需要注意，filter 的第三個參數 in_channels 就是參數 input 的第四個維度。

(3) strides：做卷積運算時在圖像每一維的步長，這是一個一維的向量，長度為 4，其中 strides[0]=strides[3]=1，strides[1] 與 strides[2] 兩個數分別代表了水平滑動和垂直滑動步長值。

(4) padding：string 類型的量，只能是 "SAME","VALID" 其中之一，這個值決定了不同的卷積方式。

(5) use_cudnn_on_gpu:bool 類型，是否使用 cudnn 加速，默認為 true。

經過 conv2d 運算完後會傳回一個 Tensor，這個輸出結果就是 feature map，其維度為 [batch(批次大小), in_height(特徵圖高度), in_width(特徵圖寬度), in_channels(特徵圖數量)]。

以下我們用程式範例 ch07_5 與 ch07_6 來說明各參數的用法

程式範例 | **ch07_5**

```python
import tensorflow as tf

# 輸入 [1組資料, 高為7, 寬為7, 通道數為 1]
x = tf.random.normal([1,7,7,1])
# 建立[高為3,寬為3,輸入通道為1,兩個 filter]
filter = tf.random.normal([3,3,1,2])
out = tf.nn.conv2d(input=x,filters=filter,
                   strides=[1,1,1,1],padding='VALID')
print(out.shape)
```

程式輸出

```
(1, 5, 5, 2)
```

程式範例 | **ch07_6**

```python
import tensorflow as tf

# 輸入 [1組資料, 高為7, 寬為7, 通道數為 1]
x = tf.random.normal([1,7,7,1])
# 建立[高為3,寬為3,輸入通道為1,兩個 filter]
filter = tf.random.normal([3,3,1,2])
out = tf.nn.conv2d(input=x,filters=filter,
                   strides=[1,2,2,1],padding='SAME')
print(out.shape)
```

程式輸出

```
(1, 7, 7, 2)
```

在 Tensorflow 中，padding 參數給了兩種設定方法：padding＝'VALID'與 padding＝'SAME'，其中當 padding＝'VALID'時，最後產生的特徵圖會根據 filter 大小和 stride 大小影響而變小。而當 padding＝'SAME'，如果 stride=1，則輸入資料會用 zero-padding 的手法，讓輸入的圖不會受到 kernel map 的大小影響。

當 stride>1 時，如果希望特徵圖大小跟原圖大小一致，此時就必須手動設定 padding，如程式範例 ch07_7 所示。

程式範例	ch07_7

```
import tensorflow as tf

# 輸入 [1組資料, 高為7, 寬為7, 通道數為 1]
x = tf.random.normal([1,7,7,1])
# 建立[高為3,寬為3,輸入通道為1,兩個 filter]
filter = tf.random.normal([3,3,1,2])
# 設定上下步伐為2, 且上下左右各填充4行列的 0
out = tf.nn.conv2d(input=x,filters=filter,strides=[1,2,2,1],
                   padding=[[0,0],[4,4],[4,4],[0,0]])
print(out.shape)
```

程式輸出

```
(1, 7, 7, 2)
```

在程式範例 ch07_7 中，我們也可以把 padding 設定成 [[0,0],[上 , 下],[左 , 右],[0,0]] 模式。例如，上下左右各 padding 一個單位，則 padding=[[0,0],[1,1],[1,1],[0,0]]，而在本例中上下左右各 padding 4 個單位。

在每一層卷積層中，他的輸入圖像是一個 Tensor，格式為 [batch(一個 batch 的圖片數量)，in_height(圖片高度)，in_width(圖片寬度)，in_channels(圖像通道數)] 這樣的 shape，那甚麼是通道數呢？這邊我們用影像來解釋，例如一張灰階影像它的一個點是由一個 0 ～ 255 的值所表示，因此可以說灰階圖片只有灰度值一個通道，而彩色的圖片中的每個點是由 R、G、B 三個 0~255 的值所組成，因此我們可以說一張彩色圖片具有 R、G、B 三個通道。

在圖 7-7 ～圖 7-9 中我們已經說明單通道單卷積核的計算方式，那如果今天的輸入是多通道，單卷積核呢？這時卷積的計算方式又是怎麼表示？如果是多通道，多卷積核，那又要如何表示？這邊以圖 7-13 與 7-14 來說明。

1. 多通道單卷積核計算方式：

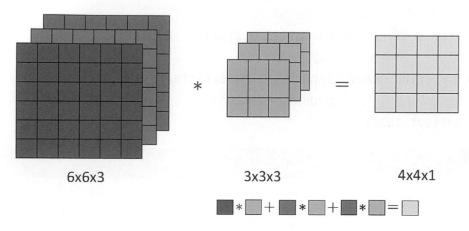

6x6x3　　　　　　3x3x3　　　　　　4x4x1

圖 7-13　多通道，單卷積核運算圖

以彩色圖像為例，包含三個通道，分別表示 RGB 三原色的像素值，輸入為 (6,6,3)，分別表示 3 個通道，每個通道的寬為 6，高為 6。假設卷積核只有 1 個，卷積核通道為 3，每個通道的卷積核大小仍為 3 × 3，padding = 0，stride = 1。

卷積過程如下，輸入影像每一個通道 (R、G、B 各一通道) 的像素值與對應的卷積核通道的數值進行卷積運算，因此每一個通道會有一個輸出卷積結果，三個卷積結果對應位置累加求和，得到最終的卷積結果。這邊的累加可以理解成是把三通道卷積後的結果綜合起來。以下用程式範例 ch07_8 說明。

程式範例 ┃ ch07_8

```
import tensorflow as tf

# 輸入 [1組資料, 高為6, 寬為6, 通道數為 3]
x = tf.random.normal([1,6,6,3])
# 建立[高為3,寬為3,輸入通道為3,1個 filter]
filter = tf.random.normal([3,3,3,1])
# 設定上下步伐為1, 且不填充 0
out = tf.nn.conv2d(input=x,filters=filter,strides=[1,1,1,1],
                     padding='VALID')
print(out.shape)
```

程式輸出

```
(1, 4, 4, 1)
```

在執行結果中可以看到最後產生一個 4×4 大小的輸出。

2. 多通道，多卷積核計算方式：

　　由於在一個卷積層中，卷積核的數目不只只有一個，那如果今天的輸入是多通道，多卷積核呢？這時卷積的計算方式又是怎麼表示？

　　在圖 7-14 中，輸入影像有三個通道 (R、G、B 各佔一通道)，這三個通道分別跟不同的兩個三通道的卷積核做運算，其做法與單卷積核相同，但是最後會產生兩個卷積運算結果 (兩張特徵圖)。

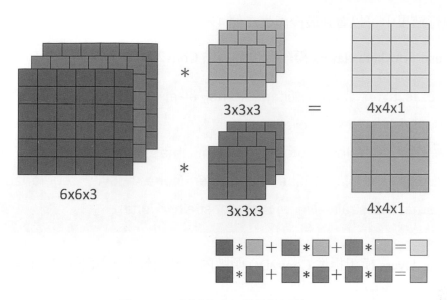

圖 7-14 多通道，多卷積核運算圖

以下用程式範例 ch07_9 說明。

程式範例 | ch07_9

```
import tensorflow as tf

# 輸入 [1組資料, 高為6, 寬為6, 通道數為 3]
x = tf.random.normal([1,6,6,3])
# 建立[高為3,寬為3,輸入通道為3,2個 filter]
filter = tf.random.normal([3,3,3,2])
# 設定上下步伐為1, 且不填充 0
out = tf.nn.conv2d(input=x,filters=filter,strides=[1,1,1,1],
                   padding='VALID')
print(out.shape)
```

程式輸出

```
(1, 4, 4, 2)
```

在執行結果中可以看到最後產生二個 4×4 大小的輸出。

在 tensorflow.keras.layers 模組中也有提供 Conv2D() 函數，其原型如下：

```
keras.layers.Conv2D(filters, kernel_size, strides=(1, 1), padding='valid',
data_format=None, dilation_rate=(1, 1), activation=None, use_bias=True,
kernel_initializer='glorot_uniform', bias_initializer='zeros', kernel_
regularizer=None, bias_regularizer=None, activity_regularizer=None,
kernel_constraint=None, bias_constraint=None)
```

在 keras.layers 模組提供 Conv2D() 函數內部參數較多，以下就針對常用的參數來提出解說與範例講解。

1. filters：整數，卷積核的數量，此值會控制此卷積層的特徵圖會有多少個。

2. kernel_size：整數或 (整數 , 整數) 或 [整數 , 整數] 三種方式來設定。卷積核的大小。

```
tf.keras.layers.Conv2D(filters=1,kernel_size=3)
```
　　　　　　　　　　　　　　↓　　　　　↓
　　　　　　　　　　　一個卷積核　卷積核大小為 3×3

也可以寫成

```
tf.keras.layers.Conv2D(filters=1,kernel_size=(3,3))
```

3. padding："valid" or "same"，大小寫沒有區別，用法與 tf.nn.conv2d() 函數的 padding 參數同。

4. data_format：一個字串參數，指維度排列方式，有兩種維度排列方式。channels_last (預設) 與 channels_first。也可以理解為輸入的維度順序排列。channels_last 對應著 (batch_size, height, width, channels) 的 4D 張量，而 channels_first 對應的輸入為 (batch_size, channels, height, width) 的 4D 張量。

5. dilation_rate：擴展比例，用於擴展卷積或稱空洞卷積，圖 7-15 所示，這個值設為非 1 的值，則 strides 必須等於 1，因為兩個是互斥的，strides 會縮小圖像，而 dilation_rate 是膨脹圖像，兩者通常不會同時使用。

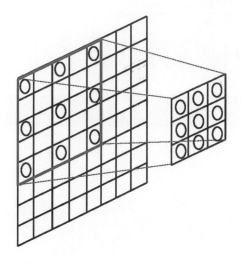

圖 7-15 一個 3 × 3，dilation_rate=2 的擴展卷積圖

擴展卷積利用添加空洞擴大感受野，讓原本 3×3 的捲積核，在相同參數量和計算量下擁有 5×5 (dilated rate = 2) 或者更大的感受野。

6. activation：使用激勵函數。如果不特別指定，將不會使用任何的激勵函數

程式範例 | ch07_10

```python
import tensorflow as tf
from tensorflow.keras.models import Sequential
from tensorflow.keras.layers import Conv2D

CNNModel = Sequential()
# 加入一個卷積層
CNNModel.add(Conv2D(filters=1,
                    kernel_size=(3,3),
                    kernel_initializer= tf.keras.initializers.ones(),
                    input_shape=(5,5,1),
                    activation='relu'))  # 設定激勵函數

# 輸入 [1組資料, 高為5, 寬為5, 通道數為 1]
x = tf.random.normal([1,5,5,1])
```

```
# 前項計算
out = CNNModel(x)
print(out)
```

程式輸出

```
tf.Tensor(
[[[[0.        ]
   [0.        ]
   [0.        ]]

  [[0.        ]
   [0.        ]
   [0.        ]]

  [[0.8529811]
   [0.        ]
   [0.        ]]]], shape=(1, 3, 3, 1), dtype=float32)
```

當輸出的值小於 0 時會被設定成 0，這樣的作法在影像輸出非常有用。

7. use_bias：Boolean 類型 , 這一層是否有 bias 單元。

8. kernel_initializer：權重的初始化器，默認是 glorot_uniform，也可以改成其它值 (可在 keras.initializers 中選擇其它設定)，如下程式範例：

程式範例　|　ch07_11

```
from tensorflow.keras.models import Sequential
from tensorflow.keras.layers import Conv2D
import tensorflow as tf

CNNModel = Sequential()
# 加入一個卷積層
CNNModel.add(Conv2D(filters=1,
                    kernel_size=(3,3),
                    kernel_initializer= tf.keras.initializers.ones(),
                    bias_initializer = tf.keras.initializers.Zeros(),
                    input_shape=(7,7,1)))
# 得到權重值
print(CNNModel.get_weights())
```

程式輸出

```
[array([[[[1.]],
        [[1.]],
        [[1.]]],


       [[[1.]],
        [[1.]],
        [[1.]]],


       [[[1.]],
        [[1.]],
        [[1.]]]], dtype=float32), array([0.], dtype=float32)]
```

9. bias_initializer：偏置單元的初始化器，默認爲 0 (可在 keras.initializers 中選擇其它設定)。範例可見程式範例 ch07_11。

10. kernel_regularizer：施加在權重上的正則項，參考本書 6.6 章節 keras.regularizer.Regularizer 項目。

11. bias_regularizer：施加在偏置項上的正則項，參考本書 6.6 章節 keras.regularizer.Regularizer 項目。

12. activity_regularizer：施加在輸出上的正則項，參考本書 6.6 章節 keras.regularizer.Regularizer 項目。

13. kernel_constraint：kernel 項的權值約束。

14. bias_constraint：bias 項的權值約束。

   Keras 在「keras.constraints module」中給出了這些方法：

   (1) 最大範數 (max_norm)，限制權值的大小不超過某個給定的極限。

   (2) 非負範數 (non_neg)，限制權值爲正。

   (3) 單位範數 (unit_form)，限制權值大小爲 1.0。

   (4) 最小最大範數 (min_max_norm)，限制權值大小在某個範圍內。

   例如：在一個卷積層中設定了一個最大範數權值約束。

```
CNNModel.add(Conv2D(32, (3,3),
                    kernel_constraint = tf.keras.constraints.max_norm(3),
                    bias_constraint = tf.keras.constraints.max_norm(3)))
```

注意：權值約束為緩解深度學習神經網路模型對訓練資料的過擬合情況，提高模型在新資料上的效能提供了一種方法。

7-3　池化層 (Pooling Layer)

　　池化層在卷積神經網路扮演的角色也很關鍵，它可以幫助我們縮小 Feature map 的大小 (也就是降維)，提高運算速度，同樣能減小 noise 影響，降低過擬合問題，讓各特徵更具有健壯性。

　　池化層的計算與卷積層一樣，都是透過滑動視窗內的數值進行數值運算，主要分為兩種運算方式：Max pooling 與 Average pooling。

1. Max pooling：在框選的局部數值中挑出最大值。

2. Average pooling：將框選的局部數值加總做平均計算。

　　以下用 2D convolution 作為例子來說明最大池化的運算規則，如圖 7-16 與圖 7-17 所示，假設參數設定為輸入 Feature map=(6×6)、卷積核 Kernel=(3×3)、步長 Stride=1。

　　在做完卷積運算後輸出的特徵圖中，由於在圖片矩陣中的數字越大代表可能探測到了某些特定的特徵，所以最大池化就是留下這些最大值，因此雖然在最大池化之後特徵圖變小了，有些訊息丟失了，但是最符合這張圖片的特徵 (卷積之後數字大的) 卻沒有丟失。

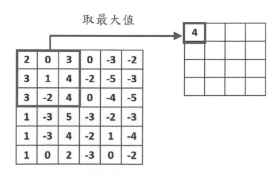

圖 7-16　一個 3×3 滑動視窗，完成第一步 MaxPooling 結果

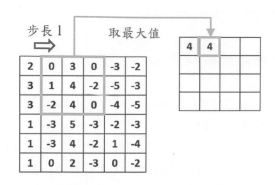

圖 7-17　向右步長為 1，第二步 MaxPooling 結果

在 TensorFlow 中，tf.nn.max_pool() 可以實現最大池化計算，函式原型如下：

> tf.nn.max_pool(input, ksize, strides, padding, name=None)

參數說明：

(1) input：輸入。因為一般池化層接在卷積層後面，所以輸入通常是 feature map，其維度擺放順序為 [batch, height, width, channels]。

(2) ksize：池化窗口的大小，取一個四維向量，一般是 [1, height, width, 1]，因為我們不想在 batch 和 channels 上做池化，所以這兩個維度會設為 1。

(3) strides：跟卷積類似，窗口在每一個維度上滑動的步長，一般也是 [1, stride, stride, 1]。

(4) padding：和卷積類似，可以取 "VALID" 或者 "SAME"。

最後結果返回一個 Tensor，類型不變，維度擺放順序 (或 shape) 仍然是 [batch, height, width, channels] 這種形式。

程式範例　｜　ch07_12

```python
import tensorflow as tf
# 定義一個 feature_map
feature_map = tf.constant([
    [0.0,4.0,3.0,2.5],
    [2.0,1.0,1.5,3.0],
    [3.0,2.0,4.0,6.0],
    [2.0,6.0,2.0,6.0]])
```

```
# 印出維度
print(feature_map.shape)
# 在 dim = 0 插入一個維度
feature_map = tf.expand_dims(feature_map,0)
print(feature_map.shape)
# 在 dim = 3 插入一個維度 =>目的要讓他變成 (1,4,4,1)
feature_map = tf.expand_dims(feature_map,-1)
print(feature_map.shape)
## 定義池化層
## 池化窗口2*2，高寬方向步長都為 1
pooling = tf.nn.max_pool(input = feature_map,
                         ksize = [1,2,2,1],
                         strides = [1,1,1,1],
                         padding='VALID')
print(pooling)
```

程式輸出

```
tf.Tensor(
[[[[4.]
   [4.]
   [3.]]

  [[3.]
   [4.]
   [6.]]

  [[6.]
   [6.]
   [6.]]]], shape=(1, 3, 3, 1), dtype=float32)
```

　　除了 Max pooling 之外，還有另一種池化方式為 Mean pooling，也就是 Average pooling，做法也很簡單，就是將滑動視窗框選到的矩陣值加總，然後計算平均即可，如圖 7-18 所示。

$$\frac{2+0+3+3+1+4+3+(-2)+4}{9}=2$$

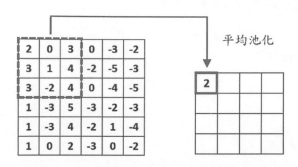

圖 7-18　第一步平均池化結果

在 TensorFlow 中，tf.nn.max_pool() 可以實現平均池化計算，函式原型如下：

tf.nn.avg_pool(input, ksize, strides, padding, data_format = "NHWC", name=None)

參數說明：

(1) input：輸入。因為一般池化層接在卷積層後面，所以輸入通常是 feature map，其維度擺放順序為 [batch, height, width, channels]。

(2) ksize：池化窗口的大小，取一個四維向量，一般是 [1, height, width, 1]，因為我們不想在 batch 和 channels 上做池化，所以這兩個維度會設為 1。

(3) strides：跟卷積類似，窗口在每一個維度上滑動的步長，一般也是 [1, stride, stride, 1]。

(4) padding：和卷積類似，可以取 "VALID" 或者 "SAME"。

(4) data_format：字串型參數，"NHWC" 或 "NCHW"，分別代表 [batch, height, width, channels] 和 [batch, channels, height, width] 。

最後結果返回一個 Tensor，類型不變，維度擺放順序 (或 shape) 仍然是 [batch, height, width, channels] 這種形式。

程式範例 │ ch07_13

```python
import tensorflow as tf
# 定義一個 feature_map
feature_map = tf.constant([
    [0.0,4.0,3.0,2.5],
    [2.0,1.0,1.5,3.0],
    [3.0,2.0,4.0,6.0],
    [2.0,6.0,2.0,6.0]])
# 印出維度
print(feature_map.shape)
# 在 dim = 0 插入一個維度
feature_map = tf.expand_dims(feature_map,0)
print(feature_map.shape)
# 在 dim = 3 插入一個維度 =>目的要讓他變成（1,4,4,1）
feature_map = tf.expand_dims(feature_map,-1)
print(feature_map.shape)

## 定義池化層
## 池化窗口2*2：高寬方向步長都為 1
pooling = tf.nn.max_pool(input = feature_map,
                         ksize = [1,2,2,1],
                         strides = [1,1,1,1],
                         padding='VALID')
print(pooling)
```

程式輸出

```
tf.Tensor(
[[[[1.75 ]
   [2.375]
   [2.5  ]]

  [[2.   ]
   [2.125]
   [3.625]]

  [[3.25 ]
   [3.5  ]
   [4.5  ]]]], shape=(1, 3, 3, 1), dtype=float32)
```

除了在 Tensorflow.nn 模組內提供兩種池化 (Pooling) 函數提供使用外,在 Tensorflow.keras.layers 模組內也有提供相對應的池化函數,分別為 MaxPooling2D 與 AveragePooling2D,其函數原型如下:

keras.layers.MaxPooling2D(pool_size=(2, 2), strides=None, padding="valid", data_format=None)

參數說明:

(1) pool_size:最大池化的窗口大小,int/tuple 類型,例如取值為 (2,2) 時,輸入為 (s,16,16,c),那麼輸出為 (s,8,8,c)。

(2) strides:步長。2 個整數表示的 tuple(元組),或者是 None。表示步長值。如果是 None,那麼默認值是 pool_size。

(3) padding:和卷積類似,可以取 "VALID" 或者 "SAME"。

(4) data_format:輸入數據格式,取值為 channels_last (預設) 或者 channels_first。

如 果 data_format="channels_last", 輸 出 為 4 維 張 量 (batch_size, pooled_rows, pooled_cols, channels),如 果 data_format="channels_first",輸 出 為 4 維 張 量 (batch_size, channels, pooled_rows, pooled_cols)。

AveragePooling2D():

```
keras.layers.AveragePooling2D(pool_size=(2, 2), strides=None,
padding="valid", data_format=None)
```

參數說明:

如同 MaxPooling2D() 說明。

7-4 Flatten(展平) 層與 Dense(全連接) 層

卷積層或池化層之後是無法直接連接全連接層的，需要把卷積層或池化層產生的 feature map 進行展平 (Flatten)，也就是把 (height,width,channel) 的數據壓縮成長度為 height × width × channel 的一維陣列，然後就可以直接進入全連接層了。這邊有一點要注意的是 Flatten 層不會影響 batch 的大小。

Flatten() 函數介紹：

```
keras.layers.Flatten(data_format=None)
```

參數說明：

(1) data_format：輸入數據格式，取值為 channels_last (預設) 或 channels_first。

程式範例 | **ch07_14**

```python
import tensorflow as tf
from tensorflow.keras.models import Sequential
from tensorflow.keras.layers import Flatten

CNNModel = Sequential()
# 加入一個展平層
CNNModel.add(Flatten())
# 輸入 [3組資料, 高為5, 寬為5, 通道數為 3]
x = tf.random.normal([3,5,5,3])
# 前項計算
out = CNNModel(x)
print(out.shape)
```

程式輸出

```
(3, 75)
```

從結果中發現輸出資料仍保留著 batch 的維度 (本範例中有一個批次有三筆資料)

全連接 (Dense) 層在整個卷積神經網路中扮演的腳色爲 "分類器",即通過卷積層、激勵函數、池化層等深度網路運算擷取到相對特徵後,最後再經過全連線層網路對結果進行分類識別。首先將經過卷積、激勵函式、池化的深度網路後,接下來再接展平層 (將特徵展平,但並不是必要有此層),最後再接幾層的全連階層做非線性運算 (與神經網路一樣) 最後達到分類效果,如圖 7-19 所示。

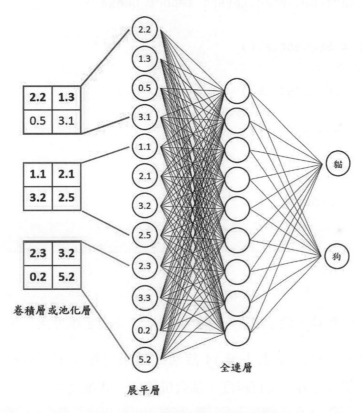

圖 7-19 全連接網路分類示意圖

比較：Dense(全連接層) 與 Flatten(展平層) 差異：

1. tf.keras.layers.Dense(全連接層)：該層的效果是將輸入的最後一維轉成指定的
   維度數。

程式範例 | ch07_15

```python
import tensorflow as tf
from tensorflow.keras.models import Sequential
from tensorflow.keras.layers import Dense

CNNModel = Sequential()
# 加入一個全連接層
CNNModel.add(Dense(10))
# 輸入 [3組資料, 高為5, 寬為5, 通道數為 3]
x = tf.random.normal([3,5,5,3])
# 前項計算
out = CNNModel(x)
print(out.shape)
```

程式輸出

```
(3, 5, 5, 10)
```

從程式中可以看見，除了最後一個維度被指定成固定維度之外，其他維度不變。

2. tf.keras.layers.Flatten(展平層)：該層的效果是除了第一維度 (也就是 batch_
   size 這一維) 之外的所有維度，都合併轉成一個維度。

程式範例 | ch07_16

```python
from tensorflow.keras.layers import Flatten

CNNModel = Sequential()
# 加入一個展平層
CNNModel.add(Flatten())

# 輸入 [3組資料, 高為5, 寬為5, 通道數為 3]
x = tf.random.normal([3,5,5,3])
# 前項計算
out = CNNModel(x)
print(out.shape)
```

程式輸出

```
(3, 75)
```

從程式中可以看見，除了第一個維度保留住之外，其他維度都被展平了，因此展平的個數為 5 × 5 × 3 = 75。

7-5　卷積神經網路實作 (LeNet-5 實作)

LeNet 網路結構是在 1998 年由 Yann LeCuu 等人 [1] 提出。它被創造出來的目的是解決手寫數字識別的問題。在它被設計出來之前，數字辨識主要是通過人工挑選的方式使用特徵工程來完成的，接下來是機器學習模型來學習對人工挑選出來的特徵進行分類。LeNet 網路設計出來之後使人工挑選特徵變得多餘，因為網路會自動從原始圖像中學習最佳的文字內容特徵來表示此文字。因此，這篇論文所提出的 LeNet 就是想要證明如何使用卷積神經網路來做數字文字識別任務。由於數字的種類有 1 到 0 共十種，所以此網路它也是一個 10 分類任務的解決辦法。圖 7-20 是它的一個基本的網絡結構。

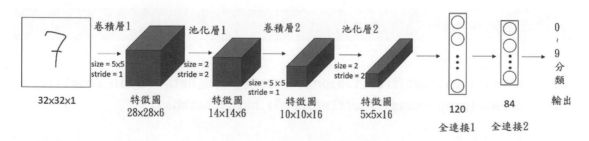

圖 7-20　LeNet-5 架構圖

接下來，我們就用利用圖 7-20 來實作 LeNet-5 網路結構。

1. 載入資料：

TensorFlow 中自 MNIST 手寫數字識別圖像數據集，利用 datasets 模塊進行加載即可。為了讓各資料處於同一數量級，因此下載完資料後會利用 preprocess 函數作為預處理函數來對資料做歸一化處理。

程式範例   │   ch07_17 (part 1)

```python
import numpy as np
import tensorflow as tf
from tensorflow.keras.datasets import mnist
from tensorflow.keras.models import Sequential
from tensorflow.keras.layers import Dense, Conv2D, MaxPooling2D, Flatten
import matplotlib.pyplot as plt
# 將資料做一個歸一化的動作
def preprocess(x, y):
    x = tf.cast(x, dtype=tf.float32) / 255.
    x = tf.reshape(x,[28,28,1])
    y = tf.cast(y, dtype=tf.int32)
    return x, y
batchs = 32


# 載入mnist 資料集 60000張訓練資料 , 10000張測試資料, 每張大小為 28x28
(train_Data, train_Label), (test_Data, test_Label) = mnist.load_data()
```

此外，為了在訓練過程中不會偏向於某個數字訓練，因此在程式中也會將訓練集的資料做一個打散的動作，讓訓練資料內的數字可以均勻分佈，最後將訓練資料做一封裝的動作。對測試集同樣封裝成 dataset，但測試集資料可以不進行隨機打亂內部資料。

程式範例   │   ch07_17 (part 2)

```python
# 將訓練集資料打散
db = tf.data.Dataset.from_tensor_slices((train_Data, train_Label))
db = db.map(preprocess).shuffle(10000).batch(batchs)

db_test = tf.data.Dataset.from_tensor_slices((test_Data, test_Label))
db_test = db_test.map(preprocess).batch(batchs)
```

2. 模型建置：

程式範例　　│　ch07_17 (part 3)

```
LeNet5Model = Sequential([
    # 第一個卷積層，6個 5x5 卷積核, 激勵函數為 relu
    Conv2D(6,kernel_size=5,strides=1,padding='same',activation='relu'),
    # 池化層大小 2x2, 步長 2
    MaxPooling2D(pool_size=2,strides=2),
    # 第二個卷積層，16個 5x5 卷積核, 步長為 1
    Conv2D(16,kernel_size=5,strides=1,padding='same',activation='relu'),
    # 池化層大小 2x2, 步長 2
    MaxPooling2D(pool_size=2,strides=2),
    # 打平層，方便全連接層處理
    Flatten(),
    # 全連接層，120 個節點, 激勵函數為 relu
    Dense(120, activation='relu'),
    # 全連接層，84 個節點, 激勵函數為 relu
    Dense(84, activation='relu'),
    # 全連接層(輸出)，10 個節點, 最後以機率方式呈現
    Dense(10,activation='softmax')
])
# 指定輸入數據維度
LeNet5Model.build(input_shape=(None, 28, 28, 1))
# 顯示參數量
print(LeNet5Model.summary())
```

LeNet-5 網路說明：

(1) 輸入：32 × 32 的灰度圖像，也就是只有一個通道。

(2) 第一層：為 6 個大小為 5 × 5 的卷積核，步長為 1。因此，到這裡的輸出變成了 28 × 28 × 6 (註：28 = 32 – 5 + 1)。

(3) 第二層：2 × 2 大小的池化層，使用的是 MaxPooling，步長為 2。那麼這一層的輸出就是 14 × 14 × 6 (注：池化並不會改變特徵圖的數目)。

(4) 第三層：為 16 個大小為 5 × 5 的卷積核，步長為 1。這邊有一個地方是特別要說明的，在這篇論文中有特別說明，這一層的 16 個卷積核中並不是每一個卷積核都對前面的 6 個特徵圖做掃描的動作，而是有指定性的 (如下表)，這麼做的原因是打破圖像的對稱性，並減少連接的數量。如果不這樣做的話，前一層的特徵圖大小是 14 × 14，一個核大小是 5 × 5，輸入 6 個通道，輸出 16 個，輸出大小為 10 × 10，所以是 10 × 10 × 5 × 5 × 6 × 16 = 240000 個連接。但實際上只有 151600 連接。訓練參數的數量從 2400 變成了 1516 個。

1516 個參數算法為 6 × (3 × 5 × 5 + 1) + 6 × (4 × 5 × 5 + 1) + 3 × (4 × 5 × 5 + 1) + 1 × (6 × 5 × 5 + 1) = 1516

	0	1	2	3	4	5	6	7	8	9	10	11	12	13	14	15
0	X				X	X	X			X	X	X		X	X	X
1	X	X				X	X	X			X	X	X	X		X
2	X	X	X				X	X	X			X		X	X	X
3		X	X	X			X	X	X	X			X		X	X
4			X	X	X			X	X	X	X		X	X		X
5				X	X	X			X	X	X	X		X	X	X

TABLE I

EACH COLUMN INDICATES WHICH FEATURE MAP IN S2 ARE COMBINED
BY THE UNITS IN A PARTICULAR FEATURE MAP OF C3.

(5) 第四層：和第二層一樣，2×2 大小的池化層，使用的是 MaxPooling，步長為 2。

(6) 第五層：全連接層，共 120 神經元。

(7) 第六層：全連接層，共 84 神經元。

(8) 第七層：輸出層，10 個神經元，因為數字識別是 0-9。

程式輸出

```
Model: "sequential"
_____
Layer (type)                 Output Shape              Param #
=================================================================
conv2d (Conv2D)              (None, 28, 28, 6)         156
_____
max_pooling2d (MaxPooling2D) (None, 14, 14, 6)         0
_____
conv2d_1 (Conv2D)            (None, 14, 14, 16)        2416
_____
max_pooling2d_1 (MaxPooling2 (None, 7, 7, 16)          0
_____
flatten (Flatten)            (None, 784)               0
_____
dense (Dense)                (None, 120)               94200
_____
dense_1 (Dense)              (None, 84)                10164
_____
dense_2 (Dense)              (None, 10)                850
=================================================================
Total params: 107,786
Trainable params: 107,786
Non-trainable params: 0
_____
None
```

這邊可以跟程式範例 ch07_01 全連接神經網路比較會發現計算參數少很多。

3. 設定優化器與編譯模型：

程式範例　│　**ch07_17 (part 4)**

```
# 設定優化器
optimizer = tf.keras.optimizers.SGD(learning_rate=0.01)
# 配置模型  # label 為數字編碼
LeNet5Model.compile(optimizer=optimizer,
                    loss='sparse_categorical_crossentropy',  # 指定損失函數
                    metrics=['accuracy'])
```

由於最後的輸出結果是機率值，因此這邊的損失函數採用 sparse_categorical_
crossentropy() 函數。

4. 訓練模型並追蹤正確率與損失值：

程式範例　│　**ch07_17 (part 5)**

```
# 訓練模型
hist = LeNet5Model.fit(db,epochs=5, validation_data=db_test)

val_acc = hist.history['val_accuracy']
acc = hist.history['accuracy']
val_loss = hist.history['val_loss']
loss = hist.history['loss']

plt.plot(np.arange(len(val_loss)),val_loss,label='val_loss')
plt.plot(np.arange(len(loss)),loss,label='loss')
plt.ylim(0.1,0.8)
plt.xlabel('EPOCHS')
plt.ylabel('LOSS')
plt.legend()
plt.grid()
plt.show()
plt.plot(np.arange(len(val_acc)),val_acc,label='val_acc')
plt.plot(np.arange(len(acc)),acc,label='acc')
plt.ylim(0.1,1.0)
plt.xlabel('EPOCHS')
plt.ylabel('ACC')
plt.legend()
plt.grid()
plt.show()
```

程式輸出

```
Epoch 4/5
1875/1875 [==============================] - 8s 4ms/step -
 loss: 0.0742 - accuracy: 0.9764 - val_loss: 0.0600 -
 val_accuracy: 0.9806
Epoch 5/5
1875/1875 [==============================] - 9s 4ms/step -
 loss: 0.0628 - accuracy: 0.9794 - val_loss: 0.0512 -
 val_accuracy: 0.9821
```

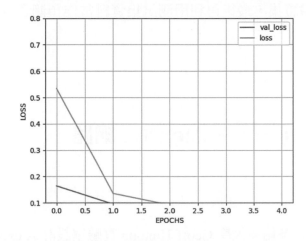

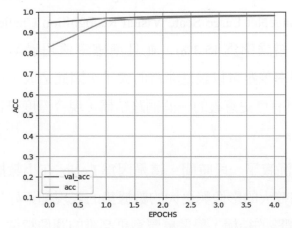

這邊可以看到，當經過 5 輪疊代之後，模型的準確率達到 98.07%，這結果在當時已經是相當不錯的成績。在程式範例 ch07_16 是對 LeNet-5 卷積神經網絡進行實現，網路一共包含 7 層，但這邊特別要說明的是本範例與最初 Yann LeCun 論文中描述的 LeNet-5 在結構上是一致的，不過，現代版的 LeNet-5 網路大多使用 ReLU 激活函數作為中間層的激活函數 (不是使用 Sigmoid 函數或 tanh 函數) 並用 Softmax 函數在輸出層以機率值輸出，另外在池化層現代更多用最大池化，而不是論文所提的平均池化。

此外，在訓練過程中在本範例中最後把測試資料當作驗證集使用，讀者也可以試試從訓練集中切出一部份資料當作驗證集，最後再利用測試集資料當作預測資料來計算正確率。

7-6 常見卷積神經網路 (一) － AlexNet 網路

● 7-6-1　AlexNet 論文分析

Alex Krizhevsky、Ilya Sutskever 在多倫多大學 Geoff Hintong 實驗室設計 AlexNet 卷積神經網路 [2]，並於 2012 在 ImageNet Large Scale Visual Recognition Challenge (ILSVRC) 競賽中奪得了冠軍 (Top-5 錯誤率為 15.3%)，並且準確率遠超過第二名 (Top-5 錯誤率為 26.2%)，這兩個錯誤率差距可以說是非常的大了，因此造成了很大的轟動，AlexNet 網路可以說是非常具有歷史意義的一個網路結構，現今深度學習的許多技巧在此篇著作中還是可以看到。

在 AlexNet 出現之前，深度學習沉寂了一段時間。這是因為 LeNet 在小數據集上雖然可以取得不錯的成績，但是在較大的影像與更大的數據集的表現卻不好。而 AlexNet 是在 LeNet 的基礎上加深了網路的結構，學習更豐富更高維的圖像特徵。因此 AlexNet 的出現，可以說是時代的分水嶺，正式開啟了 CNN 的時代。

AlexNet 模型之所以能夠成功，主要是以下幾個特點：

1. **採用 ReLU(Rectified Linear Units) 作爲非線性激活函數：**

   在本書 5.2 節中提到，傳統的神經網絡普遍使用 Sigmoid 或者 tanh 等非線性函數作爲激活函數，但是當神經網路層數設計較深的情況下，訓練模型時容易出現『梯度消失 (Vanishing gradient)』或『梯度飽和 (Saturation gradient)』的情況。爲了解決此問題，AlexNet 中引入了 ReLU 作爲激活函數，其公式爲

   $$ReLU(x) = max(0,x)$$

   使用 ReLU 替代 Sigmoid 或 tanh，由於 ReLU 計算速度快 (沒有複雜指數運算)，且導數始終爲 1 或者 0，使得計算量大大減少，收斂速度會比 Sigmoid/tanh 快很多，在 Alex Krizhevsky 2012[2] 年提出的論文 "ImageNet Classification with Deep Convolutional Neural Networks" 有說明使用 ReLU 激活函數與 tanh 激活函數對於訓練誤差收斂速度對比，如圖 7-21 所示。

   此外，Relu 會使一部分神經元的輸出爲 0，這樣就造成了網絡的稀疏性，並且減少了參數的相互依存關係，也緩解了過擬合問題的發生。

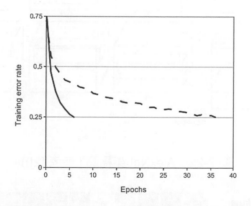

圖 7-21　對於 CIFAR10 數據集使用 ReLU 激活函數 (實現) 與
tanh 激活函數 (虛線) 訓練誤差收斂速度對比 ([2])

2. **使用多種防止過擬合的方法：**Dropout、資料增強 (或資料擴充)(Data augmentation)：方法可以參照本書 6-5 節與 6-7 節。

   此外，在此論文中作者也提出在 AlexNet 網路中計算的池化 (Pooling) 區域的窗口可重疊的，一般計算池化 (Pooling) 區域是不重疊的 (也就是池化區域的窗口大小與步長相同)，論文中說明池化重疊可以避免過擬合，這個策略的提出減少了 0.3% 的 Top-5 錯誤率。

3. **其它地方：Local Response Normalization(LRN)** 區域歸一化層的使用與多 **GPU** 訓練。

作者在論文內有說明，當輸入 x 值很大時，ReLU 函數仍然可以有效的學習 (ReLU 的響應結果是無界的)，但是他們發現即使這樣，如果事先對數據進行正規化這對於學習來說還是有幫助的。論文中使用 LRN 來訓練網絡，在 ImageNet 上 top-1 和 top-5 的錯誤率分別下降了 1.4%、1.2%。

不過 LRN 這個方法後來在 ResNet(Residual network) 中被認為這個概念對於提升準確度的幫助其實有限，現在已經很少看到模型的文章引用這個概念了。

● 7-6-2　AlexNet 架構實踐

AlexNet 的網路架構有八層，共使用五個卷積層、三個全連接層，相較於 LeNet 模型更深，圖 7-22 為 AlexNet 的網路架構。

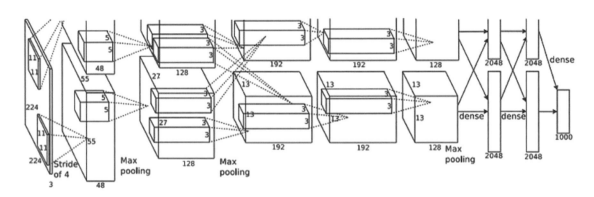

圖 7-22　AlexNet 架構圖 (參考 [2]))

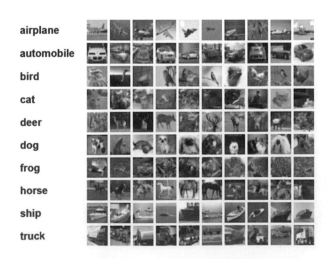

圖 7-23　CIFAR-10 數據集

在本範例中，我們將使用 AlexNet 卷積網路來實戰 CIFAR-10 數據集。首先我們先介紹 CIFAR-10 數據集。

CIFAR-10 是一個比較接近真實世界的彩色圖像數據集。這個數據集是由 Hinton 的學生 Alex Krizhevsky 和 Ilya Sutskever 整理的一個用於識別常見物體的小型數據集。內容包含了 10 種類別，如圖 7-23 的 RGB 彩色圖片：飛機 (airplane)、汽車 (automobile)、鳥類 (bird)、貓 (cat)、鹿 (deer)、狗 (dog)、蛙類 (frog)、馬 (horse)、船 (ship) 和卡車 (truck)。每個圖片的尺寸為 32×32，每個類別有 6000 個圖像，數據集中一共有 50000 張訓練圖片和 10000 張測試圖片。

1. 下載資料集

程式範例	ch07_18 (part 1)

```
from tensorflow.keras.datasets import cifar10
# 載入 cifar10 資料集 50000張訓練資料，10000張測試資料, 每張大小為 32x32,3通道
(train_Data, train_Label), (test_Data, test_Label) = cifar10.load_data()
print("train_Data.shape",train_Data.shape)
print("train_Label.shape",train_Label.shape)
print("test_Data.shape",test_Data.shape)
print("test_Label.shape",test_Label.shape)
```

程式輸出

```
train_Data.shape (50000, 32, 32, 3)
train_Label.shape (50000, 1)
test_Data.shape (10000, 32, 32, 3)
test_Label.shape (10000, 1)
```

下載完後會在 C:\Users\JackyChuang\.keras\datasets\cifar-10-batches-py 路徑下看到以下檔案。(JackyChuang 是筆者的電腦名稱)

batches.meta	2009/3/31 下午 12:45	META 檔案	1 KB
data_batch_1	2009/3/31 下午 12:32	檔案	30,309 KB
data_batch_2	2009/3/31 下午 12:32	檔案	30,308 KB
data_batch_3	2009/3/31 下午 12:32	檔案	30,309 KB
data_batch_4	2009/3/31 下午 12:32	檔案	30,309 KB
data_batch_5	2009/3/31 下午 12:32	檔案	30,309 KB
readme.html	2009/6/5 上午 04:47	Microsoft Edge HT...	1 KB
test_batch	2009/3/31 下午 12:32	檔案	30,309 KB

2. 數據分割

默認情況下，CIFAR 數據集分為 50000 個訓練資料和 10000 個測試資料。在本範例中把數據集的前面 5000 筆圖片當作是驗證數據。

程式範例 | **ch07_18 (part 2)**

```python
# 資料切割, 訓練資料的前面 5000 筆當作是驗證集, 剩下的為測試集
validation_data, validation_label = train_Data[:5000],train_Label[:5000]
train_Data,train_Label= train_Data[5000:],train_Label[5000:]
# 印出訓練資料與驗證資料大小
print("train_Data.shape",train_Data.shape)
print("validation_data.shape",validation_data.shape)
```

程式輸出

```
train_Data.shape (45000, 32, 32, 3)
validation_data.shape (5000, 32, 32, 3)
```

---

3. 資料合成與顯示資料及影像

程式範例 | **ch07_18 (part 3)**

```python
import matplotlib.pyplot as plt
CLASS_NAME=["airplane","automobile","bird","cat","deer",
            "dog","frog","horse","ship","truck"]
train_ds = tf.data.Dataset.from_tensor_slices((train_Data,
                                                train_Label))
test_ds = tf.data.Dataset.from_tensor_slices((test_Data, test_Label))
validation_ds = tf.data.Dataset.from_tensor_slices((validation_data,
                                                validation_label))

plt.figure(figsize=(5,5))
# 顯示前九張資料影像
for i,(image,label) in enumerate(train_ds.take(9)):
    ax = plt.subplot(3,3,1+i)
    plt.imshow(image)
    plt.title(CLASS_NAME[label.numpy()[0]])
    plt.axis('off')
plt.show()
```

在範例中我們將 CIFAR-10 圖像的影像可視化，但由於原本影像尺寸較小 (32×32)，因此可視化後顯示會有點模糊。

4. 資料預處理：資料大小轉換與標準化

由於 AlexNet 的輸入影像大小為 227×227，因此在程式中必須對影像大小進行轉換動，此外，在資料傳入網路之前，這邊先對圖像進行標準化的前處理。

程式範例	ch07_18 (part 4)

```
batch_size = 360
train_ds = train_ds.map(preprocess).shuffle(1000).batch(batch_size=batch_size)
# 驗證集與測試集資料不用打散
validation_ds = validation_ds.map(preprocess).batch(batch_size=batch_size)
test_ds = test_ds.map(preprocess).batch(batch_size=batch_size)
```

5. 網路設計

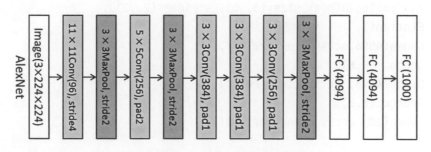

圖 7-24 AlexNet 網路架構

這邊我們將論文中的網路架構圖，將圖 7-22 改成圖 7-24 較直觀的方式，在圖中我們將網路每層的卷積核個數、大小、步長、池化層窗口大小等相關參數列出，以幫助接下來的模型設計。

網路建構程式代碼如下：

程式範例　｜　ch07_18 (part 5)

```python
model = Sequential([
    # 第一層　卷積層 + BN 層 + 最大池化層
    Conv2D(filters=96,kernel_size=(11,11),strides=(4,4),
            activation='relu',input_shape=(227,227,3)),

    BatchNormalization(),
    MaxPooling2D(pool_size=(3,3),strides=(2,2)),
    # 第二層　卷積層 + BN 層 + 最大池化層
    Conv2D(filters=256, kernel_size=(5,5), strides=(1,1),
            activation='relu',padding='same'),
    BatchNormalization(),
    MaxPooling2D(pool_size=(3, 3), strides=(2, 2)),
    # 第三層　卷積層 + BN 層
    Conv2D(filters=384, kernel_size=(3, 3), strides=(1, 1),
            activation='relu', padding='same'),
    BatchNormalization(),
    # 第四層　卷積層 + BN 層
    Conv2D(filters=384, kernel_size=(3, 3), strides=(1, 1),
            activation='relu', padding='same'),
    BatchNormalization(),
    # 第五層　卷積層 + BN 層 + 最大池化層
    Conv2D(filters=256, kernel_size=(3, 3), strides=(1, 1),
            activation='relu', padding='same'),
    BatchNormalization(),
    MaxPooling2D(pool_size=(3, 3), strides=(2, 2)),
    Flatten(),      # 展開層
    Dense(4096,activation='relu'),
    Dropout(0.5),
    Dense(4096, activation='relu'),
    Dropout(0.5),
    Dense(10, activation='softmax')
])
model.summary()
```

程式輸出

```
Model: "sequential"
_____
Layer (type)                 Output Shape              Param #
=================================================================
conv2d (Conv2D)              (None, 55, 55, 96)        34944

batch_normalization (BatchNo (None, 55, 55, 96)        384

max_pooling2d (MaxPooling2D) (None, 27, 27, 96)        0

conv2d_1 (Conv2D)            (None, 27, 27, 256)       614656

batch_normalization_1 (Batch (None, 27, 27, 256)       1024

max_pooling2d_1 (MaxPooling2 (None, 13, 13, 256)       0

conv2d_2 (Conv2D)            (None, 13, 13, 384)       885120

batch_normalization_2 (Batch (None, 13, 13, 384)       1536

conv2d_3 (Conv2D)            (None, 13, 13, 384)       1327488

batch_normalization_3 (Batch (None, 13, 13, 384)       1536

conv2d_4 (Conv2D)            (None, 13, 13, 256)       884992

batch_normalization_4 (Batch (None, 13, 13, 256)       1024

max_pooling2d_2 (MaxPooling2 (None, 6, 6, 256)         0

flatten (Flatten)            (None, 9216)              0

dense (Dense)                (None, 4096)              37752832

dropout (Dropout)            (None, 4096)              0

dense_1 (Dense)              (None, 4096)              16781312

dropout_1 (Dropout)          (None, 4096)              0

dense_2 (Dense)              (None, 10)                40970
=================================================================
Total params: 58,327,818
Trainable params: 58,325,066
Non-trainable params: 2,752
```

在網路編譯之前，我們還可以通過運行 model.summary() 函數提供網路摘要，以便更深入地了解網絡的層組成。

6. 編譯與訓練網路

程式範例	ch07_18 (part 6)

```
# 編譯與訓練網路
model.compile(optimizer= 'adam',loss='sparse_categorical_crossentropy',
             metrics=['accuracy'])
History = model.fit(train_ds,epochs=30,validation_data=validation_ds,
                    validation_freq=1)
```

程式輸出 (這邊只截取出最後 2 個週期結果)

```
Epoch 29/30
125/125 [==============================] - 37s 290ms/step - loss: 0.3016 -
 accuracy: 0.9023 - val_loss: 0.8974 - val_accuracy: 0.7310
Epoch 30/30
125/125 [==============================] - 36s 287ms/step - loss: 0.2808 -
 accuracy: 0.9125 - val_loss: 0.9704 - val_accuracy: 0.7196
```

在這次的模型訓練中總共訓練了 30 個週期，從訓練結果發現訓練集的的正確率約為 91.25%，驗證集的正確率為 71.96%。

此外，在程式中也可以將整個訓練週期的正確率與損失值印出，如下結果所示。

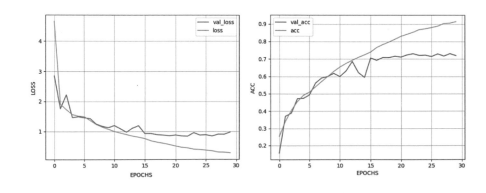

7. 評估測試集

程式範例 | **ch07_18 (part 7)**

```
# 評估網路
score = model.evaluate(test_ds,verbose=0)
print("Test loss :",score[0])
print("Test accuracy :",score[1])
```

程式輸出

```
Test loss : 0.9886359572410583
Test accuracy : 0.7118999995803833
```

當我們用測試集來評估所訓練的模型時，會發現正確率約只有 71.19%，其原因是因爲筆者所訓練的周期數只有 30 次，讀者如果有興趣可以把訓練週期次數提升，則會發現最後的結果會比現在好很多。

7-7 常見卷積神經網路 (二) – VGG 網路

7-7-1 VGG 網路介紹

2014 年，牛津大學科學工程學系 Visual Geometry Group 提出了另一種深度卷積網路 VGG-Net[3]，該網路取得了 ILSVRC2014 比賽 Classification Task(分類項目) 的第二名 (第一名是 GoogLeNet，也是同年提出的) 和 Localization Task(定位項目) 的第一名。

VGG 網路的創新之處在於：

(1) 卷積核大小 (kernel size) 統一爲 3×3，主要是利用較小的卷積核 (3×3) 來替代較大的卷積核 (相對於 AlexNet 中的 5×5 卷積核)，此方法可以在感受野相同的情況下 (例如兩個 3×3 堆疊的卷積核感受野相當於一個 5×5 卷積核的感受野，如圖 7-25 所示來增加網路深度並且保證學習更複雜的模式，此外也可以減少參數量，使網路的計算量減低。

(2) 採用更小的池化核。相比 AlexNet 的 3×3 的池化核，VGG 全部為 2×2 的池化核。

(3) 特徵通道變多：VGG 網絡第一層的通道數為 64，然後在每個最大池化層之後增加 2 倍，最後達到 512 個通道，通道數的增加，使得更多的訊息可以被提取出來。

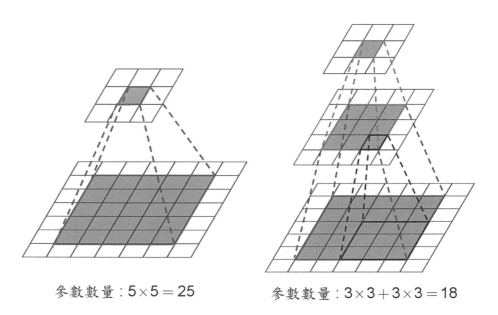

參數數量：5×5＝25　　參數數量：3×3＋3×3＝18

圖 7-25　5×5 卷積 vs 堆疊兩層 3×3× 卷積

　　在論文中，作者呈現了 A、A-LRN、B、C、D、E 六個模型結構，如表 7-1 所示，在六種結構中卷積核大小相同，每次增加的數量也相同，但層數在增加。模型 E 就是 VGG19。從 A 到 E，主要是展現不同深度模型的不同效果。

表 7-1 VGG 六種不同的網路架構表 (參考 [3])

ConvNet Configuration					
A	A-LRN	B	C	D	E
11 weight layers	11 weight layers	13 weight layers	16 weight layers	16 weight layers	19 weight layers
Input (224×224 RGB image)					
conv3-64	conv3-64 LRN	conv3-64 conv3-64	conv3-64 conv3-64	conv3-64 conv3-64	conv3-64 conv3-64
maxpool					
conv3-128	conv3-128	conv3-128 conv3-128	conv3-128 conv3-128	conv3-128 conv3-128	conv3-128 conv3-128
maxpool					
conv3-256 conv3-256	conv3-256 conv3-256	conv3-256 conv3-256	conv3-256 conv3-256 conv1-256	conv3-256 conv3-256 conv3-256	conv3-256 conv3-256 conv3-256 conv3-256
maxpool					
conv3-512 conv3-512	conv3-512 conv3-512	conv3-512 conv3-512	conv3-512 conv3-512 conv3-512	conv3-512 conv3-512 conv3-512	conv3-512 conv3-512 conv3-512 conv3-512
maxpool					
conv3-512 conv3-512	conv3-512 conv3-512	conv3-512 conv3-512	conv3-512 conv3-512 conv3-512	conv3-512 conv3-512 conv3-512	conv3-512 conv3-512 conv3-512 conv3-512
maxpool					
FC-4096					
FC-4096					
FC-1000					
soft-max					

VGG 網路相比 AlexNet 層數多了很多 (最高到 19 層，如表 7-1)，但是其結構卻簡單不少。最具代表性的為 VGG16 與 VGG19，其整體模型結構整理如下：

(1) VGG 的輸入為 224×224×3。

(2) 在網路使用相同的卷積核 (3×3) 做連續卷積，卷積的固定步長為 1，並在圖像的邊緣填充 1 個像素，目的是希望卷積運算後能讓圖像的解析度不變。

(3) 連續的卷積層後接著一個池化層，主要是降低圖像的解析度。空間池化由五個最大池化層進行，每個池化的窗口是 2×2 且步長為 2。

(4) 卷積層後，接著的是 3 個全連接層，前兩個每個都有 4096 個通道，第三是輸出層輸出 1000 個分類。

在本節中我們將以最著名的 VGG16 網路模型來辨識貓狗數據集並撰寫其程式碼，其 VGG16 網路架構如下圖 7-26：

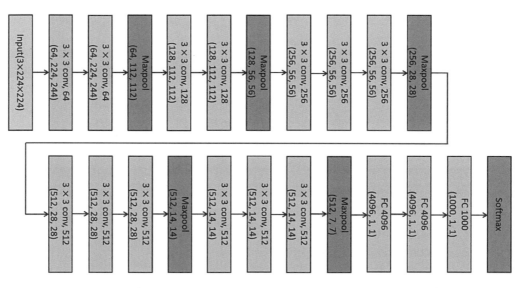

圖 7-26　VGG16 架構圖

1. 載入資料：

在本範例中，我們主要是建立 VGG16 卷積神經網路來識別輸入影像是貓還是狗，而訓練的數據集來自於 kaggle 上的一個競賽：Dogs vs. Cats。其內容包含了訓練集和測試集，訓練集中貓和狗的圖片數量都是 12500 張且按照順序排列，而測試集中貓和狗混合排列圖片一共 12500 張。讀者可以到下面網址下載 (https://www.kaggle.com/c/dogs-vs-cats-redux-kernels-edition)。

下載完後，可以將數據資料放在目前工作路徑底下，貓與狗數據資料分開。

數據集介紹：

(1) 訓練集有 25000 張圖片，貓狗各佔一半。

(2) 測試集有 12500 張，貓狗各佔一半。(本範例中貓狗各拿 500 張來測試)

程式範例　　|　ch07_19 (part 1)

```python
from tensorflow.keras.preprocessing.image import ImageDataGenerator
# 數據讀取
TrainDataGenerator = ImageDataGenerator()
traindata = TrainDataGenerator.flow_from_directory(
                    directory="Cats&Dogs/train",target_size=(224,224))
TestDataGenerator = ImageDataGenerator()
testdata = TestDataGenerator.flow_from_directory(
                    directory="Cats&Dogs/test", target_size=(224,224))
```

2. 模型建立

> **程式範例** | **ch07_19 (part 2)**

```
model = Sequential([
    # 第一組：兩個 3*3*64 卷積核 + 一個最大池化層
    Conv2D(input_shape=(224,224,3),filters=64,kernel_size=(3,3),padding="same"
            activation="relu"),
    Conv2D(filters=64,kernel_size=(3,3),padding="same", activation="relu"),
    MaxPool2D(pool_size=(2,2),strides=(2,2)),
    # 第二組：兩個3*3*128卷積核 + 一個最大池化層
    Conv2D(filters=128, kernel_size=(3,3), padding="same", activation="relu"),
    Conv2D(filters=128, kernel_size=(3,3), padding="same", activation="relu"),
    MaxPool2D(pool_size=(2,2),strides=(2,2)),
    # 第三組：三個3*3*56卷積核 + 一個最大池化層
    Conv2D(filters=256, kernel_size=(3,3), padding="same", activation="relu"),
    Conv2D(filters=256, kernel_size=(3,3), padding="same", activation="relu"),
    Conv2D(filters=256, kernel_size=(3,3), padding="same", activation="relu"),
    MaxPool2D(pool_size=(2,2),strides=(2,2)),
    # 第四組：三個3*3*512卷積核 + 一個最大池化層
    Conv2D(filters=512, kernel_size=(3,3), padding="same", activation="relu"),
    Conv2D(filters=512, kernel_size=(3,3), padding="same", activation="relu"),
    Conv2D(filters=512, kernel_size=(3,3), padding="same", activation="relu"),
    MaxPool2D(pool_size=(2,2),strides=(2,2)),
    # 第五組：三個3*3*512卷積核 + 一個最大池化層
    Conv2D(filters=512, kernel_size=(3,3), padding="same", activation="relu"),
    Conv2D(filters=512, kernel_size=(3,3), padding="same", activation="relu"),
    Conv2D(filters=512, kernel_size=(3,3), padding="same", activation="relu"),
    MaxPool2D(pool_size=(2,2),strides=(2,2)),

    # 三個全連接層Dense，最後一層用於預測分類。
    Flatten(),
    Dense(units=4096,activation="relu"),
    Dense(units=4096,activation="relu"),
    Dense(units=2, activation="softmax")
])
model.summary()
```

程式輸出

```
Model: "sequential"

_____
 Layer (type)                Output Shape              Param #
=================================================================
 conv2d (Conv2D)             (None, 224, 224, 64)      1792
_____
 conv2d_1 (Conv2D)           (None, 224, 224, 64)      36928
_____
 max_pooling2d (MaxPooling2D) (None, 112, 112, 64)     0
_____
 conv2d_2 (Conv2D)           (None, 112, 112, 128)     73856
_____
 conv2d_3 (Conv2D)           (None, 112, 112, 128)     147584
_____
 max_pooling2d_1 (MaxPooling2 (None, 56, 56, 128)      0
_____
 conv2d_4 (Conv2D)           (None, 56, 56, 256)       295168
_____
 conv2d_5 (Conv2D)           (None, 56, 56, 256)       590080
_____
 conv2d_6 (Conv2D)           (None, 56, 56, 256)       590080
_____
 max_pooling2d_2 (MaxPooling2 (None, 28, 28, 256)      0
_____
 conv2d_7 (Conv2D)           (None, 28, 28, 512)       1180160
_____
 conv2d_8 (Conv2D)           (None, 28, 28, 512)       2359808
_____
 conv2d_9 (Conv2D)           (None, 28, 28, 512)       2359808
_____
 max_pooling2d_3 (MaxPooling2 (None, 14, 14, 512)      0
```

第一卷積層

第二卷積層

第三卷積層

第四卷積層

```
conv2d_10 (Conv2D)           (None, 14, 14, 512)      2359808  ⎫
                                                               ⎪
conv2d_11 (Conv2D)           (None, 14, 14, 512)      2359808  ⎬  第五卷積層
                                                               ⎪
conv2d_12 (Conv2D)           (None, 14, 14, 512)      2359808  ⎭

max_pooling2d_4 (MaxPooling2 (None, 7, 7, 512)        0

flatten (Flatten)            (None, 25088)            0

dense (Dense)                (None, 4096)             102764544

dense_1 (Dense)              (None, 4096)             16781312

dense_2 (Dense)              (None, 2)                8194
=================================================================
Total params: 134,268,738
Trainable params: 134,268,738
Non-trainable params: 0
```

3. 編譯模型：

程式範例 | ch07_19 (part 3)

```python
# 編譯模型，定義模型優化器，使用分類交叉熵損失
from tensorflow.keras.optimizers import Adam
model.compile(optimizer=Adam(lr=0.00001),
              loss='sparse_categorical_crossentropy', metrics=['accuracy'])
```

4. 設定模型儲存條件與提早停止訓練條件

程式範例 | ch07_19 (part 4)

```python
# 設定監控方法與條件
from tensorflow.keras.callbacks import ModelCheckpoint, EarlyStopping
# 模型儲存名稱為 vgg16.h5, 監控的評估參數為 val_accuracy
checkpoint = ModelCheckpoint("vgg16.h5", monitor='val_accuracy', verbose=1,
                      save_best_only=True,save_weights_only=False,
                      mode='auto', period=1)
earlystop = EarlyStopping(monitor='val_accuracy', min_delta=0,
                      patience=20, verbose=1, mode='auto')
```

ModelCheckpoint() 函數說明：由於模型訓練的過程非常耗時，有時可能訓練一半因爲其他因素導致訓練失敗，因此我們可以利用這個 Callback 函式來對每一個檢查點 (Checkpoint) 存檔，以便下次執行可以從中斷點繼續訓練。

> keras.callbacks.ModelCheckpoint(filepath, monitor="val_loss", verbose=0, save_best_only=False, save_weights_only=False, mode='auto', period=1)

參數說明：

(1) filepath：字串型態，保存模型的路徑。

(2) monitor：監控模型訓練的指標。

(3) verbose：顯示信息詳細程度 (0 或 1(checkpoint 的保存信息，類似 Epoch 00001: saving model to ...)) 。

(4) save_best_only：當設置爲 True 時，監測值有改進時才會保存當前的模型。

(5) save_weights_only：若設置爲 True，則只保存模型權重，否則將保存整個模型 (包括模型結構，配置信息等)。

(6) mode："auto"，"min"，"max" 之一，在 save_best_only=True 時決定性能最佳模型的評判準則，例如，當監測值爲 val_acc 時，模式應爲 max，當監測值爲 val_loss 時，模式應爲 min。在 auto 模式下，評價準則由被監測值的名字自動推斷。

(7) period：CheckPoint 之間的間隔的 epoch 數。

5. 開始訓練：

由於貓和狗資料集檔案比較大而且多，因此這邊我們採取的作法是不將全部資料全部載入進記憶體，而是用生成器自己一點點讀取。這樣可以大大的提高的執行效率，因此這邊採用 fit_generator() 函數作爲訓練函數。

程式範例　│　ch07_19 (part 5)

```
# 訓練模型並呼叫回調函數
history = model.fit_generator(steps_per_epoch=100,generator=traindata,
                              validation_data= testdata,
                              validation_steps=10,epochs=50,
                              callbacks=[checkpoint,earlystop])
```

程式輸出

```
Epoch 4/50
100/100 [==============================] - 831s 8s/step - loss: 0.5873 -
 accuracy: 0.6926 - val_loss: 0.5185 - val_accuracy: 0.7719

Epoch 00004: val_accuracy improved from 0.68437 to 0.77188, saving model to
 vgg16.h5
Epoch 5/50
100/100 [==============================] - 813s 8s/step - loss: 0.5757 -
 accuracy: 0.7054 - val_loss: 0.5087 - val_accuracy: 0.7406

Epoch 00005: val_accuracy did not improve from 0.77188
Epoch 6/50
100/100 [==============================] - 837s 8s/step - loss: 0.5647 -
 accuracy: 0.7044 - val_loss: 0.5513 - val_accuracy: 0.7219
```

這邊擷取輸出的片段，在上述輸出結果中可以發現，當正確率有所提升時才
會對模型做儲存的動作 (如虛線框框標出處)，因此所儲存的紀錄會是在訓練
過程中的最優狀態。

最後我們將程式執行到最後的結果擷取出，發現該模型的正確率約為 96%。

```
Epoch 50/50
100/100 [==============================] - 841s 8s/step - loss: 0.1112 -
accuracy: 0.9613 - val_loss: 0.1148 - val_accuracy: 0.9594
Epoch 00050: val_accuracy did not improve from 0.95938
```

fit_generator() 函數說明：此函數使用 Python 生成器 (或 Sequence 例項) 來逐
批生成資料，並按批次訓練模型。

```
fit_generator(generator, steps_per_epoch=None, epochs=1, verbose=1,
callbacks=None, validation_data=None, validation_steps=None,
validation_freq=1, class_weight=None, max_queue_size=10, workers=1,
use_multiprocessing=False, shuffle=True, initial_epoch=0)
```

參數說明：

(1) generator：一個生成器函數。此函數的輸出資料型態應爲 (inputs,targets) 的 tuple 或是 (inputs,targets,sample_weight) 的 tuple。生成器每產生一次輸出就組成一個 batch。

注意：steps_per_epoch=len(train_size)/batch_size

(2) steps_per_epochs：是指在每個 epoch 中生成器執行生成資料的次數，若設定 steps_per_epochs = 100, 這情況如下圖所示；

```
88/100 [=========================>....] - ETA: 1:42 - loss: 0.5453 - accuracy: 0.7234
```

(3) epochs：指訓練過程中需要疊代的次數

(4) verbose：預設值爲 1，是指在訓練過程中紀錄檔的顯示模式，取 0 時表示「安靜模式」，取 1 時表示「進度條模式」，取 2 時表示「每輪一行」

(5) callbacks：keras.callbacks.Callback 實例的列表。在訓練時調用的一系列回調函數。

(6) validation_data：驗證數據的生成器

(7) validation_steps：只有在指定了 steps_per_epoch 時才有用。停止前要驗證的總步數 (批次樣本)。

(8) class_weight：此參數主要是將類索引 (整數) 映射到權重 (浮點) 值的字典，用於加權損失函數 (僅在訓練期間) 對於某類的多加重視。此參數可以讓代表性不足的類別樣本在訓練時加重權重。

(9) shuffle：布林值 (是否在每輪疊代之前打散數據)

(10) initial_epoch：整數。開始訓練的輪次 (有助於恢復之前的訓練)。

函數返回值：

models.fit_generator() 會返回一個 history 物件，其中 history.history 屬性記錄在訓練的過程中，連續 epoch 訓練損失和評估值，以及驗證集損失和評估值，這邊可以通過以下程式碼範例來取得這些值。

程式範例 │ ch07_19 (part 6)

```python
import matplotlib.pyplot as plt
plt.plot(history.history["accuracy"])
plt.plot(history.history['val_accuracy'])
plt.plot(history.history['loss'])
plt.plot(history.history['val_loss'])
plt.title("Model Accuracy")
plt.ylabel("Accuracy")
plt.xlabel("Epoch")
plt.legend(["Accuracy","Validation Accuracy","loss","Validation Loss"])
plt.show(block=True)
```

程式輸出

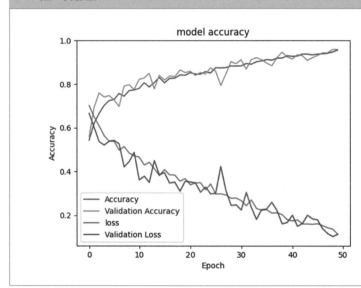

如果想看在 history 物件中到底收集了什麼數據，也可以用 print(history.history.keys()) 方式印出資料。

程式輸出

```
dict_keys(['loss', 'accuracy', 'val_loss', 'val_accuracy'])
```

比較 fit 與 fit_generator：

fit() 函式所傳入的 x_train 和 y_train 的訓練資料是被完整的載入進記憶體的，而 fit_generator 是使用 Python 生成器 (或 Sequence 例項) 逐批生成資料，按批次訓練模型。

6. 載入模型與資料預測

接下來我們利用訓練好的模型來測試載入的圖片是貓還是狗。首先可以先在網路上下載一張貓或狗的照片放入至目前工作目錄。

程式範例　│　ch07_20

```python
from tensorflow.keras.preprocessing import image
import numpy as np
import matplotlib.pyplot as plt
import os
from tensorflow.keras.models import load_model


os.environ['CUDA_VISIBLE_DEVICES'] = '/gpu:0'
# 載入影像後做一個尺度大小設定
img = image.load_img("cat001.jpg",target_size=(224,224))
img = np.asarray(img)
plt.imshow(img)
img = np.expand_dims(img, axis=0)
plt.show(block=True)
# 模型預測
output = saved_model.predict(img)
if output[0][0] > output[0][1]:
    print("cat")
else:
    print('dog')
```

程式輸出

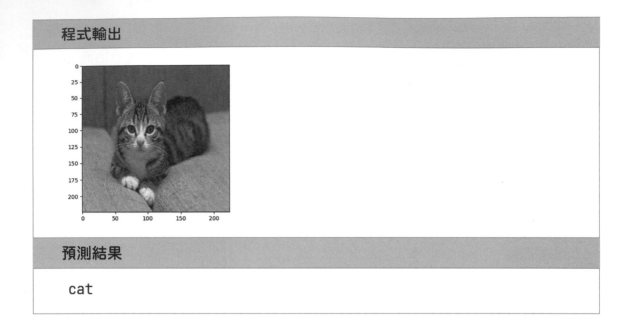

預測結果

cat

7-8　常見卷積神經網路 (三) － GoogLeNet 網路

GoogLeNet[4] 由谷歌公司於 2014 年提出 (那時候的 Inception Net 稱爲 V1 版本，在 7-8-1 小節中會仔細說明)，此網路在 ILSVRC14 挑戰賽中 ImageNet 數據集分類任務上取得 6.7% 的 Top-5 錯誤率，比 VGG16 在錯誤率上降低了 0.7%。GoogLeNet 與 VGG 網路的共同特點是網路的層次變得更深。VGG 網路在 7-7 節中已經詳細說明，而在這節中我們將敘述 GoogLeNet 理論與如何網路實作。

● 7-8-1　Inception 網路結構

在前幾節的介紹中大概對神經網路有了些概念，如果要提升網路性能最直接的辦法就是增加網路深度和寬度，但是如果無限制增加是否會帶來甚麼問題？

1. 網路參數太多，當遇到數據集的資料有限時，訓練後很容易讓模型產生過擬合情形。

2. 當網路越來越深，訓練模型計算梯度時容易出現梯度消失 (彌散) 問題，因此難以優化模型。

由於上述的兩點問題，許多學者開始研究如何在增加網路深度與寬度的同時也能減少參數。而 GoogLeNet 網路架構的主要思想就是增加網路『深度』與『寬度』。

1. 深度：GoogLeNet 網路層數更深，論文中採用了 22 層，為了避免上述提到的梯度消失問題，GoogLeNet 巧妙的在不同深度處增加了兩個輔助分類器 (參考圖 7-31(b)) 來解決梯度消失的問題。

2. 寬度：在網路中增加了多種卷積核，有 1×1，3×3，5×5，由於一定會用到池化計算，因此也直接並接 Max Pooling，但是如果直接將這些卷積核計算後的結果拼接 (concatenate) 如圖 7-27，那拼接起來的 feature map 厚度將會很大，所以在 GoogLeNet 中為了避免這一現象提出的 inception 結構，在 3×3、5×5 卷積核前，Max Pooling 後分別加上了 1×1 的卷積核來使 feature map 厚度降低。

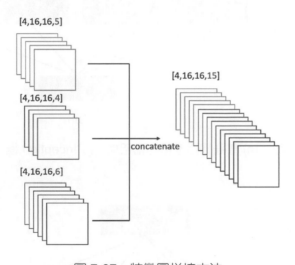

圖 7-27 特徵圖拼接方法

一、什麼是 Inception 網路結構？

在 GoogLeNet 提出 Inception 網路結構之前，我們可以看到網路的每一層只使用一種操作，例如只有卷積或者池化操作，如圖 7-28(a) 所示，而且這一層的卷積核也是固定大小的。但是在實際情況下，模型輸入的圖片大小可能會不同，因此圖片內的特徵大小也會不同，所以需要大小不同的卷積核，原因是因為不同大小的卷積核它們的感受野是不同的，此外，同時小卷積核更可提取更小目標的資訊。由於我們會希望在同一層中提供不同大小的卷積核對圖片進行運算 (找尋圖片適合的特徵大小)，所以 Inception 網路結構便產生了，如圖 7-28(b) 所示。一個 Inception 模組中並列提供多種大小的卷積核，網路在訓練的過程中通過參數調整去選擇使用，此外，這邊也把池化層並列加入至網路中。

在圖 7-28(b) 中提供了 Inception 的原始結構，但是這個結構存在一些問題，第一個問題就是參數太多且特徵圖厚度太大 (例如圖 7-27，特徵圖厚度為全部的特徵圖數目相加：5 + 4 + 6 = 15)。為了解決這個問題，作者在其中加入了 1×1 的卷積核，改進後的 Inception 結構如圖 7-29。

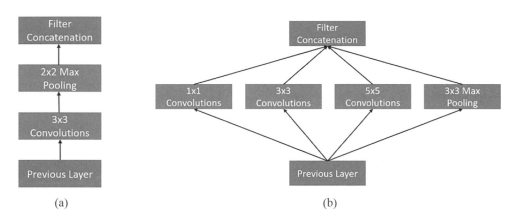

圖 7-28　(a) 普通網路卷積池化架構　(b)Inception 模組圖

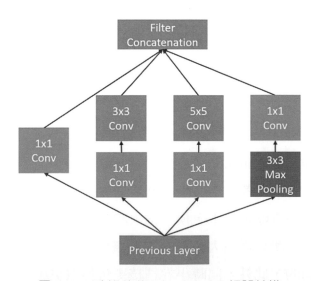

圖 7-29　改進後的 Inception V1 網路結構

二、使用 **1×1** 的卷積核的設計思路：

1. 可以增加非線性：1×1 卷積核的卷積運算與全連接層的計算過程相同，而且還加入了激勵函數來增加網路的非線性，使網路可以表達更複雜的特徵。

2. 特徵降維：通過卷積核的數量控制可以讓通道數大小自由放縮。其最大的好處在於可以減少參數和減少計算量，如圖 7-30。

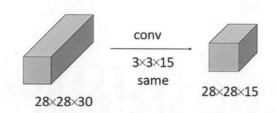

計算量：$28×28×30×3×3×15=3,175,200$

(a)

計算量：

$28×28×30×1×1×15+28×28×15×3×3×15=352,800+1,587,600=1,940,400$

(b)

圖 7-30　(a) 未引入 1×1 卷積 (b) 引入 1×1 卷積

從圖 7-30(a) 與 (b) 裡面的計算可以看出，當具有相同的輸入與相同的輸出，引入 1x1 卷積後的計算量大約減少了 0.6 倍左右。

● **7-8-2　GoogLeNet 網路結構**

GoogLeNet 的網路結構如圖 7-31 所示，其中實線框框中的網路結構即為圖 7-29 中 Inception 網路結構。

　　GoogLeNet 內部有 9 個堆疊的 Inception 模塊，總共有 22 層 (包括池化層的話是 27 層) 卷積層。比較要注意的是該模型在最後一個 inception 模塊處使用全局平均池化而不是最大池化。

　　GoogLeNet 和所有深層網路一樣，它也會遇到梯度消失問題。爲了阻止該網絡中間部分梯度的消失過程，作者引入了兩個輔助分類器 (圖 7-31(a) 的虛線框框處或 7-31(b)) 來緩解梯度消失問題。

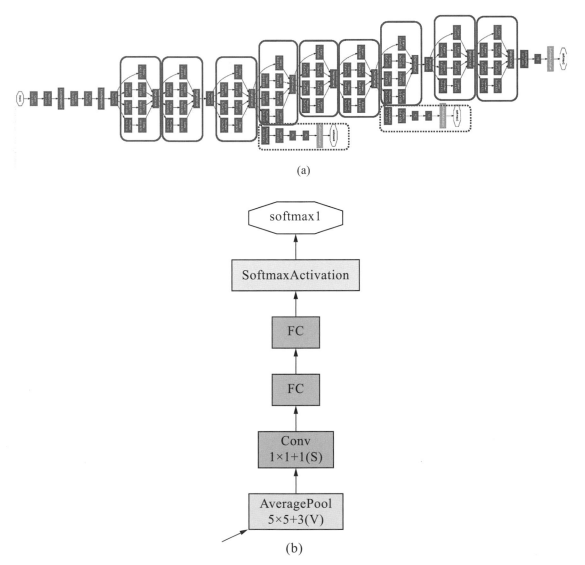

(a)

(b)

圖 7-31　(a)GoogLeNet/Inception-v1 結構 [4]　(b) 輔助分類器 [4]

GoogLeNet 輔助分類器結構如圖 7-31(a) 的虛線框框處或 7-31(b)，具體細節 (兩個輔助分類器結構相同) 如下：

(1) 輔助分類器的第一層是一個平均池化層，池化核大小為 5×5，stride=3。

(2) 第二層是卷積層，卷積核大小為 1×1，stride=1，卷積核個數是 128。

(3) 第三層是全連接層，節點個數是 1024。

(4) 第四層是全連接層，節點個數是 1000(對應分類的類別個數)。

(5) softmax 激活函數用來分類，和主分類器一樣預測 1000 個類，但在推理時移除。

注意：輔助損失只是用於訓練，在推斷過程中並不使用。輔助分類器的做法是使用上述結構來執行分類任務，它們只對其中兩個 Inception 模塊輸出執行 Softmax 分類計算並計算輔助損失。總損失即輔助損失和真實損失的加權總和。在論文中對每個輔助損失使用的權重值是 0.3。因此，模型中的不同層都可以計算梯度，然後使用這些梯度來優化訓練。

為了讓讀者更方便對應 GoogLeNet 的整個網路架構與內部參數設定代碼，因此筆者將網路各層關係與參數設定以區塊的方式完整列出，如圖 7-32。

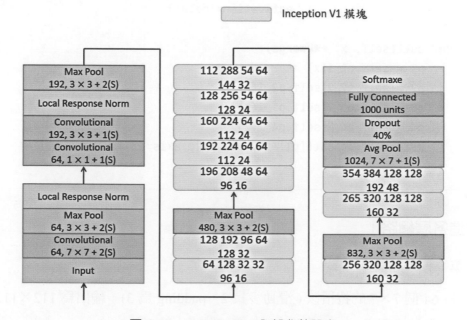

圖 7-32 GoogLeNet 內部參數設定

一、**Inception V1** 模塊程式碼實現：

| 程式範例 | ch07_21 (part 1) |

```python
class Inception(tf.keras.layers.Layer):
    def __init__(self,c1, c2, c3, c4):# c為通道數
        super().__init__()
        # 線路1，1x1卷積層
        self.p1_1 = Conv2D(c1, kernel_size=1, activation='relu',
                           padding='same')
        # 線路2，1x1卷積層後接3x3卷積層
        self.p2_1 = Conv2D(c2[0], kernel_size=1, padding='same',
                           activation='relu')
        self.p2_2 = Conv2D(c2[1], kernel_size=3, padding='same',
                           activation='relu')
        # 線路3，1x1卷積層後接5x5卷積層
        self.p3_1 = Conv2D(c3[0], kernel_size=1, padding='same',
                           activation='relu')
        self.p3_2 = Conv2D(c3[1], kernel_size=5, padding='same',
                           activation='relu')
        # 線路4，3x3最大池化層後接1x1卷積層
        self.p4_1 = MaxPool2D(pool_size=3, padding='same', strides=1)
        self.p4_2 = Conv2D(c4, kernel_size=1, padding='same',
                           activation='relu')

    def call(self, x, **kwargs):
        p1 = self.p1_1(x)
        p2 = self.p2_2(self.p2_1(x))
        p3 = self.p3_2(self.p3_1(x))
        p4 = self.p4_2(self.p4_1(x))
        return tf.concat([p1, p2, p3, p4], axis=-1)#將四個通道做拼接
```

二、建造各層網路：

1. 第一模塊：

(1) 64 個 7×7 的捲積核 (滑動步長 2，padding 為 3)，輸出為 112×112×64，
卷積後通過 ReLU 操作。

(2) 3×3 的 max pooling(步長為 2，padding 為 1)，輸出為 ((112 － 3+1) / 2)+1
= 56，即 56×56×64。

程式範例 | **ch07_21 (part 2)**

```
b1 = tf.keras.models.Sequential()
b1.add(Conv2D(64, kernel_size=7, strides=2, padding='same',
              activation='relu'))
b1.add(MaxPool2D(pool_size=3, strides=2, padding='same'))
```

---

2. 第二模塊：

(1) 64 個 1×1 的卷積核 (滑動步長為 1，padding 為 0)，64 通道，輸出為
56×56×64，卷積後通過 ReLU 操作。

(2) 192 個 3×3 的卷積核 (滑動步長為 1，padding 為 1)，192 通道，輸出為
56×56×192，卷積後通過 ReLU 操作。

(3) 3×3 的 max pooling(步長為 2)， 輸 出 為 ((56 － 3+1) / 2)+1 = 28， 即
28×28×192。

程式範例 | **ch07_21 (part 3)**

```
b2 = tf.keras.models.Sequential()
b2.add(Conv2D(64, kernel_size=1, padding='same', activation='relu'))
b2.add(Conv2D(192, kernel_size=3, padding='same', activation='relu'))
b2.add(MaxPool2D(pool_size=3, strides=2, padding='same'))
```

---

3. 第三模塊 (Inception 3a 層)：

(1) 64 個 1×1 的卷積核，然後 RuLU，輸出 28×28×64。

(2) 96 個 1×1 的卷積核，作為 3×3 卷積核之前的降維，變成 28×28×96，
通過進行 ReLU 計算，再進行 128 個 3×3 的卷積 (padding 為 1)，輸出
28×28×128。

(3) 16 個 1×1 的卷積核，作為 5×5 卷積核之前的降維，變成 28×28×16，
通過 ReLU 計算後，再進行 32 個 5×5 的卷積 (padding 為 2)，輸出
28×28×32。

(4) pool 層，使用 3×3 的核 (padding 為 1)，輸出 28×28×192，然後進行 32 個 1×1 的卷積，輸出 28×28×32。

將四個結果進行連接，對這四部分輸出結果的第三維並聯，即 64 + 128 + 32 + 32 = 256，最終輸出 28×28×256。

4. 第三模塊 (Inception 3b 層)

(1) 128 個 1×1 的卷積核，通過 RuLU，輸出 28×28×128。

(2) 128 個 1×1 的卷積核，作為 3×3 卷積核之前的降維，變成 28×28×128，通過 ReLU，再進行 192 個 3×3 的卷積 (padding 為 1)，輸出 28×28×192。

(3) 32 個 1×1 的卷積核，作為 5×5 卷積核之前的降維，變成 28×28×32，通過 ReLU 計算後，再進行 96 個 5×5 的卷積 (padding 為 2)，輸出 28×28×96。

(4) pool 層，使用 3×3 的核 (padding 為 1)，輸出 28×28×256，然後進行 64 個 1×1 的卷積，輸出 28×28×64。

將四個結果進行連接，對這四部分輸出結果的第三維並聯，即 128 + 192 + 96 + 64 = 480，最終輸出為 28×28×480。最後對 3b 層的結果進行大小為 3×3 (padding 為 1)，步長為 2 的 maxpooling，輸出為 14×14×480。

程式範例　│　ch07_21 (part 4)

```
b3 = tf.keras.models.Sequential()
b3.add(Inception(64, (96, 128), (16, 32), 32))
b3.add(Inception(128, (128, 192), (32, 96), 64))
b3.add(MaxPool2D(pool_size=3, strides=2, padding='same'))
```

---

5. 第四模塊 (Inception 4a 層)：

(1) 192 個 1×1 的卷積核，通過 RuLU，輸出 14×14×192。

(2) 96 個 1×1 的卷積核，作為 3×3 卷積核之前的降維，變成 14×14×96，然後通過 ReLU 計算，再進行 208 個 3×3 的卷積 (padding 為 1)，輸出 14×14×208。

(3) 16 個 1×1 的卷積核，作爲 5×5 卷積核之前的降維，變成 14×14×16，進行 ReLU 計算後，再進行 48 個 5×5 的卷積 (padding 爲 2)，輸出 14×14×48。

(4) pool 層，使用 3×3 的核 (padding 爲 1)，輸出 14×14×480，然後通過 64 個 1×1 的卷積，輸出 14×14×64。

將四個結果進行連接，對這四部分輸出結果的第三維並聯，即 192 + 208 + 48 + 64 = 512，最終輸出 14 × 14 × 512。

6. **第四模塊 (Inception 4b 層)：**

(1) 160 個 1×1 的卷積核，通過 RuLU，輸出 14×14×160。

(2) 112 個 1×1 的卷積核，作爲 3×3 卷積核之前的降維，變成 14×14×112，然後通過 ReLU 計算，再進行 224 個 3×3 的捲積 (padding 爲 1)，輸出 14×14×224。

(3) 24 個 1×1 的卷積核，作爲 5×5 卷積核之前的降維，變成 14×14×24，通過 ReLU 計算後，再進行 64 個 5×5 的卷積 (padding 爲 2)，輸出 14×14×64。

(4) pool 層，使用 3×3 的核 (padding 爲 1)，輸出 14×14×512，然後進行 64 個 1×1 的卷積，輸出 14×14×64。

將四個結果進行連接，對這四部分輸出結果的第三維並聯，即 160 + 224 + 64 + 64 = 512，最終輸出 14×14×512。

7. **第四模塊 (Inception 4c 層)：**

(1) 128 個 1×1 的卷積核，通過 RuLU，輸出 14×14×128。

(2) 128 個 1×1 的卷積核，作爲 3×3 卷積核之前的降維，變成 14×14×128，然後通過 ReLU 計算，再進行 256 個 3×3 的卷積 (padding 爲 1)，輸出 14×14×256。

(3) 24 個 1×1 的卷積核，作爲 5×5 卷積核之前的降維，變成 14×14×24，通過 ReLU 計算後，再進行 64 個 5×5 的卷積 (padding 爲 2)，輸出 14×14×64。

(4) pool 層，使用 3×3 的核 (padding 為 1)，輸出 14 × 14 × 512，然後進行 64 個 1×1 的卷積，輸出 14×14×64。

將四個結果進行連接，對這四部分輸出結果的第三維並聯，即 128 + 256 + 64 + 64 = 512，最終輸出 14×14×512。

8. **第四模塊 (Inception 4d 層)：**

(1) 112 個 1×1 的卷積核，通過 RuLU，輸出 14×14×112。

(2) 144 個 1×1 的卷積核，作為 3×3 卷積核之前的降維，變成 14×14×144，然後通過 ReLU 計算，再進行 288 個 3×3 的卷積 (padding 為 1)，輸出 14×14×288。

(3) 32 個 1×1 的卷積核，作為 5×5 卷積核之前的降維，變成 14×14×32，進行 ReLU 計算後，再進行 64 個 5×5 的卷積 (padding 為 2)，輸出 14×14×64。

(4) pool 層，使用 3×3 的核 (padding 為 1)，輸出 14×14×512，然後進行 64 個 1×1 的卷積，輸出 14×14×64。

將四個結果進行連接，對這四部分輸出結果的第三維並聯，即 112 + 288 + 64 + 64 = 528，最終輸出 14×14×528。

9. **第四模塊 (Inception 4e 層)：**

(1) 256 個 1×1 的卷積核，然後 RuLU，輸出 14×14×256。

(2) 160 個 1×1 的卷積核，作為 3×3 卷積核之前的降維，變成 14×14×160，然後通過 ReLU 計算，再進行 320 個 3×3 的卷積 (padding 為 1)，輸出 14×14×320。

(3) 32 個 1×1 的卷積核，作為 5×5 卷積核之前的降維，變成 14×14×32，通過 ReLU 計算後，再進行 128 個 5×5 的卷積 (padding 為 2)，輸出 14×14×128。

(4) pool 層，使用 3×3 的核 (padding 為 1)，輸出 14×14×528，然後進行 128 個 1×1 的卷積，輸出 14×14×128。

將四個結果進行連接，對這四部分輸出結果的第三維並聯，即 256+320+128+128=832，最終輸出 14×14×832。最後對 4e 層的結果進行大小為 3×3 (padding 為 1)，步長為 2 的 maxpooling, 輸出為 7×7×832。

程式範例　│　ch07_21 (part 5)

```
b4 = tf.keras.models.Sequential()
b4.add(Inception(192, (96, 208), (16, 48), 64))
b4.add(Inception(160, (112, 224), (24, 64), 64))
b4.add(Inception(128, (128, 256), (24, 64), 64))
b4.add(Inception(112, (144, 288), (32, 64), 64))
b4.add(Inception(256, (160, 320), (32, 128), 128))
b4.add(MaxPool2D(pool_size=3, strides=2, padding='same'))
```

10. 第五模塊 (Inception 5a 層)：

(1) 256 個 1×1 的卷積核，通過 RuLU，輸出 7×7×256。

(2) 160 個 1×1 的卷積核，作爲 3×3 卷積核之前的降維，變成 7×7×160，然後通過 ReLU 計算，再進行 320 個 3×3 的卷積 (padding 爲 1)，輸出 7×7×320。

(3) 32 個 1×1 的卷積核，作爲 5×5 卷積核之前的降維，變成 7×7×32，通過 ReLU 計算後，再進行 128 個 5×5 的卷積 (padding 爲 2)，輸出 7×7×128。

(4) pool 層，使用 3×3 的核 (padding 爲 1)，輸出 7×7×832，然後進行 128 個 1×1 的卷積，輸出 7×7×128。

將四個結果進行連接，對這四部分輸出結果的第三維並聯，即 256 + 320 + 128 + 128 = 832，最終輸出 7×7×832。

11. 第五模塊 (Inception 5b 層)：

(1) 384 個 1×1 的卷積核，然後 RuLU，輸出 7×7×384。

(2) 192 個 1×1 的卷積核，作爲 3×3 卷積核之前的降維，變成 7×7×192，然後通過 ReLU 計算，再進行 384 個 3×3 的卷積 (padding 爲 1)，輸出 7×7×384。

(3) 48 個 1×1 的卷積核，作爲 5×5 卷積核之前的降維，變成 7×7×48，通過 ReLU 計算後，再進行 128 個 5×5 的卷積 (padding 爲 2)，輸出 7×7×128。

(4) pool 層，使用 3×3 的核 (padding 為 1)，輸出 7×7×832，然後進行 128 個 1×1 的卷積，輸出 7×7×128。

將四個結果進行連接，對這四部分輸出結果的第三維並聯，即 384 + 384 + 128 + 128 = 1024，最終輸出 7×7×1024。最後在對 5b 層的結果進行大小為 7×7，步長為 1 的 average pooling，輸出為 1×1×1024。

程式範例 ｜ ch07_21 (part 6)

```
from  tensorflow.keras.layers import GlobalAvgPool2D
b5 = tf.keras.models.Sequential()
b5.add(Inception(256, (160, 320), (32, 128), 128))
b5.add(Inception(384, (192, 384), (48, 128), 128))
b5.add(GlobalAvgPool2D())
```

12. 輸出層：該模塊同 NiN(Network in Network)(可見 7-8-3 Network in Network 介紹)

(1) Dropout 層，設置 keep_prob 為 0.6，輸出 1×1×1024。

(2) FC 層：輸出類別 1000 類，最終輸出 1×1000。

(3) Softmax 層。

程式範例 ｜ ch07_21 (part 7)

```
net = tf.keras.models.Sequential([b1, b2, b3, b4, b5,
                                  tf.keras.layers.Dense(1000)])
```

最後我們將此網路的每一模塊的形狀大小印出。

原始輸入圖像為 224×224×3，且都進行了零均值化的預處理操作 (圖像每個像素減去均值)

程式範例 ｜ ch07_21 (part 8)

```
X = tf.random.uniform(shape=(1, 224, 224, 3))
for layer in net.layers:
    X = layer(X)
    print(layer.name, 'output shape:\t', X.shape)
```

程式輸出

```
sequential output shape:     (1, 56, 56, 64)
sequential_1 output shape:   (1, 28, 28, 192)
sequential_2 output shape:   (1, 14, 14, 480)
sequential_3 output shape:   (1, 7, 7, 832)
sequential_4 output shape:   (1, 1024)
dense output shape:  (1, 1000)
```

7-8-3 Network In Network 網路結構

Network In Network [5] 是發表於 2014 年 ICLR 的一篇 paper。在這篇論文中說明 Network In Network 網路結構採用較少參數就可以達到 AlexNet 的效果，但 AlexNet 參數大小為 230M，而 Network In Network 僅為 29M。這篇 paper 主要提出了兩個對傳統 CNN 網絡的改進：

1. **多層感知卷積層 (Mlpconv Layer)**：使用 Conv+MLP(圖 7-33(b)) 代替傳統卷積層 (圖 7-33(a))，增強網路提取抽象特徵和泛化的能力。

2. **全局平均池化層 (Global Average Pooling)**：使用平均池化代替全連接層，很大程度上減少參數空間，便於加深網絡和訓練，有效防止過擬合。

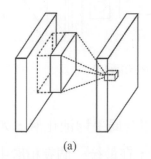 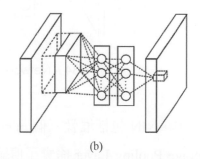

(a)   (b)

圖 7-33 (a) 線性卷積層 (b) 多層感知卷積層 (Mlpconv Layer)[5]

一、多層感知卷積層 (Mlpconv Layer)

一般的 Convolutional Neural Network(CNN) 模型包含了卷積層和池化層。卷積層藉由不同的卷積核 (filters) 對前一層的每一個局部區域做線性卷積運算後再通過非線性的激勵函數輸出特徵圖 (feature maps)。而池化層利用下採樣 (subsampling) 的方式減少參數數量，並且提高感受野 (receptive field)。

作者認為卷積操作是一種廣義的線性模型 (Generalized linear model)，當特徵為線性可分時會有好的表現，但現實生活中做物件分類時並非都是線性可分割，因此作者這邊以 General nonlinear function approximator(使用 Conv+MLP (圖 7-32(b) 取代廣義線性模型 (Generalized linear model))。

在圖 7-33(b) 中內部的 MLP 參數也可以使用 Backpropagation 算法訓練，並可與 CNN 高度整合；同時，1×1 卷積可以實現通道數的降維或者升維，如果 n 小於之前通道數，則實現了降維，如果 n 大於之前通道數，則實現了升維。

二、全局平均池化 (Global Average Pooling Layer)

傳統的卷積神經網路最後卷積層所得的結果會被攤平然後經過全連接層來進行分類，但是，使用全連接層具有非常大的參數量，導致模型非常容易過擬合。因此，在此篇論文中使用全局平均池化的方法來取代全連接層，如圖 7-34 虛線部分。

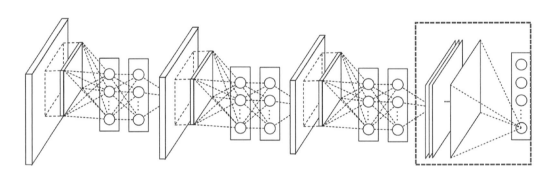

圖 7-34　Network In Network 網路架構 [5]

在論文中，NIN 包括堆疊三個 mlpconv 層和一個全局平均池化層，如圖 7-34。Global Average Pooling Layer 捨棄了傳統的全連接層，在最後一個卷積層中輸出數量等同於分類數目的 feature maps，如圖 7-35，再把每一個 feature maps 的平均值輸出成一個向量 (與分類數目相同)，最後傳進 softmax 中進行分類。這樣的作法有下列幾個優點：

1. 全局平均池化沒有參數要訓練，因此避免了網路過擬合 (overfitting) 的問題。
2. 輸入的圖片大小不會被限定。

3. 全局平均池化可以對空間訊息進行匯總整合，因此對輸入的空間轉換具有更強健性。

4. 讓特徵圖與類別之間更具有關聯性。

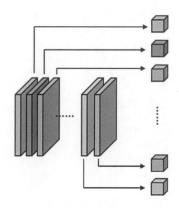

圖 7-35　Global Average Pooling 表示圖

5. 特別說明：Global Average Pooling 與 Average Pooling 差異

Global Average Pooling 與 Average Pooling 的差別就在 "global" 這個關鍵字。global 與 local 這兩個字是用來描述 pooling 窗口區域的範圍。local 是根據滑動窗口的大小對應的 feature map 區域求其平均值，然後再滑動這個窗口到其它的子區域；而 global 顯然就是對整個 feature map 求其平均值了。

三、**Network In Network** 網路實現

Network In Network 網路內部參數如下表 7-2 所示，這邊我們就利用表定參數將 Network In Network 網路程式碼實現。

表 7-2　Network In Network 各層參數設定

Layer	Filter 大小	Filter 個數	Padding	Strides	激勵函數
Conv-1	5×5	192	2	1	ReLu
Conv-1_1	1×1	160	0	1	ReLu
Conv-1_2	1×1	96	0	1	ReLu
MaxPool-1	3×3		1	2	

表 7-2　Network In Network 各層參數設定 (續)

Layer	Filter 大小	Filter 個數	Padding	Strides	激勵函數
Conv-2	5×5	192	2	1	ReLu
Conv-2_1	1×1	192	0	1	ReLu
Conv-2_2	1×1	192	2	1	ReLu
MaxPool-2	3×3		1	2	
Conv-3	3×3	192	1	1	ReLu
Conv-3_1	1×1	192	0	1	ReLu
Conv-3_2	1×1	10	0	1	ReLu
GlobalAvgPool					
Softmax					

在本範例中，我們以 MNIST 手寫資料集辨識為例來完成 Network In Network 網路實現。

1. 載入資料並將大小設定從 **28×28** 轉為 **224×224**

程式範例　│　ch07_22 (part 1)

```
import tensorflow as tf
from tensorflow.keras.layers import Conv2D, MaxPooling2D,\
    GlobalMaxPool2D,Softmax
from tensorflow.keras.models import Sequential
from tensorflow.keras.datasets import mnist

# 將資料做一個歸一化的動作
def preprocess(x, y):
    x = tf.cast(x, dtype=tf.float32) / 255.
    x = tf.reshape(x,[28,28,1])
    # 將資料大小轉為 224x224
    x = tf.image.resize(x, (224, 224))
    y = tf.cast(y, dtype=tf.int32)
    return x, y
```

```
# 設定批次大小
batchs = 50
# 載入mnist 資料集 60000張訓練資料 , 10000張測試資料, 每張大小為 28x28
(train_Data, train_Label), (test_Data, test_Label) = mnist.load_data()
# 將訓練集資料打散
db = tf.data.Dataset.from_tensor_slices((train_Data, train_Label))
db = db.map(preprocess).shuffle(10000).batch(batchs)


db_test = tf.data.Dataset.from_tensor_slices((test_Data, test_Label))
db_test = db_test.map(preprocess).batch(batchs)
```

2. 建置模型

程式範例 | **ch07_22 (part 2)**

```
model = Sequential([
    # 第一塊 nin block
    Conv2D(192,kernel_size=5,strides=1, padding='SAME', activation='relu'
            ,input_shape=(28,28,1)),
    # 加入2個 1X1 的卷積 (NiN主要使用1×1卷積層來替代全連線層)
    Conv2D(160,kernel_size=1,strides=1, padding= 'VALID', activation='relu'),
    Conv2D(96,kernel_size=1,strides=1, padding= 'VALID', activation='relu'),
    MaxPooling2D(pool_size=(3, 3), padding= 'SAME', strides=2),
    # 第二塊 nin block
    Conv2D(192, kernel_size=5, strides=1, padding='SAME', activation='relu'),
    # 加入2個 1X1 的卷積 (NiN主要使用1×1卷積層來替代全連線層)
    Conv2D(192, kernel_size=1, strides=1, padding='VALID', activation='relu'),
    Conv2D(192, kernel_size=1, strides=1, padding='VALID', activation='relu'),
    MaxPooling2D(pool_size=(3, 3), padding= 'SAME', strides=2),
    # 第三塊 nin block
    Conv2D(192, kernel_size=5, strides=1, padding='SAME', activation='relu'),
    # 加入2個 1X1 的卷積 (NiN主要使用1×1卷積層來替代全連線層)
    Conv2D(192, kernel_size=1, strides=1, padding='VALID', activation='relu'),
    Conv2D(10, kernel_size=1, strides=1, padding='VALID', activation='relu'),
    # 最後用最大平均池化
    GlobalMaxPool2D(),
    Softmax(-1)
])


print(model.summary())
```

程式輸出

```
Model: "sequential"

_____
Layer (type)                 Output Shape              Param #
=================================================================
conv2d (Conv2D)              (None, 28, 28, 192)       4992

_____
conv2d_1 (Conv2D)            (None, 28, 28, 160)       30880

_____
conv2d_2 (Conv2D)            (None, 28, 28, 96)        15456

_____
max_pooling2d (MaxPooling2D) (None, 14, 14, 96)        0

_____
conv2d_3 (Conv2D)            (None, 14, 14, 192)       460992

_____
conv2d_4 (Conv2D)            (None, 14, 14, 192)       37056

_____
conv2d_5 (Conv2D)            (None, 14, 14, 192)       37056

_____
max_pooling2d_1 (MaxPooling2 (None, 7, 7, 192)         0

_____
conv2d_6 (Conv2D)            (None, 7, 7, 192)         921792

_____
conv2d_7 (Conv2D)            (None, 7, 7, 192)         37056

_____
conv2d_8 (Conv2D)            (None, 7, 7, 10)          1930

_____
global_max_pooling2d (Global (None, 10)                0

_____
softmax (Softmax)            (None, 10)                0
=================================================================
Total params: 1,547,210
Trainable params: 1,547,210
Non-trainable params: 0

_____
None
```

　　在程式中我們將各層網路結構與參數大小印出，讀者可以比跟 AlexNet 網路參數比較一下 (AlexNet 約為 230M)，會發現到兩者參數量相差非常多。

3. 網路編譯與訓練

程式範例 | **ch07_22 (part 3)**

```
# 編譯與訓練網路
model.compile(optimizer= 'adam',loss='sparse_categorical_crossentropy',
              metrics=['accuracy'])
History = model.fit(db,epochs=20,validation_data=db_test,validation_freq=1)

val_acc = History.history['val_accuracy']
acc = History.history['accuracy']
val_loss = History.history['val_loss']
loss = History.history['loss']
```

程式輸出 (這邊只秀出最後兩個週期資訊)

```
Epoch 19/20
1200/1200 [==============================] - 11s 9ms/step - loss: 0.2182 - accuracy: 0.9071
 - val_loss: 0.2592 - val_accuracy: 0.8962
Epoch 20/20
1200/1200 [==============================] - 11s 9ms/step - loss: 0.2159 - accuracy: 0.9079
 - val_loss: 0.2378 - val_accuracy: 0.9049
```

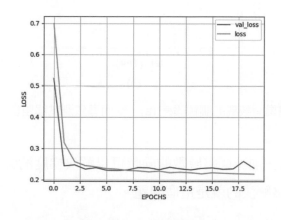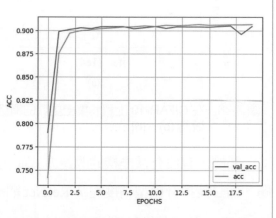

在程式中總共訓練了 20 個週期，最後我們將訓練集與驗證集的正確率與損失值
印出，結果如上所示。

7-9　常見卷積神經網路（四）－ ResNet 網路

在前面的小節中我們介紹了 AlexNet(7 層)、VGG(19 層)、GoogLeNet(22 層) 等網路模型，在這些模型的依序出現中我們發現，當網路越來越深時，網路可以進行更加複雜的特徵的抽取，因此理論上當模型越深時應該會有更好的辨識結果。但隨著網路的加深，伴隨而來的就是梯度消失問題會越來越嚴重，這個問題會導致網路很難收斂甚至無法收斂。雖然梯度消失的問題目前有提出不少的解決辦法，例如改變激勵函數 (使用 relu)、梯度剪切、權重正則化、或中間層的標準化 (Batch Normalization) 等等。但除了梯度消失的問題外，網路加深還會帶來另外一個問題：隨著網路加深，出現訓練集準確率下降的現象，如圖 7-36。

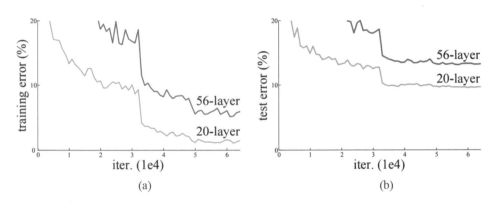

圖 7-36　在 CIFAR-10 上資料集上更深的網路具有較高的訓練誤差 (a)，從而導致測試誤差也較高 (b)。[6]

那麼，有沒有甚麼樣的改進方式能夠在加深網路層數的同時可以解決梯度消失問題、而且能提升模型精度呢？ ResNet 網路解決的就是這個問題。

● 7-9-1　深度殘差網路 (Deep residual network，ResNet)[6]

為了解決這個問題，微軟亞洲研究院何凱明等人在 2015 年提出 "殘差網路" (ResNet) 的結構，此網路在當時獲得了 ILSVRC-2015 分類任務的第一名，同 時 也 在 ImageNet detection，ImageNet localization，COCO detection 和 COCO segmentation 等任務中均獲得了第一名，並且摘得 CVPR2016 最佳論文獎。

作者在 CIFAR-10 數據集上比較了 20 層和 56 層的卷積網路在訓練集和測試集上的錯誤率，發現 56 層的網路在訓練集及測試集上的錯誤率高於 20 層的網絡，而且收斂速度也不如 20 層。這說明了網路較深反而錯誤率上升的原因不完全是過擬合的原因，因為過擬合通常指模型在訓練集表現很好，但在測試集很差。

因此作者認為，增加網路深度反而造成性能下降的原因有可能是網路本身結構的關係，例如梯度消失、爆炸等其他因素而導致深度網路很難訓練。因此為了增加網路的深度，作者認為有一個假設必須成立：假設有一個淺層網路已經達到了最優性能，如果再通過向上堆積新層來建立更深的網路，最差的情況下是增加的那些層什麼都不學習，因此深層網路的性能應該高於或等於淺層網路性能，而不應該有低於淺層網路性能狀況產生。這個有趣的假設讓作者啟發靈感，他提出了殘差學習來解決網路效能衰退 (degradation) 的問題。

殘差學習的結構如圖 7-37 所示，這有點類似與電路中的『短路』接法，所以是一種短路連線 (shortcut connection)。

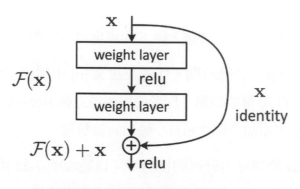

圖 7-37　殘差學習單元 [6]。

殘差學習的 block 一共包含兩個分支或者兩種對映 (mapping)：

1. identity mapping：也就是 x（彎曲的那條線），x 為淺層（前一層）輸出，而 identity mapping 的意思就是指自己本身的對應。

2. residual mapping：也就是 $F(x)$，$F(x)$ 為中間兩層卷積層對 x 計算後的輸出，這部分稱為殘差對映。

所以這個殘差學習單元的最終輸出為 $F(x) + x$，假設淺層模型所學的特徵已經是該模型最好的情況下，如果更新會使 loss 增加的話 (代表 $F(x)$ 並沒有學到比較好的特徵)，那 $F(x)$ 部分將在訓練過程中趨向於學習成 0，從而實現一種恆等映射。

因此無論怎麼增加深度，理論上網路會一直處於最優狀態。因為相當於後面所有增加的網路都會沿著 identity mapping(自身) 進行資訊傳輸，這邊也可以想成為後面的層數的網路都是無作用的 (不具備特徵提取的能力)。這樣，網路的效能也就不會隨著深度的增加而降低了。

在實踐殘差學習的 block 時，這邊的 Short Connection 分成兩種方式：

1. Short cut 如果同維度映射 (F 的維度必須與 x 的維度相同)，$F(x)$ 與 x 相加就是逐元素相加，這時結果應為：

$$y = F(x, W_i) + x$$

2. 如果兩者維度不同，需要給 x 執行一個線性映射來轉換成匹配的維度，這時結果應為：

$$y = F(x, W_i) + W_s x$$

其中 W_s 是線性投影函數，主要讓 x 與 F 的維度可以匹配。

為了顧及到網路深度及訓練時間，作者在論文 [6] 中提出了兩種實作 residual 模塊 (如圖 7-38)，在大於 50 層的網路，作者使用右邊這種 Bottleneck residual 的設計，通過利用 1×1 卷積核來增加非線性和減小輸出的參數量。

透過 1×1 的 conv 降維後再升維的技巧，可以發現圖 7-38 兩邊的時間複雜度是一樣的 (請看下例)，但右邊的架構可以兼顧更高維度與效能。

範例：假設進入至 residual block 的影像大小為 (56,56,64)

　(1) 採用圖 7-38(a) 的 residual 模塊其參數量為

$$(3 \times 3 \times 64) \times 64 + (3 \times 3 \times 64) \times 64 = 73728$$

　(2) 採用圖 7-38(b)bottleneck residual 模塊其參數量為

$$(1 \times 1 \times 64) \times 64 + (3 \times 3 \times 64) \times 64 + (1 \times 1 \times 64) \times 256 + (1 \times 1 \times 64) \times 256 = 73728$$

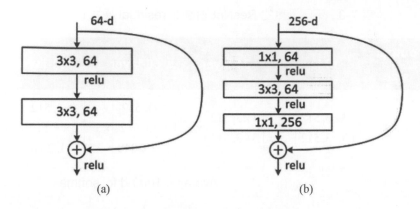

圖 7-38 兩種不同的 residual 模塊 [6]。

從上範例可以看到兩種 residual 模塊的參數量相同,但是 bottleneck residual 卻有三層的深度,而原本 residual 只有兩層深度,因此這樣的做法可以在增加深度的情況下不增加參數量,所以在大於 50 層的 resnet 中,作者使用了 bottleneck residual 這種模塊來建立網路 (請參考表 7-3)。

表 7-3 不同深度的 ResNet 對應的 residual 模塊 [6]

layer name	output size	18-layer	34-layer	50-layer	101-layer	152-layer
Convl	112×112	7×7,64, stride2				
Conv2_x	56×56	3×3max pool, stried2				
		$\begin{bmatrix} 3\times3,\ 64 \\ 3\times3,\ 64 \end{bmatrix}\times2$	$\begin{bmatrix} 3\times3,\ 64 \\ 3\times3,\ 64 \end{bmatrix}\times3$	$\begin{bmatrix} 1\times1,\ 64 \\ 3\times3,\ 64 \\ 1\times1,\ 256 \end{bmatrix}\times3$	$\begin{bmatrix} 1\times1,\ 64 \\ 3\times3,\ 64 \\ 1\times1,\ 256 \end{bmatrix}\times3$	$\begin{bmatrix} 1\times1,\ 64 \\ 3\times3,\ 64 \\ 1\times1,\ 256 \end{bmatrix}\times3$
Conv3_x	28×28	$\begin{bmatrix} 3\times3,\ 128 \\ 3\times3,\ 128 \end{bmatrix}\times2$	$\begin{bmatrix} 3\times3,\ 128 \\ 3\times3,\ 128 \end{bmatrix}\times4$	$\begin{bmatrix} 1\times1,\ 128 \\ 3\times3,\ 128 \\ 1\times1,\ 512 \end{bmatrix}\times4$	$\begin{bmatrix} 1\times1,\ 128 \\ 3\times3,\ 128 \\ 1\times1,\ 512 \end{bmatrix}\times4$	$\begin{bmatrix} 1\times1,\ 128 \\ 3\times3,\ 128 \\ 1\times1,\ 512 \end{bmatrix}\times8$
Conv4_x	14×14	$\begin{bmatrix} 3\times3,\ 256 \\ 3\times3,\ 256 \end{bmatrix}\times2$	$\begin{bmatrix} 3\times3,\ 256 \\ 3\times3,\ 256 \end{bmatrix}\times6$	$\begin{bmatrix} 1\times1,\ 256 \\ 3\times3,\ 256 \\ 1\times1,\ 1024 \end{bmatrix}\times6$	$\begin{bmatrix} 1\times1,\ 256 \\ 3\times3,\ 256 \\ 1\times1,\ 1024 \end{bmatrix}\times23$	$\begin{bmatrix} 1\times1,\ 256 \\ 3\times3,\ 256 \\ 1\times1,\ 1024 \end{bmatrix}\times36$

表 7-3　不同深度的 ResNet 對應的 residual 模塊 [6] (續)

layer name	output size	18-layer	34-layer	50-layer	101-layer	152-layer
Conv5_x	7×7	$\begin{bmatrix} 3\times3, 512 \\ 3\times3, 512 \end{bmatrix}\times2$	$\begin{bmatrix} 3\times3, 512 \\ 3\times3, 512 \end{bmatrix}\times3$	$\begin{bmatrix} 1\times1, 512 \\ 3\times3, 512 \\ 1\times1, 2048 \end{bmatrix}\times3$	$\begin{bmatrix} 1\times1, 512 \\ 3\times3, 512 \\ 1\times1, 2048 \end{bmatrix}\times3$	$\begin{bmatrix} 1\times1, 512 \\ 3\times3, 512 \\ 1\times1, 2048 \end{bmatrix}\times3$
	1×1	Average, 1000-d fc, softmax				
FLOPs		1.8×10^{9}	3.6×10^{9}	3.8×10^{9}	7.6×10^{9}	11.3×10^{9}

另外有一點特別要提的，在這篇論文中可以發現 ResNet 網路結構很少使用
pooling 層，這種方式跟之前我們看到的卷積神經網路不同。一般使用 pooling 層主要
的原因是爲了降低 feature map 的大小，但 ResNet 網路並不完全依賴於 max pooling
層來降低。相反的卻使用步長大於 1 的卷積來降低輸出的 feature map 大小。

事實上，在搭建網路結構時，只有兩種情況可能會使用 pooling 層：

1. 爲了降低 feature map 大小，因此在建立網路主體時部分使用 max pooling。

2. 用 average pooling 層代替全連接層 (例如 GoogLeNet 最後一層)。

嚴格地說，ResNet 網路只有一個 max pooling 層，所有降維效果都是由卷積層完
成。

7-9-2　使用 ResNet18 實戰 CIFAR10 數據集

本節我們將實現 18 層的深度殘差網路：ResNet18(參考表 7-3)，並在 CIFAR10
圖片數據集上訓練與測試。ResNet18 網路架構如圖 7-39 所示。

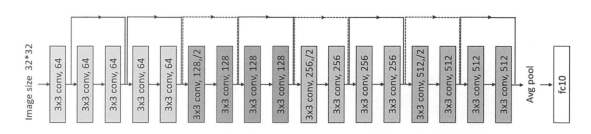

圖 7-39　ResNet18 網路架構圖

1. **Basic Block 實現：**

由於殘差網路只是在兩層卷積 (或三層卷積) 在通過在輸入和輸出之間添加一條 Skip Connection，因此在 TensorFlow 中並沒有針對 ResNet 的底層實現。這邊可以通過調用普通卷積層即可實現殘差模塊。

程式範例	ch07_BasicBlock (part 1)

```python
import tensorflow as tf
from tensorflow.keras import layers,Sequential
class BasicBlock(layers.Layer):
    # 定義殘差模塊類別

    def __init__(self, filter_num, stride=1):
        super(BasicBlock, self).__init__()
        # f(x)包含了 2 個普通卷積層，創建卷積層 1 =>(3x3),64
        self.conv1 = layers.Conv2D(filter_num, (3, 3),
                                    strides=stride, padding = 'same')
        self.bn1 = layers.BatchNormalization()
        self.relu = layers.Activation('relu')
        # 創建卷積層 2  =>(3x3),64
        self.conv2 = layers.Conv2D(filter_num, (3, 3), strides=1,
                                    padding='same')
        self.bn2 = layers.BatchNormalization()
        if stride != 1:  # 插入 identity 層
            self.downsample = Sequential()
            self.downsample.add(layers.Conv2D(filter_num, (1, 1),
                                                strides=stride))
        else:  # 否則，直接連接
            self.downsample = lambda x: x
```

這邊要特別注意的是當 F(x) 的維度大小與 x 不相同時，兩者無法直接相加，因此要新建 identity(x) 卷積層 (直接用 1×1 卷積完成)，來完成 x 的形狀轉換，如上列程式碼虛線區塊部分。

接下來在前向計算時，只需要將 F(x) 與 identity(x) 相加，並添加 ReLU 激活函數即可。前向計算函數程式碼如下：

程式範例　｜　ch07_BasicBlock (part 2)

```python
def call(self, inputs, training=None):
    # 前向計算
    out = self.conv1(inputs) # 通過第一個卷積層
    out = self.bn1(out)
    out = self.relu(out)
    out = self.conv2(out) # 通過第二個卷積層
    out = self.bn2(out)
    # inputs 通過 identity()轉換
    identity = self.downsample(inputs)
    # f(x)+x 運算
    output = layers.add([out, identity])

    # 再通過relu激勵函數計算並傳回
    output = tf.nn.relu(output)
    return output
```

2. 利用堆疊方式來擴大 ResBlock 模塊

我們實現了 Basic Block 之後，接下來可以利用堆疊 Basic Block 的方式來增加網路的深度以便完成較高層數的特徵提取，其程式碼如下所示。

程式範例　｜　ch07_BasicBlock (part 3)

```python
# 製作多個殘差模塊的堆疊
def build_resblock(self, filter_num, blocks, stride=1):

    Resblock = Sequential()
    # 堆疊的第一個 BasicBlock 步長不會是 1, 所以進行下採樣
    Resblock.add(BasicBlock(filter_num, stride))

    for _ in range(1, blocks):  # 其他 BasicBlock 步長都為1
        # 這裏stride設置為1，只會在第一個Basic Block做一個下采樣。
        Resblock.add(BasicBlock(filter_num, stride=1))
    return Resblock
```

3. 利用 **build_resblock** 完成 **Resnet18** 網路

由於卷積神經網路能夠提取影像裡面的不同層級特徵,因此網路的層數越多,代表著能夠提取到不同 level 的特徵越豐富。此外,如果特徵的通道數越多,也代表有更多不同的特徵可以提取。因此這邊可以藉由 ResBlock 的堆疊數量和通道數設定來產生不同形式的 ResNet,例如可以通過設定 64-64-128-128-256-256-512-512 通道數配置。

程式範例 | **ch07_BasicBlock (part 4)**

```python
# 設定 ResBlock 模塊數目內部通道數。
class ResNet(keras.Model):
    # 第一個參數 layer_dims:[2, 2, 2, 2] 共 4個 Res Block,
    # 每個包含2個Basic Block
    # 第二個參數 num_classes:設定全連接輸出個數,這邊是指輸出有多少類
    def __init__(self, layer_dims, num_classes=10):
        super(ResNet, self).__init__()

        # 預處理層:可以藉由此層來設定一開始的通道數與欲輸入的特徵圖大小


        # 預處理層:可以藉由此層來設定一開始的通道數與欲輸入的特徵圖大小
        self.Prelayer = Sequential([
            layers.Conv2D(64, (3, 3), strides=(1, 1)),
            layers.BatchNormalization(),
            layers.Activation('relu'),
            layers.MaxPool2D(pool_size=(2, 2), strides=(1, 1),
                             padding='same')
        ])

# 創建4個Res Block
self.layer1 = self.build_resblock(64, layer_dims[0])
self.layer2 = self.build_resblock(128, layer_dims[1], stride=2)
self.layer3 = self.build_resblock(256, layer_dims[2], stride=2)
self.layer4 = self.build_resblock(512, layer_dims[3], stride=2)
# 通過 Pooling 層將寬與高降低為1x1
self.avgpool = layers.GlobalAveragePooling2D()
# 最後連接一個全連接層分類
self.fc = layers.Dense(num_classes,activation = 'softmax')
```

4. 完成 **Resnet** 前向計算流程

程式範例　　│　**ch07_BasicBlock (part 5)**

```python
def call(self,inputs, training=None, **kwargs):
    # 完成前向運算過程
    x = self.Prelayer(inputs)
    # 前項計算通過四個 resblock 模塊
    x = self.layer1(x)
    x = self.layer2(x)
    x = self.layer3(x)
    x = self.layer4(x)
    # shape為 [batchsize, channel]
    x = self.avgpool(x)
    # [b, 10]
    x = self.fc(x)
    return x
```

---

5. 創建 **ResNet18** 網路

可以通過調整內部模塊個數可以完成不同的 resnet 網路，例如要創建 resnet18
則呼叫 ResNet([2, 2, 2, 2])，若要創建 resnet34 則可以呼叫 ResNet([3, 4, 6, 3])
(請參考表 7-3)。

程式範例　　│　**ch07_BasicBlock (part 6)**

```python
def resnet18():
    # 通過調整內部模塊個數可以完成不同的 resnet 網路
    return ResNet([2, 2, 2, 2])
```

---

6. 加載 CIFAR10 數據集

程式範例 | ch07_BasicBlock (part 7)

```python
import tensorflow as tf
from BasicBlock import resnet18

from tensorflow.keras.datasets import cifar10
# 載入 cifar10 資料集 50000張訓練資料 , 10000張測試資料, 每張大小為 32x32,3通道
(train_Data, train_Label), (test_Data, test_Label) = cifar10.load_data()
# 將多餘的維度刪除
train_Label = tf.squeeze(train_Label, axis=1)
test_Label = tf.squeeze(test_Label, axis=1)
# 新增驗證集, 將訓練集資料的前 5000比當作驗證集
validation_data, validation_label = train_Data[:5000],train_Label[:5000]
Newtrain_Data,Newtrain_Label= train_Data[5000:],train_Label[5000:]

train_ds = tf.data.Dataset.from_tensor_slices((Newtrain_Data, Newtrain_Label))
test_ds = tf.data.Dataset.from_tensor_slices((test_Data, test_Label))
validation_ds = tf.data.Dataset.from_tensor_slices((validation_data,
                                                    validation_label))


def preprocess(image, label):
    image = tf.cast(image, dtype=tf.float32) / 255.
    label = tf.cast(label, dtype=tf.int32)
    return image,label


batch_size = 256
epoch = 30
train_ds = train_ds.map(preprocess).shuffle(500).batch(batch_size=batch_size)
# 驗證集與測試集資料不用打散
test_ds = test_ds.map(preprocess).batch(batch_size=batch_size)
validation_ds = validation_ds.map(preprocess).batch(batch_size=batch_size)
```

7. 網路編譯與訓練

程式範例   ｜ ch07_BasicBlock (part 8)

```
model = resnet18()
model.build(input_shape=(None, 32, 32, 3))
model.summary() # 統計網路參數

model.compile(optimizer= 'adam',loss='sparse_categorical_crossentropy',
              metrics=['accuracy'])
History = model.fit(train_ds,epochs=epoch,validation_data=validation_ds,
                    validation_freq=1)
val_acc = History.history['val_accuracy']
acc = History.history['accuracy']
val_loss = History.history['val_loss']
loss = History.history['loss']
```

程式輸出

```
Model: "res_net"

_____
Layer (type)                 Output Shape              Param #
================================================================
sequential (Sequential)      (None, 30, 30, 64)        2048
_____
sequential_1 (Sequential)    (None, 30, 30, 64)        148736
_____
sequential_2 (Sequential)    (None, 15, 15, 128)       526976
_____
sequential_4 (Sequential)    (None, 8, 8, 256)         2102528
_____
sequential_6 (Sequential)    (None, 4, 4, 512)         8399360
_____
global_average_pooling2d (Gl multiple                  0
_____
dense (Dense)                multiple                  5130
================================================================
```

```
Total params: 11,184,778
Trainable params: 11,176,970
Non-trainable params: 7,808



Epoch 29/30
176/176 [==============================] - 10s 59ms/step - loss: 0.0293 -
 accuracy: 0.9898 - val_loss: 1.6891 - val_accuracy: 0.7288

Epoch 30/30
176/176 [==============================] - 10s 59ms/step - loss: 0.0372 -
 accuracy: 0.9873 - val_loss: 1.0363 - val_accuracy: 0.7904
```

ResNet18 的網路參數量共 1118 萬個，在程式中經過 30 個週期計算後，網路的準確率達到了 98.73%。

● 7-9-3　利用 keras.applications 所提供的 ResNet50 完成影像辨識

表 7-4　Keras Applications 所提供的網路模型

Model	Size (MB)	Top-1 Accuracy	Top-5 Accuracy	Parameters	Depth	Time(ms) per inferences step (CPU)	Time(ms) per inferences step (GPU)
Xception	88	0.790	0.945	22,910,480	126	109.42	8.06
VGG16	528	0.713	0.901	138,357,544	23	69.50	4.16
VGG19	549	0.713	0.900	143,667,240	26	84.75	4.38
ResNet50	98	0.749	0.921	25,636,712	-	58.20	4.55
ResNet101	171	0.764	0.928	44,707,176	-	89.59	5.19
ResNet152	232	0.766	0.931	60,419,944	-	127.43	6,54
ResNet50V2	98	0.760	0.930	25613800	-	45.63	4.42
ResNet101V2	171	0.772	0.938	44675560	-	72.73	5.43
ResNet152V2	232	0.780	0.942	60,380,648	-	107.50	6.64
InceptionV3	92	0.779	0.937	23,851,784	159	42.25	6.86
InceptionResNetV2	215	0.803	0.953	55,873,736	572	130.19	10.02
MobileNet	16	0.704	0.895	4,253,864	88	22.60	3.44
MobileNetV2	14	0.713	0.901	3,538,984	88	25.90	3.83
DenseNet121	33	0.750	0.923	8,062,504	121	77.14	5.38
DenseNet169	57	0.762	0.932	14,307,880	169	96.40	6.25
DenseNet201	80	0.773	0.936	20,242,984	201	127.24	6.67
NASNetMobile	23	0.744	0.919	5,326,716	-	27.04	6.70
NASNetLarge	343	0.825	0.960	88,949,818	-	344.51	19.96
EfficientNetB0	29	-	-	5,330,571	-	46.00	4.91
EfficientNetB1	31	-	-	7,856,239	-	60.20	5.55
EfficientNetB2	36	-	-	9,177,569	-	80.79	6.50
EfficientNetB3	48	-	-	12,320,535	-	139.97	8.77
EfficientNetB4	75	-	-	19,466,823	-	308.33	15.12
EfficientNetB5	118	-	-	30,562,527	-	579.18	25.29
EfficientNetB6	166	-	-	43,265,143	-	958.12	40.45
EfficientNetB7	256	-	-	66,658,687	-	1578.90	61.62

除了自己建模外，keras.applications 也提供了數個預訓練的網路模型，包含常用的圖片分類模型 ResNet50、Vgg16/Vgg19 等 (參考表 7-4)，以下範例就用 ResNet50 網路來辨識輸入的圖形是甚麼類別影像。表 7-4 的表格欄位說明如下：

(1) Size：模型的檔案大小。

(2) Top-1 Accuracy：第一次就預測正確的準確率。

(3) Top-5 Accuracy：預測的前五名種類中有一次正確的準確率。

(4) Parameters：模型參數 (權重、偏差) 的數目。

(5) Depth：模型層數。

上表中的 top-1 和 top-5 準確率是指模型在 ImageNet 驗證數據集上的表現。

程式範例　│　ch07_23

```python
from tensorflow.keras.applications.resnet50 import ResNet50
from tensorflow.keras.preprocessing import image
from tensorflow.keras.applications.resnet50 import preprocess_input\
    , decode_predictions
import numpy as np
import tensorflow as tf
import matplotlib.pyplot as plt
# 載入預先訓練好的模型 -- ResNet50
# 並且載入預先訓練好的權重（這邊是用 imagenet）
model = ResNet50(weights='imagenet')
# 可以在工作路徑上放想識別的影像
img_path = 'dog.jpeg'
# 載入影像，並將影像縮放寬高為 (224, 224)
img = image.load_img(img_path, target_size=(224, 224))
plt.imshow(img)
plt.show()        # 顯示影像
```

程式輸出

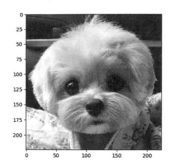

程式範例　│　ch07_24

```
# 將影像轉換為陣列形式 ==> (224, 224, 3)
x = image.img_to_array(img)
# 新增一個維度 ==> (1, 224, 224, 3)
x = np.expand_dims(x, axis=0)
# 對圖象作一個預處理的動作
x = preprocess_input(x)
# 輸入圖像預測
preds = model.predict(x)
# 取得預測前三名的類別及機率
print('Predicted:', decode_predictions(preds, top=3)[0])
```

程式輸出

```
Predicted: [('n02085936', 'Maltese_dog', 0.6310161), ('n02094433',
  'Yorkshire_terrier', 0.21732673), ('n02098413', 'Lhasa', 0.0567054)]
```

從輸出結果中可以看到正確率前三名中第一名是狗，而且連狗的品種名稱都可以判斷出來，的確是很厲害。

7-10 常見卷積神經網路 (五) — DenseNet 網路

CNN 史上的一個里程碑事件是 ResNet 模型的出現，由於 ResNet 可以訓練出更深的 CNN 模型，因此可以獲得更高的準確度。而 ResNet 模型的核心做法是通過建立前面層與後面層之間的 "短路連接" (shortcuts，skip connection)，也因爲如此，研究人員開始嘗試利用不同的 Skip Connection 技巧來建立網路，其中比較流行的就是 DenseNet[7]。DenseNet 將前面所有層的特徵圖信息通過 Skip Connection 與當前層輸出進行聚合 (或稱密集連接 (dense connection)，它的名稱也是由此而來)，但這與 ResNet 的對應位置相加方式不同，DenseNet 採用在通道軸的維度上進行拼接操作，如圖 7-40，這樣的做法除了聚合特徵信息之外也實現特徵重用 (feature reuse)。

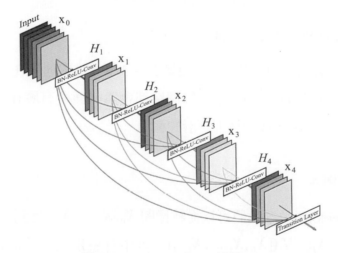

圖 7-40 Dense Block 結構 [7]

圖 7-40 dense block 架構中可以看到，每一層的輸入都包含了所有較早的層的 feature maps 輸出 (例如第 i 層的輸入與 0 ～第 i-1 層的輸出相關)，而且它的輸出被傳遞至每個後續層。這些 feature maps 以通道的維度進行拼接 (特徵重用) 在一起。這邊特別要注意的是：爲了要能進行拼接 (concatenation)，因此在一個 dense block 裡的 feature maps 空間尺寸應該保持不變。這也是和 ResNet 不一樣的地方，ResNet 是通道進行 sum 操作，這樣產生的缺點是特徵容易因爲相加而被破壞。兩者的比較，如圖 7-41 所示。

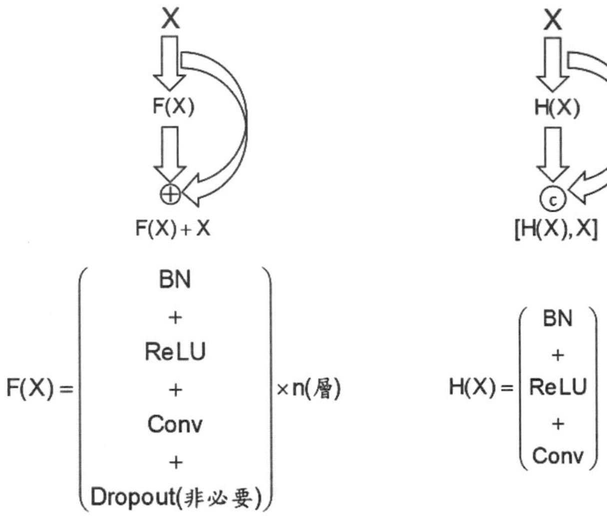

圖 7-41　ResNet 與 DenseNet 內部結構比較

DenseNet 與 ResNet 的主要區別：

ResNet 是每個層與前面的某層 (一般是 2 ～ 3 層) 跳躍連接在一起，連接方式是通過元素級相加。而在 DenseNet 中，每個層都會與前面所有層在 channel(通道) 維度上連接 (concat) 在一起，並作為下一層的輸入。

整理：dense block

在一個 dense block 中，我們可以從特徵圖 $X_0, X_1, ..., X_{l-1}$ 得到第 1 層的特徵圖 X_l，計算表達如下：$X_l = H_l([X_0, X_1, ..., X_{l-1}])$，其中 [] 就是代表 concatenation(拼接)，而這邊的 $H_l(*)$ 就是非線性變換，由三個連續的操作組成：BN、ReLU 和大小為 3×3 的卷積核。

1. **Growth rate：**

   若每個 layer 只產生 k 個 feature maps。則第 L 層的 feature maps 輸入數量為 k_0 + k (L − 1)，其中 k_0 是第一個輸入層的通道數目，而每層輸出的 feature maps channel 數為 k 個則稱為 growth rate。為了控制網路的寬度，提高參數的效率，k 一般限定為較小的整數 (在圖 7-40 中 k=4)，不僅可以減少 DenseNet 的參數，也可以保證 DenseNet 的性能。(Grow rate 也就是 H(.) 函數產生的 feature map 的數目)

2. 過渡層 (Transition layer)：

該層位於兩個 dense block 之間 (如圖 7-42 虛線框框部分)，由 1×1 Conv 層和 2×2 平均池化層組成，結構為：BN + ReLU + 1×1 Conv + 2×2 AvgPooling。主要目的是減少 feature map 數量 (利用 1×1 Conv) 和縮小 feature map size(又稱下採樣)(2×2 平均池化)，這樣可以進一步的降低模型複雜度。這裡的 size 是指 feature map 的寬 × 高。

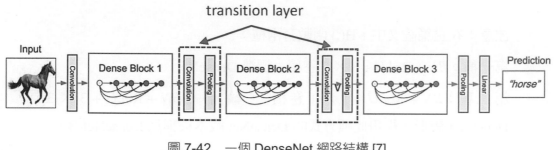

圖 7-42 一個 DenseNet 網路結構 [7]

圖 7-42 是由三個 dense block 組成的，任兩個 block 之間有 transition layer。而 dense block 3 後面的 pooling 與前面的池化方式不同，他採用的是 global average pooling，最後再接一個全連接層 +softmax。

3. DenseNet 的變形：

(1) 使用 Bottleneck layers：在一個 dense block 裡，儘管每層輸出的通道數並不大 (growth rate 一般不會設得很大)，但是每一層的輸入是由前面層的 feature maps 串接起來的，所以越後面的層輸入的通道數會越大。為了提高計算效率，作者引進 1 × 1 conv 層作為 bottleneck layer(如圖 7-43)，放置在每層的前面，用來降低通道數。帶有 bottleneck layer 的 DenseNet 被稱為 DenseNet-B。

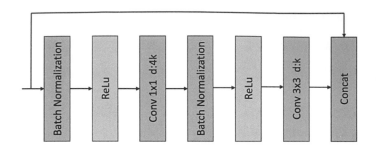

圖 7-43　DenseNet-B(帶有 Bottleneck Layers)

注意：在這篇論文中，H(.) 函數有兩種：

第一種：$BN + ReLU + 3 \times 3$ 卷積：標準 DenseNet

第二種：$BN + ReLU + 1 \times 1$ 卷積 $\rightarrow$ 輸出 $\rightarrow$ $BN + ReLU + 3 \times 3$ 卷積：DenseNet 變形，採用此種方式的 DenseNet 版本被稱為 DenseNet-B。

(2) Compression：為了提高模型的緊密性，作者嘗試減少 Transition Layer (過渡層) 的 feature map。因此，如果一個 Dense Block 由 m 個 feature map 組成，並且過渡層生成 $i \times m$ 個輸出 feature map 圖，其中 $0 < i <= 1$，這 i 也表示壓縮因子。如果 i 的值等於 1，則經過過渡層的 feature map 數量保持不變。如果 $i < 1$，則該架構稱為 DenseNet-C，並且 i 的值將更改為 0.5。當同時使用 $i < 1$ 的瓶頸層和過渡層時，我們將我們的模型稱為 DenseNet-BC。

DenseNet 架構：

表 7-5 表示的是對 ImageNe 數據集的 DenseNet 系列的整體網路結構。表 7-5 中給出了 DenseNet-121、DenseNet-169、DenseNet-201、DenseNet-264 四種網路結構。這四種網路結構框架相同，都有四個 Dense Block，僅有的差異在於：每個 Dense Block 中 Bottleneck layers 的個數不一樣。

表 7-5 ImageNet 數據集上所採用的 DenseNet 結構

Layers	Output Size	DenseNet-121	DenseNet-169	DenseNet-201	DenseNet-264
Convolution	112×112	7×7 conv, stride 2			
Pooling	56×56	3×3 max pool, stride 2			
Dense Block (1)	56×56	$\begin{bmatrix} 1 \times 1 \text{ conv} \\ 3 \times 3 \text{ conv} \end{bmatrix} \times 6$	$\begin{bmatrix} 1 \times 1 \text{ conv} \\ 3 \times 3 \text{ conv} \end{bmatrix} \times 6$	$\begin{bmatrix} 1 \times 1 \text{ conv} \\ 3 \times 3 \text{ conv} \end{bmatrix} \times 6$	$\begin{bmatrix} 1 \times 1 \text{ conv} \\ 3 \times 3 \text{ conv} \end{bmatrix} \times 6$
Transition Layer (1)	56×56	1×1 conv			
	28×28	2×2 average pool, stride 2			
Dense Block (2)	28×28	$\begin{bmatrix} 1 \times 1 \text{ conv} \\ 3 \times 3 \text{ conv} \end{bmatrix} \times 12$	$\begin{bmatrix} 1 \times 1 \text{ conv} \\ 3 \times 3 \text{ conv} \end{bmatrix} \times 12$	$\begin{bmatrix} 1 \times 1 \text{ conv} \\ 3 \times 3 \text{ conv} \end{bmatrix} \times 12$	$\begin{bmatrix} 1 \times 1 \text{ conv} \\ 3 \times 3 \text{ conv} \end{bmatrix} \times 12$
Transition Layer (2)	28×28	1×1 conv			
	14×14	2×2 average pool, stride 2			
Dense Block (3)	14×14	$\begin{bmatrix} 1 \times 1 \text{ conv} \\ 3 \times 3 \text{ conv} \end{bmatrix} \times 24$	$\begin{bmatrix} 1 \times 1 \text{ conv} \\ 3 \times 3 \text{ conv} \end{bmatrix} \times 32$	$\begin{bmatrix} 1 \times 1 \text{ conv} \\ 3 \times 3 \text{ conv} \end{bmatrix} \times 48$	$\begin{bmatrix} 1 \times 1 \text{ conv} \\ 3 \times 3 \text{ conv} \end{bmatrix} \times 64$
Transition Layer (3)	14×14	1×1 conv			
	7×7	2×2 average pool, stride 2			
Dense Block (4)	7×7	$\begin{bmatrix} 1 \times 1 \text{ conv} \\ 3 \times 3 \text{ conv} \end{bmatrix} \times 16$	$\begin{bmatrix} 1 \times 1 \text{ conv} \\ 3 \times 3 \text{ conv} \end{bmatrix} \times 32$	$\begin{bmatrix} 1 \times 1 \text{ conv} \\ 3 \times 3 \text{ conv} \end{bmatrix} \times 32$	$\begin{bmatrix} 1 \times 1 \text{ conv} \\ 3 \times 3 \text{ conv} \end{bmatrix} \times 48$
Classification Layer	1×1	7×7 global average pool			
		1000D fully-connected, softmax			

DenseNet-121 程式實踐：

整個 DenseNet-121 架構為：

(1) 網路輸入：224×224×3 的彩色圖像。

(2) 第一層：BN-ReLU-Conv(7×7)-MaxPooling(3×3)。

(3) 中間層：稠密塊 (DenseBlock(1))- 過渡層 (TransitionLayer(1))- 稠密塊 (DenseBlock(2))- 過渡層 (TransitionLayer(2))- 稠密塊 (DenseBlock(3))- 過渡層 (TransitionLayer(3))- 稠密塊 (DenseBlock(4))。

(4) 分類層：全局平均池化 (7×7)- 全連接層 (1000 個節點)-softmax。

一、Dense Layer 層設計 (Dense Block 的一個子層)：

Dense Layer 中函數 H() 的計算過程如下 (可參考圖 7-43)：

1. Batch Normalization

2. 激勵函數：ReLU

3. Bottleneck layer，此層是可選的，主要是為了減少 feature-maps 的數量，其內容包含：

(1) 1x1 Convolution, kernel_size=1, channel = 4k,

(2) Batch Normalization

(3) ReLU

4. Convolution, kernel_size=3, channel = k

5. Dropout, 可選的 , 用於防止過擬合

程式範例　｜　ch07_DenseNet

```python
# DenseLayer，相當於每一個 dense block 中有多少個相同的 H(DenseLayer) 函數
class DenseLayer(layers.Layer):
    # growth_rate : 增長率 k
    def __init__(self, growth_rate, drop_rate):
        super(DenseLayer, self).__init__()
        # 接下來按照 bn->relu->Conv 1x1->bn->relu
        # ->Conv 3x3->Dropout(可選的,用於防止過擬合)
        self.bn1 = layers.BatchNormalization()
        # 使用 1*1 卷積核將通道數降至 4*k
        self.conv1 = layers.Conv2D(filters=4,
                                   kernel_size=(1, 1),
                                   strides=1,
                                   padding="same")
        self.bn2 = layers.BatchNormalization()
```

```
        # 使用 3*3 卷積核,使得輸出通道數為 k
        self.conv2 = layers.Conv2D(filters=growth_rate,
                                   kernel_size=(3, 3),
                                   strides=1,
                                   padding="same")
        self.dropout = layers.Dropout(rate=drop_rate)
        # 將網路存於一列表中
        self.listLayers = [self.bn1,
                           layers.Activation("relu"),
                           self.conv1,
                           self.bn2,
                           layers.Activation("relu"),
                           self.conv2,
                           self.dropout]
    def call(self, x, **kwargs):
        y = x
        for layer in self.listLayers:
            y = layer(y)
        # 每經過一個 DenseLayer,將輸入和輸出按通道拼接。
        y = layers.concatenate([x, y], axis=-1)
        return y
```

Bottleneck layer (self.conv1, self.bn2, layers.Activation("relu"))

在執行前向計算時 (call),將 listLayers 中的每個 layer 的輸入和輸出在通道維上連結。

二、稠密塊 (Dense Block) 設計：

稠密塊由多個 Dense Layer 層所組成，每塊使用相同的輸出通道數：

程式範例

```
# 稠密塊，是由若干個相同的 DenseLayer 組成
class DenseBlock(layers.Layer):
    # num_layers 表示該 DenseBlock 存在 DenseLayer 的層數
    def __init__(self, num_Denselayers, growth_rate, drop_rate=0.5):
        super(DenseBlock, self).__init__()
        self.num_layers = num_Denselayers
        self.growth_rate = growth_rate
        self.drop_rate = drop_rate
        self.listLayers = []
        # 一個 DenseBlock 由多個 DenseLayer 構成，這邊可以將它們放入列表中。
        for _ in range(num_Denselayers):
            self.listLayers.append(DenseLayer(growth_rate=self.growth_rate,
                                              drop_rate=self.drop_rate))

    def call(self, x, **kwargs):
        for layer in self.listLayers:
            x = layer(x)
        return x
```

三、Transition Block：

Transition Block 是在兩個 Dense Block 之間的，主要是由以下各層組成：

1. Batch Normalization

2. ReLU

3. 1×1 Convolution，kernel_size=1，此處可以根據預先設定的壓縮係數 (0-1 之間) 來壓縮原來的 channel 數，以減小參數

4. 2×2 Average Pooling

程式範例

```python
class TransitionLayer(layers.Layer):
    # out_channels 代表輸出通道數（壓縮比例由DenseNet設定）
    def __init__(self, out_channels):
        super(TransitionLayer, self).__init__()
        self.bn = layers.BatchNormalization()
        self.conv = layers.Conv2D(filters=out_channels,
                                  kernel_size=(1, 1),
                                  strides=1,
                                  padding="same")
        self.pool = layers.MaxPool2D(pool_size=(2, 2),   # 2倍下採樣
                                     strides=2,
                                     padding="same")

    def call(self, inputs, **kwargs):
        x = self.bn(inputs)
        x = tf.keras.activations.relu(x)
        x = self.conv(x)
        x = self.pool(x)
        return x
```

四、**DenseNet** 網路建立：

主要是循環 DenseBlock 和 Transition layer 兩區塊，這邊以 DenseNet121 為範例其整個網路流程描述如下：

1. 資料下載：

本次任務採用的的數據集是 Fashion MNIST 數據集。

程式範例

```python
(train_Data, train_Label), (test_Data, test_Label) = \
    tf.keras.datasets.fashion_mnist.load_data()

train_d = train_Data.reshape((60000, 28, 28, 1)).astype('float32') / 255
test_d = test_Data.reshape((10000, 28, 28, 1)).astype('float32') / 255
```

2. 網路創建：

DenseNet-121 整體網路架構如圖 7-44，在論文中 (可以參考表 7-5 虛線框框部分)，DenseNet-121 網路構建是由 4 個 Dense Block，和 3 個 Transition Block 所構成。DenseNet-121 首先使用單卷積層和最大池化層，接下來使用的是 4 個稠密塊。在稠密塊中我們可以設置內部有多少個卷積層 (在本範例中我們使用 DenseLayer 來設定稠密塊的內部組成)。

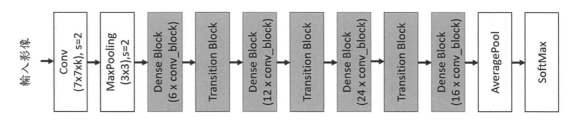

圖 7-44　DenseNet-121 整體網路架構

程式範例

```
# DenseNet-121 整體網路結構
class DenseNet(tf.keras.Model):
    # init_featuresChannel:代表一開始的通道數，即輸入第一個稠密塊的通道數
    # growth_rate:增長率 k，指經過一個 DenseLayer 輸出的特徵圖的通道數
    # block_layers:每個稠密塊中的 DenseLayer的個數
    # compression_rate:壓縮因子，其值在(0,1]範圍內
    # drop_rate : 保留的機率
    def __init__(self, init_featuresChannel, growth_rate, block_layers,
                 compression_rate, drop_rate):
        super(DenseNet, self).__init__()
        # 第一層，7*7的卷積層，2倍下採樣。
        self.conv = layers.Conv2D(filters= init_featuresChannel,
                                  kernel_size=(7, 7),
                                  strides=2,
                                  padding="same")
```

```python
        self.bn = layers.BatchNormalization()
        # 第二層 : 最大池化層(3*3卷積和，2倍下採樣)
        self.pool = layers.MaxPool2D(pool_size=(3, 3), strides=2,
                                    padding="same")
    # 第一稠密塊:Dense Block
    # 初始通道數目(看你輸入的影像通道數)
    self.num_channels = init_featuresChannel
    self.dense_block_1 = DenseBlock(num_Denselayers=block_layers[0],
                        growth_rate=growth_rate,
                        drop_rate=drop_rate)
    # 計算第一稠密塊的輸出的通道數
    self.num_channels += growth_rate * block_layers[0]
    # 對通道數進行壓縮
    self.num_channels = compression_rate * self.num_channels
    # 第一過渡層
    self.transition_1 = TransitionLayer(out_channels=int(self.num_channels))

    # 第二稠密塊:Dense Block
    self.dense_block_2 = DenseBlock(num_Denselayers=block_layers[1],
                        growth_rate=growth_rate, drop_rate=drop_rate)
    # 計算第二稠密塊的輸出的通道數
    self.num_channels += growth_rate * block_layers[1]
    # 對通道數進行壓縮
    self.num_channels = compression_rate * self.num_channels
    # 第二過渡層
    self.transition_2 = TransitionLayer(out_channels=int(self.num_channels))

    # 第三稠密塊:Dense Block
    self.dense_block_3 = DenseBlock(num_Denselayers=block_layers[2],
                        growth_rate=growth_rate, drop_rate=drop_rate)
    # 計算第三稠密塊的輸出的通道數
    self.num_channels += growth_rate * block_layers[2]
    self.num_channels = compression_rate * self.num_channels
    # 第三過渡層
    self.transition_3 = TransitionLayer(out_channels=int(self.num_channels))
    # 第四稠密塊:Dense Block
    self.dense_block_4 = DenseBlock(num_Denselayers=block_layers[3],
                        growth_rate=growth_rate, drop_rate=drop_rate)
    # 全局平均池化，輸出 size : 1*1
    self.avgpool = layers.GlobalAveragePooling2D()
    # 全連接層 (10分類)
    self.fc = layers.Dense(units=10, activation='softmax')
```

```python
    def call(self, inputs, **kwargs):
        x = self.conv(inputs)
        x = self.bn(x)
        x = tf.keras.activations.relu(x)
        x = self.pool(x)

        x = self.dense_block_1(x)
        x = self.transition_1(x)
        x = self.dense_block_2(x)
        x = self.transition_2(x)
        x = self.dense_block_3(x)
        x = self.transition_3(x,)
        x = self.dense_block_4(x)

        x = self.avgpool(x)
        x = self.fc(x)

        return x

model = DenseNet(init_featuresChannel = 1, growth_rate = 4,
                 block_layers = [6,12,24,16], compression_rate = 1,
                 drop_rate = 0)
```

3. 網路編譯與訓練：

程式範例

```python
model.compile(loss='sparse_categorical_crossentropy',
              optimizer=tf.keras.optimizers.SGD(),
              metrics=['accuracy'])

history = model.fit(train_d, train_Label,
                    batch_size=32,
                    epochs=20,
                    verbose = 1,
                    validation_split=0.2,
                    shuffle = True)
```

4. 訓練集與驗證集正確率輸出

程式範例

```python
import matplotlib.pyplot as plt
plt.plot(history.history['accuracy'])
plt.plot(history.history['val_accuracy'])
plt.ylabel('ACC')
plt.legend(['training', 'validation'], loc='upper left')
plt.show()
```

程式輸出

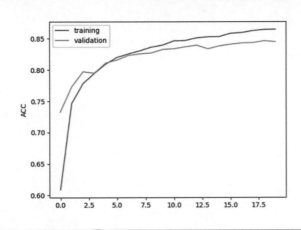

Chapter 8
循環神經網路

8-1 淺談循環神經網路

在第七章中我們詳細說明了卷積神經網路 (Convolutional Neural Networks, CNN) 歷史的演進與各種卷積神經網路的應用，但這類的網路主要都是利用資料的局部相關性來進行數據分析，雖然他們很成功的被應用在計算機視覺領域的相關任務上，而且對於空間維度的資訊能夠有效的使用，但是卻忽略在現實生活當中的一個重要的維度—時間，例如自然語言處理、語音識別、情感分析、問答系統等，為了解決時間維度上的問題，因此就有了循環神經網路 (Recurrent Neural Network, RNN) 的出現。

這邊我們用預測某間餐廳明天的主菜是甚麼的例子來解釋甚麼是循環神經網路，假設某間餐廳從星期一到星期天的主菜順序如表 8-1：

表 8-1　餐廳供餐表

星期一	星期二	星期三	星期四	星期五	星期六	星期日
義大利麵	披薩	蛋包飯	牛排	火鍋	壽司	炸雞餐

圖 8-1　時間序列網路示意圖

　　這時我們會想有沒有可能設計一個模型來預測明天餐廳會供應什麼晚餐？因為我們可以根據明天供應的餐是不是我們喜歡吃的東西來決定要不要去那間餐廳吃晚餐。從表 8-1 中可以發現，我們可以藉由前一天的晚餐供應來預測今天的餐點是甚麼，並也可以預測明天的餐點。根據上述的想法，因此可以設計如圖 8-1 的網路，我們可以把每日供應的餐點的順序當成是一個序列訊息，通過提取序列之前的訊息，並結合序列當前的輸入，該網路能夠預測出序列的下一個輸出資訊。

　　由圖 8-1 中的序列網路可以發現，下一個時刻的輸出是利用上一時刻的資訊與現在的輸入來決定，因此圖 8-1 又可以簡化成圖 8-2。而這樣的網路就是循環網路結構 (Recurrent Neural Network, RNN)。

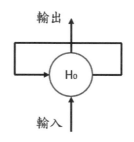

圖 8-2　循環網路結構

循環神經網路 (Recurrent Neural Network)

　　循環神經網路是一種專門用於處理序列數據的神經網路。實際上，使 RNN 如此強大的原因在於它不僅考慮了實際輸入，還考慮了先前的輸入，這使它能夠記住先前發生的事情。例如，當我們提供一個帶有字母序列 "NETWORK" 的字串給前饋式神經網路 (feedforward neural network)，如圖 8-3(a)。當輸入到 "T" 時，它已經忘記了前面已經讀過了 "N" 與 "E"。事實上這是一個大問題。因為不管你多麼努力地訓練它，它總是很難猜測最有可能的下一個字是 "W"。因此如果我們想訓練這樣的網路去完成某些任務 (例如語音識別、情感分析) 幾乎是不太可能的事情，因為這些任務都會需要分析整句話語的意義，也就是一段話中的每個字前後都具有關係。因此網路必須能夠記住前面所讀過的字且根據目前的輸入加以分析，而循環網路，如

圖 8-3(b)。RNN 的人工神經元在接收到下一筆資料的輸入時也將它剛才接收到的上一筆資料的輸出作為其輸入，也就是說，它將最近的過去資訊添加到現在加以考慮。這賦予了它『有限』的短期記憶優勢，這樣對於網路在訓練時，提供了足夠的上下文來猜測下一個字最有可能是什麼（例如 "W"），因此便可以完成這樣的任務。

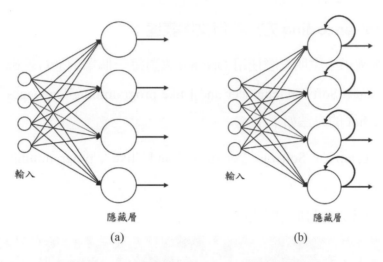

（a）　　　　　　　　（b）

圖 8-3　(a) 前饋神經網路　(b) 循環神經網路

● 8-2-1　自然語言處理 (Natural Language Processing)

自然語言處理 (Natural Language Processing)，簡稱 NLP，是人工智慧其中的一個領域。它幫助機器處理和理解人類語言，以便它們可以自動執行重複性任務。例如包括文章翻譯和總結文本、文章分類和拼寫檢查甚至還可以構建聊天機器人。

以情感分析為例，它使用自然語言處理來檢測文本中的情感。這種分類任務是 NLP 中最受歡迎的任務之一，可以提供大量有關客戶選擇及其決策驅動因素的信息。分析這些互動可以幫助品牌發現他們需要立即響應的緊急客戶問題，或監控整體客戶滿意度。但由於文本本身是一種非結構化的資料，無法被電腦直接識別計算。這時就必須考慮到 word representation（詞表示）的方式，所謂的 word representation 就是將這種文本訊息轉化為結構化的資訊，這樣電腦就可以針對 word representation 加以識別計算，完成文章分類、情緒判斷等工作。

word representation 的方法很多，例如：

(1) One-hot encoding

(2) Integer representation

(3) Word embedding

一、以 One-hot encoding 方式進行文字表達：

以下用一個例子來說明怎麼使用 One-hot 來對每一個單詞進行編碼，假設這邊給定一句話："I am a Software engineer and I like programming languages"那麼，每個單詞轉換成 One-hot 的方法如下：

1. 總共有 ['I','am ','a','Software ','engineer ','and ','like ', 'programming ', ' languages '] 八個單詞。

2. 每個單詞轉成向量的型態如下：

單詞	One-hot 編碼
I	100000000
am	010000000
a	001000000
Software	000100000
engineer	000010000
and	000001000
like	000000100
programming	000000010
languages	000000001

(1) 缺點一：

從上表中可以發現 One-hot 的編碼方式是實現詞嵌入 (Word Embedding) 最簡單的方式，其編碼過程中不需要學習和訓練 (每種向量在代表每個單詞時，只有一個維度為 1 其餘為 0)。但是從表中也可以發現 One-hot 編碼所變成的向量是維度很高而且是極其稀疏的，大多數的位置都是為 0，在計算時效率太低，同時也不利於神經網路的訓練。

(2) 缺點二：

　　one-hot 編碼時並沒有考慮到單詞與單詞之間的相關性，因此無法表現單詞與單詞的關係遠近程度，例如這邊我們觀察 "Software" 和 "programming" 向量之間的相似性，得到向量內積值為 0，([0,0,0,1,0,0,0,0,0]*[0,0,0,0,0,0,0,1,0]=0)，與對 "engineer" 和 "and" 之間的相似性沒有任何區別，因為 "engineer" 和 "and" 之間的 one-hot 向量內積也為 0，([0,0,0,0,1,0,0,0,0]*[0,0,0,0,0,1,0,0,0]=0)。但是 "Software" 與 "programming" 之間的關係應該要比 "engineer" 與 "and" 還相近，但是這在 one-hot 編碼方式中卻無法觀察到。

而在自然語言處理的領域裡有一個研究分支專門在探討如何去讓電腦去學習並產生好的單詞表示向量 (Word Vector) 來使得語義層面的相關性較高。這邊可以利用餘弦相關度 (Cosine similarity) 衡量內積空間的兩個向量之間的相似度。它是通過兩個向量之間夾角的餘弦來測量，並確定兩個向量是否指向大致相同的方向 (如圖 8-4)。它最常被用於測量文本分析中的文檔相似度。

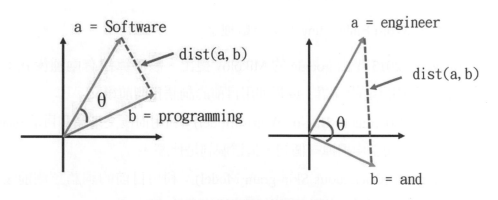

圖 8-4 餘弦相似度示意圖

其中 a 和 b 代表了兩個單詞向量。圖 8-4 表示了單詞 "Software" 和 "programming" 的相似度，以及單詞 "engineer" 和 "and" 的相似度，θ 為兩個詞向量之間的夾角。兩個向量越相似夾角越小，餘弦值越大。可以看到 $\cos(\theta)$ 較好地反映了語義相關性。

二、integer representation：

每一個單詞都以一個整數來表示，將詞語的整數連接成 list，就是一句話，例如：

I	am	a	Software	engineer	and	I	like	programming	languages
1	2	3	4	5	6	1	7	8	9

其缺點就是沒有辦法表示出詞語之間的相互關係

三、Word Embedding (詞嵌入)

Word Embedding (詞嵌入)，有時候又有人稱 Word Vector (詞向量)，是自然語言處理 (NLP) 當中經常會使用到的一種『技術』，其主要的想法為『將文字經由某種轉換函數轉成數值數據』。但為什麼要這要做呢？原因是因為神經網路之所以能分析我們給的資料是因為網路內部經由一連串的矩陣相乘、相加等數學運算，但它並不能夠直接處理字串類型的數據 (例如我們說的話等)，如果希望神經網路能夠用於自然語言處理這些單詞或字串資料，那就必須把這些資料數值化，而在 NLP 世界中這樣的過程稱為向量化，或者稱為詞嵌入。

目前常用到的 Word Embedding 有以下數種：

1. Word2Vec：2013 年由 google 的 Mikolov 提出，該演算法有兩種模式：利用前後文來預測目前的詞語，或是利用目前的詞語預測前後文。

    (1) CBOW (Continuous Bag-of-Words Model)：利用前後文來預測目前的詞語，相當於一句話中扣掉一個詞，猜這個詞是什麼。

    (2) Skip-gram (Continuous Skip-gram Model)：利用目前的詞語預測前後文，相當於給一個詞，猜前面和後面可能出現什麼詞。

2. GloVe (Global Vectors for Word Representation)：是一種全局對數雙線性回歸模型，這種模型主要是結合兩種模型的特點：全局矩陣分解 (global matrix factorization) 和局部上下文窗口 (local context window)。

3 Doc2Vec(doc 就是 document 的意思)：是一種非監督式演算法，是 word2vec 的拓展。

● 8-2-2 如何實現 Embedding 層：

在前面說到 one-hot 編碼的缺點一為當如果我們的單詞太多即會造成維度太高 (1000 個字 1000 維，那 10,000 個字不就…太恐怖了)，但是要解決的方法非常簡單，既然維度高那就想辦法降維。於是就推出了『Word Embedding(詞嵌入)』的方法。我們可以通過訓練的方式，將每個詞映射到一個更短的詞向量上面，這邊也可以當成將高維度空間的詞向量嵌入到一個低維空間。

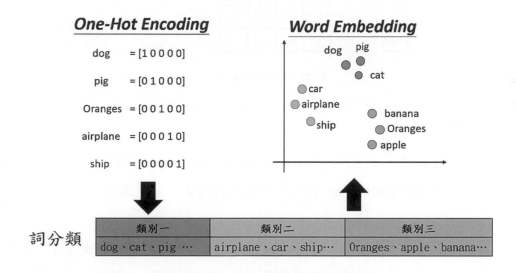

圖 8-5 二維詞向量 (相似詞彼此更接近)

如圖 8-5 所述，這是一個簡單的 Word Embedding(詞嵌入) 表示方式，因為我們可以使用兩個向量之間的接近度來捕獲單詞相似度。在圖中，我們僅使用 2 維來表示如此多的單詞 (密集表示)，而 one-hot 編碼方法需要更多的維度。

那如何實作 Word Embedding ？在實際做法上，我們會事先建立一個詞彙表，這個詞彙表包含了大部分的本次語義分析任務的所有單詞，接下來是設計要訓練的 Embedding 層，Embedding 層負責把單詞編碼為某個長度為 n 的詞向量，如圖 8-6 所示。

在上圖中，假設 dog 這個單詞的 One-Hot 編碼為 [0,0,1,0,0,0,0,0,0,0]，當它跟 Word Embedding 層運算後 (也可以想成查表後) 會產生一個長度為 4 的詞向量，而中間的 Word Embedding 層包含了每一個詞的詞嵌入形式。這一層我們可以經由訓練的方式得到。

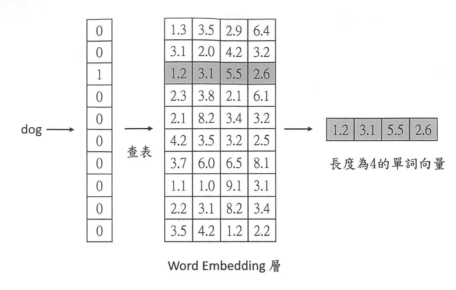

Word Embedding 層

圖 8-6　Word Embedding 示意圖

　　在 TensorFlow 中，可 以 通 過 keras.layers.Embedding() 函 數 來 定 義 一 個 Word Embedding 層。Word Embedding 層被定義爲網絡的第一個隱藏層。它必須指定 3 個參數：

(1) input_dim：這是文本數據中詞彙的詞索引數 (或詞彙表大小)。例如，如果您的數據索引是整數編碼爲 0 ～ 9 之間的值，那麼詞彙的大小就是 10 個單詞。

(2) output_dim：這是經過嵌入轉換後單詞的向量空間的大小。它爲每個單詞定義了這個層的輸出向量的大小。

(3) input_length：這是輸入序列的樣本數，也就是一次輸入帶有多少個詞彙個數。例如，如果您的所有輸入文檔都由 1000 個字組成，那麼 input_length 就是 1000。

程式範例 | **ch08_1（使用亂數資料當輸入）**

```python
import tensorflow as tf
from tensorflow.keras import layers

x = tf.range(10)  # 產生10個單詞的index
# 創建 10 個單詞, 每個單詞長度為 3 的 Word Embedding層
embeddingnet = layers.Embedding(10,3)
out = embeddingnet(x)
print(out)
```

程式輸出

```
tf.Tensor(
[[-0.00897484  0.04882136  0.03629075]
 [ 0.01311126 -0.01766323  0.01202028]
 [-0.00798475 -0.00290962  0.03113821]
 [ 0.00725745  0.0385207   0.03275407]
 [-0.01731666 -0.04947285 -0.03355511]
 [-0.0417469   0.01045936 -0.01717454]
 [ 0.01423216 -0.00366931 -0.04819055]
 [ 0.00556117  0.01213402 -0.01338531]
 [-0.01861267 -0.0325916   0.03624358]
 [-0.00884454  0.01728759 -0.04702829]], shape=(10, 3), dtype=float32)
```

在程式範例 ch08_1 程式碼中我們創建了 10 個單詞的 Word Embedding 層，每個單詞用長度為 3 的向量來編碼，輸入為數字為編碼 0～9，輸出可以得到這 10 個單詞的詞向量，由於 Word Embedding 層一開始給得內部值是隨機初始化的，還沒有經過網路訓練過，我們可以利用印出 embeddingnet.embeddings 來觀察 Embedding 層參數值，並且也可以查看 Embedding 層的內部張量是否可以優化：

程式範例 |

```python
# 得到 embedding 層參數
print(embeddingnet.embeddings)
# 查看參數是否是可以訓練的
print(embeddingnet.embeddings.trainable)
```

程式輸出

```
<tf.Variable 'embedding/embeddings:0' shape=(10, 3) dtype=float32, numpy=
array([[ 0.01041009, -0.02343458, -0.02012017],
       [-0.00545765,  0.00367657,  0.00801326],
       [ 0.01214571,  0.00693566, -0.04319186],
       [ 0.02981723, -0.01415921,  0.02762664],
       [-0.00887021,  0.04021013, -0.0305468 ],
       [ 0.0358437 , -0.04231323, -0.00690936],
       [ 0.0471571 ,  0.01566311, -0.00134975],
       [ 0.00319699,  0.0058906 ,  0.03057135],
       [-0.04358815,  0.04199436, -0.02569746],
       [ 0.00132782, -0.01691097, -0.03256049]], dtype=float32)>
True
```

　　這邊我們來定義一個問題，下面有 14 個句子，每個句子都是一個心情好壞的評論。每個評論被分類為正評論的 "1" 或負評論的 "0"。因此這是一個簡單的情感分析問題。

　1. 首先定義評論與正負心情標籤 (1 為正，0 為負)

程式範例 ｜ **ch08_2：單詞遷入 (Word Embedding) 範例：簡單的文本分類問題**

```python
import tensorflow as tf
from tensorflow.keras import layers
from numpy import array
from tensorflow.keras.preprocessing.text import one_hot
from tensorflow.keras.preprocessing.sequence import pad_sequences


# 定義文件檔（前七個是正情緒, 後七個是負情緒）
docs1 = ['perfect','excellent','dreams come true',
        'best Wishes','nice work','fine','good for You',
        'chin up','sad','bad mood','Poor effort',
        'down in the dump','feel blue','very bad']
# 定義文件檔的標籤（正情緒與負情緒詞）
labels = array([1,1,1,1,1,1,1,0,0,0,0,0,0,0])
```

2. 接下來要將每個詞彙轉換成整數編碼。也就是把字串詞彙轉換成整數，以便後續處理。

程式範例

```
# 定義詞匯的數量
vocab_size = 70
# 利用 one_hot()函數來做整數編碼
encoded_docs = [one_hot(text, vocab_size) for text in docs1]
print(encoded_docs)
```

程式輸出

```
[[4], [13], [40, 12, 68], [36, 48], [47, 13], [68], [66, 17, 51], [68, 57],
  [32], [20, 53], [66, 25], [41, 23, 22, 48], [28, 3], [6, 20]]
```

3. 由於每個句子的詞彙長度不一樣，因此我們利用 pad_sequences() 將填充所有輸入序列的長度都變為 4

程式範例

```
maxlen = 4
padded_docs = pad_sequences(encoded_docs, maxlen=maxlen, padding='post')
print(padded_docs)
```

程式輸出

```
[[ 4  0  0  0]          [32  0  0  0]
 [13  0  0  0]          [20 53  0  0]
 [40 12 68  0]          [66 25  0  0]
 [36 48  0  0]          [41 23 22 48]
 [47 13  0  0]          [28  3  0  0]
 [68  0  0  0]          [ 6 20  0  0]]
 [66 17 51  0]
 [68 57  0  0]
```

4. 定義嵌入層為網路一部分：嵌入的詞彙量為 70，每次輸入句子的長度為 4 個詞彙，這邊將每一個詞彙給定 8 維的嵌入空間。因此一個句子會有 32 個元素的向量。

程式範例

```
model = tf.keras.Sequential()
model.add(layers.Embedding(vocab_size, 8, input_length=maxlen))
model.add(layers.Flatten())

# 加上一般的完全連接層(Dense)
model.add(layers.Dense(1, activation='sigmoid'))
# 印出模型
print(model.summary())
```

程式輸出

```
Model: "sequential"

_____
Layer (type)                 Output Shape              Param #
=================================================================
embedding (Embedding)        (None, 4, 8)              560

_____
flatten (Flatten)            (None, 32)                0

_____
dense (Dense)                (None, 1)                 33
=================================================================
Total params: 593
Trainable params: 593
Non-trainable params: 0

_____
None
```

5. 編譯、計算模型與正確率估算

程式範例

```
# 編譯模型
model.compile(optimizer='adam', loss='binary_crossentropy',
              metrics=['accuracy'])
# 執行模型
model.fit(padded_docs, labels, epochs=50, verbose=0)
# 計算損失與正確率
loss, accuracy = model.evaluate(padded_docs, labels, verbose=0)
print('Accuracy: %f' % (accuracy*100))
```

程式輸出

```
Accuracy: 100.000000
```

● 8-2-3 利用全連接網路處理 IMDb 網路電影資料集

在我們進入到如何使用循環神經網路進行語意分析之前，我們先來討論語意分析是否可以用全連接神經網路或者是卷積神經網路來完成這個任務，並且也討論如果使用這兩種網路分析此任務時會遇到哪些問題。

在本任務中我們使用 IMDb 資料庫 (Internet Movie Database) 來做本次任務的資料庫，因此我們先來說明甚麼是 IMDb 資料庫。

IMDb 網路資料庫 (Internet Movie Database)(網際網路電影資料庫) 是一個電影相關的線上資料庫。IMDb 開始於 1990 年，目前是亞馬遜 (Amazon) 旗下的網站，至今已經累積大量的電影資訊。IMDb 共收錄了四百多萬作品資料。內容包括了影片的眾多信息。不管是電影、演員、導演、作曲等等，反正跟電影有關的都可以在那裡查到巨細靡遺的資料。此外，IMDB 是許多人選擇電影的重要參考，如果想要查詢電影的評分資訊目前使用最多的就是 IMDb 評分。

IMDb 資料集共有 50,000 筆 " 影評資料 "，分為訓練資料與測試資料各 25,000 筆，每一筆 " 影評資料 " 都被標記成 " 正面評價 " 或 " 負面評價 "。

1. 下載 IMDB 資料集

程式範例	ch08_3：(利用多層感知器 (MLP) 連接神經網路完成 IMDb 情緒分析)

```python
from tensorflow.keras.datasets import imdb
# 找出最常出現的2000個單詞
(train_data, train_labels), (test_data, test_labels) = \
    imdb.load_data(num_words=2000)
print("train_data shape :", train_data.shape)
print("train_labels shape :", train_labels.shape)
print("test_data shape :", test_data.shape)
print("test_labels shape :", test_labels.shape)
```

程式輸出

```
train_data shape : (25000,)
train_labels shape : (25000,)
test_data shape : (25000,)
test_labels shape : (25000,)
```

2. 顯示評論內容與標籤

當資料庫下載下來之後，我們可以試著把第一筆資料列印下來看看他長甚麼樣子，程式碼如下：

程式範例

```python
print(train_data[0])
print(train_labels[0])
```

程式輸出

```
[1, 14, 22, 16, 43, 530, 973, 1622, 1385, 65, 458, 2, 66, 2, 4, 173, 36, 256, 5, 25, 100,
..........
1334, 88, 12, 16, 283, 5, 16, 2, 113, 103, 32, 15, 16, 2, 19, 178, 32]


1
```

從程式輸出可以發現評論文字已轉換爲整數陣列，裡面的每個整數代表字典中的特定單詞的索引。此外，由於每個影評都有一個標籤，標籤 0 表示負面評論，1 表示正面評論，而第一筆資料的標籤是正面評論。

3. 評論文字內容解碼

首先我們可以先通過如下的程式碼列印出單詞中的索引內容：

程式範例

```
data = imdb.get_word_index()
print(data)
```

程式輸出

'reverent': 44834, 'gangland': 22426, "'ogre'": 65029, 'prolly': 28701, 'wondered': 3547, 'poachers': 44835, 'convicting': 44836, 'clandestine': 21076, 'regehr': 36926, 'induces': 24020……

其內容就是單詞和索引號之間的對映關係。這邊有一個地方特別要注意的就是索引單字字典的前面三個值 0 ～ 2 是保留索引，其內容爲 "padding(填充)"、"start of sequence(序列開始)" 和 "unknown(未知)" 的保留索引，所以眞正的評論索引是從第 4 個開始。因此如果我們想看第一條評論的內容，其程式碼撰寫如下：

程式範例

```
# 鍵值顛倒，將整數索引對映到單詞
word_map = dict([(value,key) for (key,value) in data.items()])
words = []
for word_index in train_data[0]:
    words.append(word_map.get(word_index-3,'?'))
print(" ".join(words))
```

程式輸出

? this film was just brilliant casting location scenery story direction ? really ? the part they played and you could just imagine being there robert ? is an amazing actor and now the same being director………

4. 資料預處理

由於每筆評論資料的長度不相同，但是神經網路的輸入長度必須是相同的，因此需要填充列表，使它們具有相同大小。以下我們列出了前面兩筆評論資料的大小：

程式範例

```
print("len(train_data[0]) :",len(train_data[0]))
print("len(train_data[1]) :",len(train_data[1]))
```

程式輸出

```
len(train_data[0]) : 218
len(train_data[1]) : 189
```

這邊我們使用 pad_sequences() 函式對長度進行標準化，函式能將第一個參數的資料，利用填充或裁減的方式變成第二個參數大小的長度。pad_sequences() 函數介紹如下：

```
keras.preprocessing.sequence.pad_sequences(sequences, maxlen=None,
dtype='int32', padding='pre', truncating='pre', value=0.)
```

參數說明：

(1) sequences：列表內部有列表，列表中的每個元素都是一個序列。

(2) maxlen：None 或整數，為所有序列的最大長度。

(3) dtype：返回的 numpy array 的數據類型。

(4) padding：'pre' 或 'post'，當截斷序列時，要在序列的前面還是後面填充參數六 (value) 的值。

(5) truncating：'pre' 或 'post'，當截斷序列時，從起始還是結尾截斷。

(6) value：浮點數，此值將在填充時代替默認的填充值 0。

此函數傳回值是一個 2 維張量，長度為 maxlen。

程式範例

```
from tensorflow.keras.preprocessing import sequence
max_words = 100
train_data_new = sequence.pad_sequences(train_data,maxlen=max_words)
test_data_new = sequence.pad_sequences(test_data,maxlen=max_words)
print(train_data_new.shape)
print(test_data_new.shape)
```

程式輸出

```
(25000, 100)
(25000, 100)
```

5. 打造嵌入層 (Embedding layer)：

　　在本範例中該層採用整數編碼的詞彙表，並查詢每個詞索引的嵌入向量。這些向量在下一階段將會作為網路模型的輸入以進行訓練學習。

程式範例

```
from tensorflow.keras.models import Sequential
from tensorflow.keras.layers import Embedding
vocab_size = 2000
model = Sequential()
model.add(Embedding(vocab_size,16,input_length=max_words))
```

6. 使用 MLP 完成 IMDb 情緒分析

程式範例

```
from tensorflow.keras.layers import Dense,Flatten,Dropout
vocab_size = 2000
model = Sequential()
model.add(Embedding(vocab_size,16,input_length=max_words))
model.add(Flatten())
model.add(Dense(64, activation=tf.nn.relu))
model.add(Dropout(0.5))
model.add(Dense(1, activation=tf.nn.sigmoid))
print(model.summary())
```

程式輸出

```
Model: "sequential"

_____
Layer (type)                 Output Shape              Param #
=================================================================
embedding (Embedding)        (None, 100, 16)           32000
_____
flatten (Flatten)            (None, 1600)              0
_____
dense (Dense)                (None, 64)                102464
_____
dropout (Dropout)            (None, 64)                0
_____
dense_1 (Dense)              (None, 1)                 65
=================================================================
Total params: 134,529
Trainable params: 134,529
Non-trainable params: 0
_____
None
```

由於本任務是一個二分類的任務，因此在本模型中最後一層為單個輸出節點。輸出值會經過的激勵函數使用 sigmoid 函式，讓其輸出值是介於 0 和 1 之間的浮點數，表示其機率值。

7. 訓練模型

程式範例

```
model.compile(loss='binary_crossentropy',
              optimizer='adam',
              metrics=['accuracy'])
train_history = model.fit(train_data_new, train_labels,
                          batch_size=128, epochs=5, verbose=2,
                          validation_split=0.2)
```

程式輸出

```
Epoch 5/5
157/157 - 1s - loss: 0.1495 - accuracy: 0.9541 -
 val_loss: 0.4765 - val_accuracy: 0.8120
```

模型訓練時需要設定一個計算損失的損失函式和一個用於優化訓練模型的優化器。由於這個任務是一個二分類問題和機率輸出模型 (最後一個神經元帶有 sigmoid 函數)，因此這邊我們使用 binary_crossentropy(二元交叉熵) 來成為這次任務的損失函式。

8. 評估模型準確率

程式範例

```
loss,accuracy = model.evaluate(test_data_new,test_labels)
print("測試集的正確率 = ",accuracy)
```

程式輸出

```
782/782 [==============================] - 1s 2ms/step -
  loss: 0.4607 - accuracy: 0.8203
測試集的正確率 =   0.8202800154685974
```

最後可以看到利用測試集來測試所訓練的模型，其準確度大約 82%。

●8-2-4　利用卷積神經網路處理 IMDb 網路電影資料集

接下來本節要使用 1D 的 CNN 網路來完成 IMDb 情緒分析，這邊使用 1D 的原因是因為想在時間維度的序列資料上執行卷積運算，而不是前面所介紹的對圖片的 2D 卷積運算。

1. 下載 IMDb 數據集及前處理

程式範例 │ **ch08_4**

```python
from tensorflow.keras.datasets import imdb

# 下載數據集及參數設定
# 找出最常出現的2000個單詞
num_word = 2000
(train_data, train_labels), (test_data, test_labels) = \
    imdb.load_data(num_words = num_word)
print("train_data shape :", train_data.shape)
print("train_labels shape :", train_labels.shape)
print("test_data shape :", test_data.shape)
print("test_labels shape :", test_labels.shape)
# data 是將單詞對映到整數索引的字典
data = imdb.get_word_index()
# 鍵值顛倒，將整數索引對映到單詞
word_map = dict([(value,key) for (key,value) in data.items()])
words = []
for word_index in train_data[0]:
    words.append(word_map.get(word_index-3,'?'))
# 將所有單詞以空白字元連接起來
print(" ".join(words))
from tensorflow.keras.preprocessing import sequence
max_words = 100   # 句子最大長度
train_data_new = sequence.pad_sequences(train_data,maxlen=max_words)
test_data_new = sequence.pad_sequences(test_data,maxlen=max_words)
```

程式輸出

```
train_data shape : (25000,)
train_labels shape : (25000,)

test_data shape : (25000,)
test_labels shape : (25000,)


? this film was just brilliant casting location scenery story direction ? really ? the part
they played and you could just imagine being there robert ? ………
```

由於輸出的文章有點長，為了減少篇幅，因此不全部列出，讀者可以自行執行本程式碼即可看到全部結果內容。

2. 定義模型

程式範例

```python
# 定義模型
from tensorflow.keras.models import Sequential
from tensorflow.keras.layers import Embedding
from tensorflow.keras.layers import Dense,Flatten,Dropout
from tensorflow.keras.layers import Conv1D,GlobalMaxPool1D
embiding_Dim = 16   # 定義每個詞索引的嵌入向量
filter_Num = 32
kernel_size = 3
model = Sequential()
model.add(Embedding(num_word,embiding_Dim,input_length = max_words))
model.add(Dropout(0.25))
model.add(Conv1D(filter_Num,kernel_size, padding='same',
                 activation='relu',strides=1))
model.add(GlobalMaxPool1D())   # 時序數據最大池化
model.add(Dense(256,activation=tf.nn.relu))   # 全連階層
model.add(Dropout(0.25))
model.add(Dense(1,activation=tf.nn.sigmoid))
print(model.summary())   # 輸出模型訊息
```

程式輸出

```
Model: "sequential"
_____
Layer (type)                 Output Shape              Param #
=================================================================
embedding (Embedding)        (None, 100, 16)           32000
_____
dropout (Dropout)            (None, 100, 16)           0
_____
conv1d (Conv1D)              (None, 100, 32)           1568
_____
global_max_pooling1d (Global (None, 32)                0
_____
dense (Dense)                (None, 256)               8448
_____
dropout_1 (Dropout)          (None, 256)               0
_____
dense_1 (Dense)              (None, 1)                 257
=================================================================
Total params: 42,273
Trainable params: 42,273
Non-trainable params: 0
_____
None
```

在本次任務的模型建立中，第一層為 Embedding 層，接下來接 Conv1D 的卷積層，濾波器大小為 3，數量為 32，接著接 1D 的全區最大池化層，接下來使用全連接層當作隱藏層，最後輸出層為一個神經元與使用 Sigmoid 函數來進行二分類任務。

3. 模型編譯、訓練與評估

程式範例

```
# 模型編譯
model.compile(loss='binary_crossentropy',
              optimizer='adam',
              metrics=['accuracy'])
# 模型訓練與評估
train_history = model.fit(train_data_new, train_labels,
                          batch_size=128, epochs= 10, verbose=2,
                          validation_split=0.2)
```

程式輸出

```
Epoch 10/10
157/157 - 1s - loss: 0.2444 - accuracy: 0.9010 - val_loss: 0.3892 -
 val_accuracy: 0.8338
```

---

4. 測試集正確度計算

程式範例

```
loss,accuracy = model.evaluate(test_data_new,test_labels)
print("測試集的正確率 = ",accuracy)
```

程式輸出

```
782/782 [==============================] - 1s 2ms/step - loss: 0.3842 -
  accuracy: 0.8354
測試集的正確率 =  0.8354399800300598
```

從執行結果可以看到使用卷積神經網路來分析 IMDb 情感分析的正確率約爲 83.5%。

● 8-2-5　利用循環神經網路完成 IMDb 情感分析

在前面兩小節中，我們利用了多層感知器 (MLP) 與卷積神經網路來完成了 IMDb 情感分析任務，雖然都可以得到不錯的效果，但是卻會有以下的問題產生，如圖 8-7 所示。

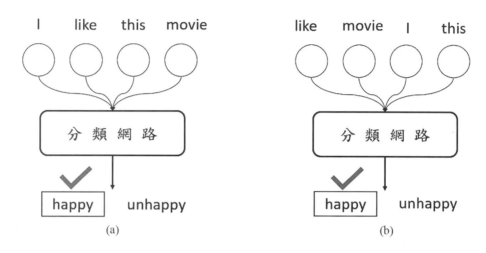

圖 8-7　(a) 輸入的字串是正常的情形下　(b) 字串裡面的內容改變下 (排列次序改變)

在圖 8-7 中，假設我們已經訓練好情感分析的二分類 MLP 或卷積神經網路，在圖 8-7(a) 中，由於輸入的字串是正面情緒，因此當經過網路分析後，會得到一個正面情緒的分類結果。但由於這兩類網路結構並沒有考慮到字串內容的先後順序，因此當我們將字串內容打亂，如圖 8-7(b)，其結果仍然可以得到與圖 8-7(a) 相同的語意訊息，但由於語言的意思必須考慮到前言後語，因此這樣的輸出結果是不對的。所以在分析這類的任務時能如果可以額外考慮上下文的關係，也就是考慮資料的序列關係，那就能解決上述類似的問題，因此就開始有學者提出『循環神經網路』(Recurrent Neural Network, RNN) 演算法。

圖 8-8 為循環神經網路 (Recurrent Neural Network, RNN) 最基本的模型。

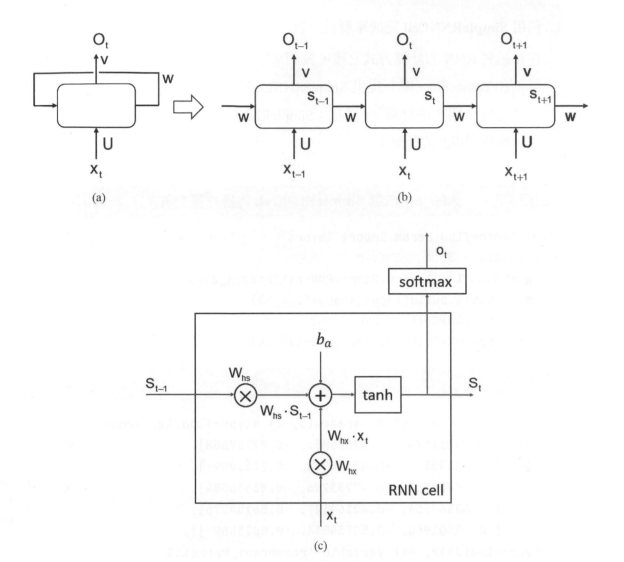

圖 8-8 (a) 折疊的 RNN (b) 展開的 RNN (c) RNN Cell 內部結構

從圖中可以看到在每個時間點 t，網路層接受當前時間點的輸入 x_t 和上一個時間點的網路狀態 S_{t-1}，經過 $s_t = \tanh(W_{hs} \cdot s_{t-1} + W_{hx} \cdot x_t + b_a)$ 運算後得到當前時間的狀態 S_t，從圖 8-8(b) 中可以看出在每一個時間點上均會計算出一個輸出值 o_t，而 o_t 的值是由 S_t 代入 softmax 函數得出。

1. 利用 SimpleRNNCell 完成單層且一個時間步計算

在介紹完 RNN 的計算方式之後，我們來學習如何在 TensorFlow 中實現 RNN 層，在 TensorFlow 中有提供 SimpleRNNCell() 類別方法，我們可以藉由此方法來完成一個 S_t 的計算。(注意：SimpleRNNCell 類別可以理解為 RNN 中的『一個時間步』的計算)

程式範例   │ ch08_5 (查看 SimpleRNNCell 內部維護變數)

```python
from tensorflow.keras import layers
hidden_dim = 3   # 隱藏層維度
SimpleRNNCell = layers.SimpleRNNCell(hidden_dim)
SimpleRNNCell.build(input_shape=(2,4,5))
# 查看 SimpleRNNCell 內部可訓練的參數
print(SimpleRNNCell.trainable_variables)
```

程式輸出

```
[<tf.Variable 'kernel:0' shape=(5, 3) dtype=float32, numpy=
array([[ 0.24031574,  0.02695036, -0.07787508],
       [ 0.431351  , -0.45014074,  0.7111909 ],
       [ 0.45054787,  0.47733206, -0.83686304],
       [ 0.83560354, -0.4216412 , -0.86154175],
       [-0.63501966, -0.50734013,  0.5023069 ]],
 dtype=float32)>, <tf.Variable 'recurrent_kernel:0'
 shape=(3, 3) dtype=float32, numpy=
array([[-0.05320227,  0.34158474, -0.9383439 ],
       [ 0.97431266,  0.22367221,  0.02618146],
       [ 0.21882467, -0.9128475 , -0.34471026]],
 dtype=float32)>, <tf.Variable 'bias:0' shape=(3,)
 dtype=float32, numpy=array([0., 0., 0.], dtype=float32)>]
```

從輸出結果可以看到，SimpleRNNCell 內部維護了 3 個張量，kernel：0 變量即 W_{hx} 張量，recurrent_kernel 變量即 W_{hs} 張量，bias 變量即偏置 b 向量。

SimpleRNNCell 繼承自 Layer 基本類別，其內部重要函數如下：

(1) __init__()：構造函數，主要用於初始化參數

(2) build()：主要用於初始化網路層中所有的權重參數

(3) call()：用於網路層的前向計算，並產生相應地輸出

(4) get_config()：獲取該網路層的參數配置

程式範例 | **ch08_6 完成一個時間步的前向計算**

```python
import tensorflow as tf
import tensorflow.keras as keras


batch_size = 5
time_step = 10
embedding_dim = 20
# 要輸入的資料
data = tf.random.normal(shape=[batch_size,time_step,embedding_dim])
hidden_dim = 32   # 隱藏層維度
#  設定 h0 一開始的值
h0 = tf.random.normal(shape=[batch_size,hidden_dim])
x0 = data[:,0,:]   # 第一個時間的輸入資料
simpleRNNCell = keras.layers.SimpleRNNCell(hidden_dim)
# 完成一個時間步的運算
out,h1 = simpleRNNCell(x0,[h0])
print("out.shape : ",out.shape)
print("h1[0].shape : ", h1[0].shape)
# 查看 out 與 h1[0] 記憶體存放位址
print("out :",id(out))
print("h1[0] :", id(h1[0]))
```

程式輸出

```
out.shape :  (5, 32)
h1[0].shape :  (5, 32)
out : 2736660458656
h1[0] : 2736660458656
```

這邊將做完一次時間步的 out(輸出) 與 h1(狀態張量) 結果印出，會發現兩者的 shape 與 id 是一樣的，shape 的維度為 [batch_size, hidden_dim]，這也說明對於 SimpleRNNCell 類來說，$o_t = h_t$，兩者輸出並沒有經過其他的線性層轉換，且輸出皆是同一對象。

2. 利用 SimpleRNNCell 完成單層且一個序列的前向計算

對於長度為 *L* 的序列來說，如果要完成一次的前向運算，必需要循環通過 SimpleRNNCell 類 *L* 次。例如：

程式範例　｜　ch08_7 完成一個完整的長度的前向運算

```python
import tensorflow as tf
import tensorflow.keras as keras


batch_size = 5
time_step = 10
embedding_dim = 20
# 要輸入的資料（5個句子，每個句子10個單詞）
data = tf.random.normal(shape=[batch_size,time_step,embedding_dim])
hidden_dim = 32   # 隱藏層維度
#  設定 h0 一開始的值（設定初始化狀態向量）
h0 = tf.random.normal(shape=[batch_size,hidden_dim])
# 建立隱藏層維度為 32 的 SimpleRNNCell
simpleRNNCell = keras.layers.SimpleRNNCell(hidden_dim)
h = h0
out = 0
# 完成一個完整序列的前向計算
for xt in tf.unstack(data, axis=1):
    out, h = simpleRNNCell(xt,h)
# 最終的輸出可以集合每個時間步的輸出，也可以取最後的時間步的結果
out = out
```

3. 利用 **SimpleRNNCell** 完成多層且一個序列的前向計算：

雖然循環神經網路在時間軸上面可以展開很多次，但這樣也只能算一個網路層。因此我們可以通過在深度方向堆疊多個 Cell 類來實現如深層卷積神經網路一樣的效果，如圖 8-9 所示，大大的提升網路的表達能力。

以下我們利用程式範例 ch08_8 來說明如何利用 SimpleRNNCell 方式來構建兩層 RNN 網路並完成一個時間的前向計算。

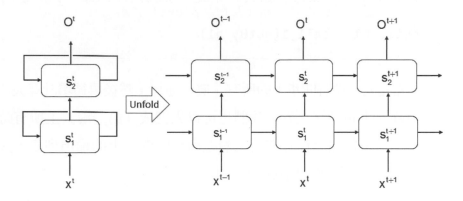

圖 8-9 2 層 RNN 的圖示範例

程式範例 | **ch08_8**

1. 建立兩個 SimpleRNNCell 單元，並初始化此二層的輸入狀態向量

```python
import tensorflow as tf
from tensorflow.keras import layers
# 建立兩個句子，每個句子10個單詞
word = tf.random.normal([2,10,20])
x0 = word[:,0,:]    # 取第一個時間戳的輸入 x0
# 構建 2 個 Cell，下面為 cell_0，上面為 cell_1，狀態向量長度都為 16
cell_0 = layers.SimpleRNNCell(16)
cell_1 = layers.SimpleRNNCell(16)
h0 = [tf.zeros([2,16])]    # cell0 的初始狀態向量
h1 = [tf.zeros([2,16])]    # cell1 的初始狀態向量

out0, h0 = cell_0(x0, h0)
out1, h1 = cell_1(out0, h1)
```

2. 在時間軸上面循環計算多次 SimpleRNNCell 來完成整個網路的前向運算，首先在第一層每個時間步上的輸入 x，得到輸出 out0，再通過第二層，得到輸出 out1

```
for x in tf.unstack(word, axis=1):
    # xt 作為輸入，輸出為 out0
    out0, h0 = cell_0(x, h0)
    # 上一個 cell 的輸出 out0 作為本 cell 的輸入
    out1, h1 = cell_1(out0, h1)
```

上列程式碼先完成一個時間步上的所有『層』運算，然後再循環計算完所有時間步上的輸入。但除了上述做法之外，我們也可以先完成『第一層』上所有時間步的前向計算，並將第一層的結果保存在第一層在所有時間步上的輸出列表，接下來再計算第二層、第三層等的傳播。程式碼如下：

程式範例 | ch08_9

```
import tensorflow as tf
from tensorflow.keras import layers
# 建立兩個句子, 每個句子10個單詞
word = tf.random.normal([2,10,20])
x0 = word[:,0,:]    # 取第一個時間戳的輸入 x0
# 構建 2 個 Cell, 下面為 cell_0,上面為 cell_1，狀態向量長度都為 16
cell_0 = layers.SimpleRNNCell(16)
cell_1 = layers.SimpleRNNCell(16)
h0 = [tf.zeros([2,16])]    # cell0 的初始狀態向量
h1 = [tf.zeros([2,16])]    # cell1 的初始狀態向量
# 保存第一層所有時間步上的輸出
outLevel1 = []
# 計算第一層的所有時間步的前向計算
for x1 in tf.unstack(word, axis=1):
    # xt 作為輸入，輸出為 out0
    out0, h0 = cell_0(x1, h0)
    outLevel1.append(out0)
```

```
# 計算第二層的所有時間步的前向計算
for m1 in outLevel1:
    # xt 作為輸入，輸出為 out0
    out1, h1 = cell_0(m1, h1)
```

這邊特別要說明的是在循環神經網路中，網路模型的每一層、每一個時間步上面均有狀態輸出，因此我們可以根據不同的任務來以不同的方式取出輸出，如圖 8-9 所示，根據常見的用法統計會有下面四種操作：

(1) 多對一 (many-to-one)：輸入是一個序列的資料 (例如一段話，一篇文章等)，而輸出會是一個結果，例如情緒表示的好壞，或者是結果的分等等。

(2) 一對多 (one-to-many)：輸入是一個單一的資料 (可能是一張圖)，而輸出是一個序列的向量資料 (可能是這張圖的描述)。

(3) 同步的多對多 (Synchronized many-to-many)：輸入和輸出的序列是同步的，例如我們對即時輸入的視訊框架做一個分類的動作。

(4) 延遲的多對多 (Delayed many-to-many)：輸入序列資料後經過一段時間才會有一序列的結果資料產生，通常應用在語句翻譯。

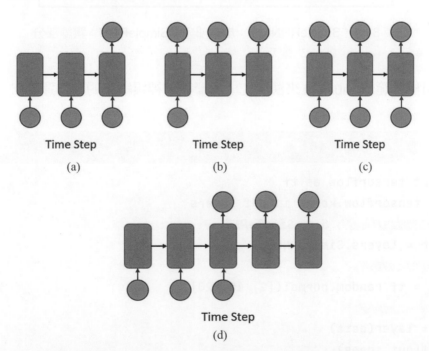

圖 8-10 不同的序列化模型 (a) 多對一 (b) 一對多 (c) 同步的多對多 (d) 延遲的多對多

在程式範例 ch08_8 與 ch08_9 中我們利用了 SimpleRNNCell 類來完成循環神經網路一個時間步與一個完整序列的前向計算,而且也利用了此類讓讀者了解循環神經網路前向運算的基本運作。但是在實際使用中,為了簡化程式碼與讓程式更方便撰寫,我們會不希望網路內部的狀態向量初始化、網路內部的運算過程以及每一層在時間軸上展開的相關程式碼都要親自撰寫。這時我們可以通過另一種類別方法:SimpleRNN 來幫助我們完成與 SimpleRNNCell 類別方法的相同任務工作。

這兩個類別的差異在於 SimpleRNNCell 類別我們可以理解為循環神經網路中的一個時間步的計算,而 SimpleRNN 類別則是把多個 SimpleRNNCell 類別串聯起來統一進行計算,其概念如圖 8-11 所示。

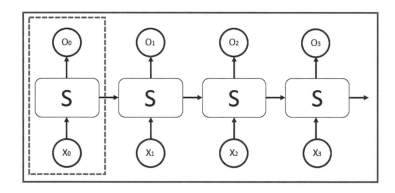

圖 8-11　SimpleRNNCell:虛線部分,SimpleRNN:實線部分

以下用程式範例 ch08_10 來演示完成單層循環神經網路的前向運算。

程式範例 ｜ ch08_10

```python
import tensorflow as tf
from tensorflow.keras import layers
# 創建狀態向量長度為 5 的 SimpleRNN 層
layer = layers.SimpleRNN(5)
# 創建輸入的資料
data = tf.random.normal([2, 10, 20])
# 完成一次前向運算
out = layer(data)
print(out.shape)
```

程式輸出

```
(2, 5)
```

從上述程式碼可以看到，如果使用 SimpleRNN() 函數時僅需一行程式碼即可完成整個前向運算，當運算完成時它會傳回最後一個時間步上的輸出。

如果希望傳回所有時間步上的輸出，可以把 SimpleRNN 的內部參數 return_sequences 設定成 True，其範例程式碼如下：

程式範例 | **ch08_11**

```
import tensorflow as tf
from tensorflow.keras import layers
# 創建狀態向量長度為 5 的 SimpleRNN 層
layer = layers.SimpleRNN(5,return_sequences=True)
# 創建輸入的資料
data = tf.random.normal([2, 10, 20])
# 完成一次前向運算
out = layer(data)
print(out.shape)
```

程式輸出

```
(2, 10, 5)
```

從程式的輸出結果可以看到，SimpleRNN() 函數回傳的張量 shape 為 [2,10,5]，與 return_sequencesg 設定採用預設值為 false 的維度差異是多出中間的維度值 10，此值即為時間步維度。

接下來我們使用循環神經網路模型來分析 IMDB 影評數據集並完成情感分類任務。

1. 下載 IMDB 數據集與資料預處理

程式範例 | ch08_12

```
import tensorflow as tf
from tensorflow.keras.datasets import imdb
from tensorflow.keras.preprocessing import sequence

max_words = 100
batch_sizes = 128
# 載入 imdb 資料集
(train_data, train_labels), (test_data, test_labels) = \
    imdb.load_data(num_words=10000)
# 讓所有的影評資料保持在 100個字
train_data_new = sequence.pad_sequences(train_data,maxlen=max_words)
test_data_new = sequence.pad_sequences(test_data,maxlen=max_words)
db_train = tf.data.Dataset.from_tensor_slices((train_data_new,train_labels))

# 參數 drop_remainder = true 代表當最後一批少於 batch_size元素的情況下就刪除
# 將訓練資料打散
db_train = db_train.shuffle(1000).batch(batch_sizes,drop_remainder=True)
db_test = tf.data.Dataset.from_tensor_slices((test_data_new,train_labels))
db_test = db_test.batch(batch_sizes,drop_remainder=True)
```

2. 建立 RNN 模型

在本模型中一開始會利用 Keras 的 layers.Embedding 來建立 Embedding 層來對輸入進行編碼，embbeding 轉化後的 shape 格式為 [batch_size, sequence_length, output_dim]，接下來我們建立了兩層的 RNN，第一層的 RNN 輸出必須全部記錄起來提供給第二層的 RNN 使用，而第二層 RNN 最後的輸出接一個神經元，設定 sigmoid() 激勵函數當作我們結果的輸出。

程式範例

```python
from tensorflow.keras.models import Sequential
from tensorflow.keras import layers

vocab_size = 10000
model = Sequential()
model.add(layers.Embedding( vocab_size,
                            output_dim=120,
                            input_length= max_words))
# 除了最上面那一層之外，其他層的輸出都必須做為下一層的輸入
model.add(layers.SimpleRNN(units=64,return_sequences=True,
                           dropout=0.25))
model.add(layers.SimpleRNN(units=64,dropout=0.25))
model.add(layers.Dense(units=1,activation='sigmoid'))
print(model.summary())
```

程式輸出

```
Model: "sequential"

_____
Layer (type)                 Output Shape              Param #
=================================================================
embedding (Embedding)        (None, 100, 120)          1200000
_____
simple_rnn (SimpleRNN)       (None, 100, 64)           11840

_____
simple_rnn_1 (SimpleRNN)     (None, 64)                8256
_____
dense (Dense)                (None, 1)                 65
=================================================================
Total params: 1,220,161
Trainable params: 1,220,161
Non-trainable params: 0

_____
None
```

3. 模型編譯與訓練

在程式中我們使用 adam() 函數當作模型優化器，誤差函數選用 2 分類的交叉熵損失函數，且訓練的周期數爲 10 個。

```
model.compile(loss='binary_crossentropy',
              optimizer= 'adam',
              metrics=['accuracy'])
history = model.fit(db_train,batch_size=batch_sizes,
                    epochs=10,verbose=2)
```

程式輸出

```
Epoch 9/10
195/195 - 40s - loss: 0.0338 - accuracy: 0.9884
Epoch 10/10
195/195 - 40s - loss: 0.0272 - accuracy: 0.9907
```

 8-3 # 循環神經網路 (RNN) 的梯度消失與爆炸

● 8-3-1　何謂梯度消失與梯度爆炸

在前面的章節中我們已經說明了 RNN 是如何運作的，而且也利用範例讓讀者了解如何將 RNN 應用到相關任務上，例如情感分析。但是，基礎的 RNN 算法其實有一個很大的問題，那就是『梯度消失』與『梯度爆炸』的問題。

這邊我們以圖 8-12 來說明，經典的 RNN 結構如圖 8-12 所示，他的狀態計算公式爲 $S_t = \tanh(U \cdot X_t + W \cdot S_{t-1} + b)$，$O_t = sigmoid(V \cdot S_t)$，其中 U、W 與 V 爲待優化參數。

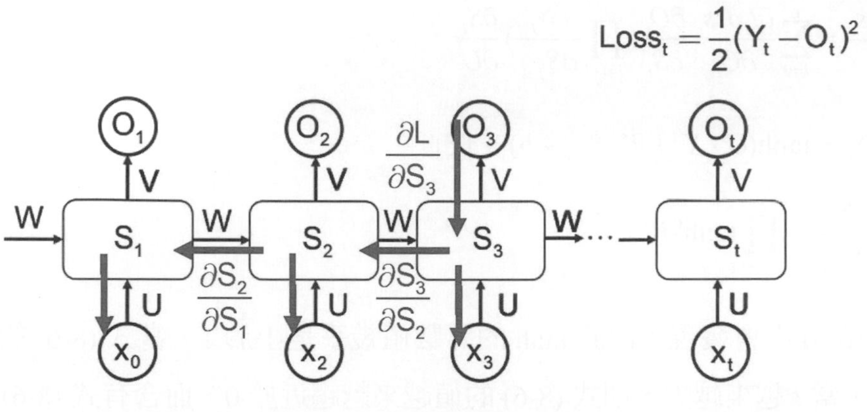

$$Loss_t = \frac{1}{2}(Y_t - O_t)^2$$

圖 8-12 RNN 倒傳遞示意圖

我們的目標是通過梯度下降來擬合參數矩陣 U、V 與 W，因此會使用 BPTT(back-propagation through time) 算法，它是針對循環層的訓練算法，它的基本原理和 BP(back-propagation) 算法一樣。那麼該算法的關鍵就是計算各個參數的梯度，為了說明方便，這邊假設從 $t = 3$ 的這個時刻開始求偏導數：

$$\frac{\partial Loss_3}{\partial W} = \frac{\partial Loss_3}{\partial O_3}\frac{\partial O_3}{\partial S_3}\frac{\partial S_3}{\partial W} + \frac{\partial Loss_3}{\partial O_3}\frac{\partial O_3}{\partial S_3}\frac{\partial S_3}{\partial S_2}\frac{\partial S_2}{\partial W} + \frac{\partial Loss_3}{\partial O_3}\frac{\partial O_3}{\partial S_3}\frac{\partial S_3}{\partial S_2}\frac{\partial S_2}{\partial S_1}\frac{\partial S_1}{\partial W} \quad (8\text{-}1)$$

$$\frac{\partial Loss_3}{\partial U} = \frac{\partial Loss_3}{\partial O_3}\frac{\partial O_3}{\partial S_3}\frac{\partial S_3}{\partial U} + \frac{\partial Loss_3}{\partial O_3}\frac{\partial O_3}{\partial S_3}\frac{\partial S_3}{\partial S_2}\frac{\partial S_2}{\partial U} + \frac{\partial Loss_3}{\partial O_3}\frac{\partial O_3}{\partial S_3}\frac{\partial S_3}{\partial S_2}\frac{\partial S_2}{\partial S_1}\frac{\partial S_1}{\partial U} \quad (8\text{-}2)$$

$$\frac{\partial Loss_3}{\partial V} = \frac{\partial Loss_3}{\partial O_3}\frac{\partial O_3}{\partial V} \quad (8\text{-}3)$$

由上述導出的公式我們可以發現，隨著神經網路層數的加深，對式 (8-3) 而言並沒有什麼影響，而對式 (8-1) 與式 (8-2) 來說會隨著時間序列的拉長而產生以下的公式變化。

假設經過了時間 t，式 (8-1) 可以整理成

$$\frac{\partial Loss_t}{\partial W} = \sum_{i=0}^{t}\frac{\partial Loss_t}{\partial O_t}\frac{\partial O_t}{\partial S_t}(\prod_{j=i+1}^{t}\frac{\partial S_j}{\partial S_{j-1}})\frac{\partial S_i}{\partial W} \quad (8\text{-}4)$$

而式 (8-2) 也可以整理成

$$\frac{\partial Loss_t}{\partial U} = \sum_{i=0}^{t} \frac{\partial Loss_t}{\partial O_t} \frac{\partial O_t}{\partial S_t} \left(\prod_{j=i+1}^{t} \frac{\partial S_j}{\partial S_{j-1}} \right) \frac{\partial S_i}{\partial U} \tag{8-5}$$

根據 $S_t = \tanh(U \cdot X_t + W \cdot S_{t-1} + b)$，因此

$$\prod_{j=i+1}^{t} \frac{\partial S_j}{\partial S_{j-1}} = \prod_{j=i+1}^{t} \tanh' \cdot W \tag{8-6}$$

在式 (8-6) 中會發現，由於 tanh 的導數值幾乎是小於 1，當式 (8-6) 的 W 值爲：$0 \le W < 1$，當 t 越來越大，則式 (8-6) 的值越來越趨近於 0，而含有式 (8-6) 的式 (8-4) 與式 (8-5) 的值也會跟著趨近於 0，這樣就衍生出了梯度消失問題。相同的，當式 (8-6) 的 W 值很大，而式 (8-4) 與式 (8-5) 也會變大，隨著時間 t 的增加式 (8-4) 與式 (8-5) 會越來越趨向於無窮大，這樣就衍伸出了梯度爆炸的問題。

由上述的推導中會發現 RNN 網路在訓練的過程中很容易導致梯度消失或者是梯度爆炸的問題，這也是爲什麼標準的 RNN 網路難以訓練的原因，因爲序列網路的任務通常都是在分析語句的意思，而語句可能很長，隨便都有可能是 10 個字以上甚至更多，因此這樣的網路時間軸至少也會有 10 個神經元以上，因此很容易就會遇到梯度消失或者是梯度爆炸而導致網路參數訓練失敗。以下我們就來介紹利用梯度裁剪的方式，來解決梯度爆炸的問題與利用 RNN 網路的改良，來緩解梯度消失的發生。

● 8-3-2　梯度裁剪

考慮一模型的損失函數圖形如圖 8-13 所示，當我們使用梯度下降方法更新參數且我們要優化的參數爲 w_1 與 w_2，則 w_1 與 w_2 參數更新的方式爲：

$$w_1 = w_1 - \eta \frac{\partial Loss(w)}{\partial w_1}$$

$$w_2 = w_2 - \eta \frac{\partial Loss(w)}{\partial w_2}$$

則損失函數的數值會因爲沿著梯度的方向修正 w_1 與 w_2 而呈現穩定趨勢，然而，如果梯度 (也就是偏導數) 過大話，就會出現損失函數值來回震盪，收斂不到值最低的情況，如圖 8-13 的箭頭表示：

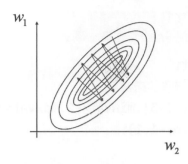

圖 8-13　梯度下降法：梯度無法收斂示意圖

當出現這種情況時，最容易讓人家想到的原因可能是學習率 (η) 太大，因此其中一種解決方法是，將學習率 η 設小一點，例如設定成 0.0001。但是這邊我們介紹另一種解決方法：梯度裁剪 (Gradient Clipping)。

梯度裁剪 (Gradient Clipping)：

梯度裁剪與張量限幅非常類似，也是通過將梯度張量的數值或者範數限制在某個較小的區間內 (如圖 8-14)，從而將超過範圍的梯度值固定在某設定值，避免出現梯度爆炸。

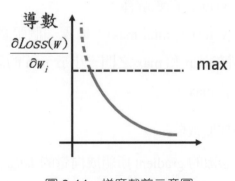

圖 8-14　梯度裁剪示意圖

常見的 gradient clipping 有兩種做法：

1. 方法一：直接對 gradient 的值進行限幅裁剪動作，也就是使得要限制的優化參數 W 內的所有元素接限制在某個範圍內，例如 [-1,1]。

程式範例　│　ch08_13

```
import tensorflow as tf
# 隨機產生梯度值，並裁剪至指定範圍
w = tf.random.uniform([3,3],minval=-2,maxval=2)
cw = tf.clip_by_value(w,-1,1)
print("裁剪前 :", w)
print("裁剪後 :",cw)
```

程式輸出

```
裁剪前 : tf.Tensor(
[[-0.34164333  0.5900426    1.3218107 ]
 [ 0.09652042 -1.3724766    0.13158226]
 [ 0.06106949  1.0756426    1.4870648 ]], shape=(3, 3), dtype=float32)
裁剪後 : tf.Tensor(
[[-0.34164333  0.5900426   1.         ]
 [ 0.09652042 -1.          0.13158226]
 [ 0.06106949  1.          1.         ]], shape=(3, 3), dtype=float32)
```

tf.clip_by_value() 函數解釋：

tf.clip_by_value(A, min, max)：輸入一個張量 A，把 A 中的每一個元素的值都限制在 min 和 max 之間。小於 min 的讓它等於 min，大於 max 的元素的值等於 max。

2. 方法二：區域梯度裁剪

根據若干參數的 gradient 所組成向量的 $L2_{norm}$ 進行裁剪，算法如下：

$$g_1 = \frac{\partial Loss(w)}{\partial w_1} \qquad g_2 = \frac{\partial Loss(w)}{\partial w_2}$$

設定裁剪的閾值為 T，然後分別計算 $\|g_1\|_2$ 與 $\|g_1\|_2$，如果 $\|g_1\|_2$ 與 $\|g_1\|_2$ 大於 T 時，則設定

$$g_1 = \frac{T}{\|g_1\|_2} \cdot g_1 \qquad g_2 = \frac{T}{\|g_2\|_2} \cdot g_2$$

若 $\|g_1\|_2$ 與 $\|g_2\|_2$ 小於等於 T 時，則 g_1 與 g_2 不變。

在程式實現中我們可以通過 tf.clip_by_norm() 函數來實現梯度張量 W 裁剪。例如：

程式範例 | **ch08_14**

```python
import tensorflow as tf
# 隨機產生梯度值，並裁剪至指定範圍
w = tf.random.uniform([3,3],minval=0,maxval=4)
value = tf.norm(w,axis=None,ord=2)
# 按范數規定值裁剪
cw = tf.clip_by_norm(w,3)
print("w 的范數 : ",value)
print("裁剪前 :", w)
print("裁剪後 :",cw)
```

程式輸出

```
w 的范數 :  tf.Tensor(6.531499, shape=(), dtype=float32)
裁剪前 : tf.Tensor(
[[1.6974902  3.2761173  3.65876   ]
 [1.1603675  2.5030866  0.94264793]
 [1.9141216  1.4793153  1.1431599 ]], shape=(3, 3), dtype=float32)
裁剪後 : tf.Tensor(
[[0.7796787  1.504762   1.6805147 ]
 [0.53297144 1.1496993  0.4329701 ]
 [0.87918025 0.6794682  0.52506775]], shape=(3, 3), dtype=float32)
```

---

tf. clip_by_norm() 函數解釋：

  clip_by_norm(t, clip_norm, axes=None, name=None)

參數解釋：

(1) t：輸入 tensor，也可以是 list

(2) clip_norm：閥值，如果 $L2_{norm}(t) \le$ clip_norm，則 t 不變化；否則 $t = t * $clip_norm$ / L2_{norm}(t)$

(3) axes：指定計算哪一個維度的 $L2_{norm}$，如果不指定，利用 t 中所有元素來計算 $L2_{norm}$

3. 方法三：全域梯度裁剪

在神經網路模型的訓練中，當我們要對梯度的大小做縮放時，不能只考慮到區域的梯度的範數來改變梯度大小，因為這樣有可能會造成梯度下降的方向發生變化。正確的作法應該是要考慮所有參數的梯度的範數 (全域的梯度)，實現等比例的縮放，那麼既能夠很好地限制網路的梯度值，同時也不改變網路的更新方向。這就是全域梯度裁剪。

延續圖 8-12，假設

$$g_1 = \frac{\partial Loss(w)}{\partial w_1} \qquad g_2 = \frac{\partial Loss(w)}{\partial w_2}$$

因此要先計算網路的總範數 global_norm，設定裁剪的閥值為 T，如果 $\|g_1\|_2$ 與 $\|g_2\|_2$ 大於閥值 T，則

$$global\_norm = g_{global} = \sqrt{\|g_1\|^2 + \|g_2\|^2}$$

$$g_1 = \frac{T}{\|g_{global}\|} \cdot g_1 \qquad g_2 = \frac{T}{\|g_{global}\|} \cdot g_2$$

若 $\|g_1\|_2$ 與 $\|g_2\|_2$ 小於等於 T 時，則 g_1 與 g_2 不變。

在 TensorFlow 中，可以通過 tensorflow.clip_by_global_norm() 函數來縮放所指定的網路梯度。

| 程式範例 | ch08_15 |

```
import tensorflow as tf
# 創建兩個梯度張量
w1=tf.random.uniform([3,3],minval=0,maxval=4)
w2=tf.random.uniform([3,3],minval=0,maxval=4)
```

```
print("未裁剪時 w1 :",w1)
print("未裁剪時 w2 :",w2)
# 計算 global norm
global_norm=tf.math.sqrt(tf.norm(w1)**2+tf.norm(w2)**2)
print("global_norm = ",global_norm)
# 計算並傳回 global_norm 計算 w1 與 w2 的範數是否大於2，
# 如果大於就傳回裁剪過的梯度張量
(cw1,cw2),global_norm_1 = tf.clip_by_global_norm([w1,w2],3)
print("global_norm_1 = ",global_norm_1)
print("裁剪時 w1 :",cw1)
print("裁剪時 w2 :",cw2)
# 計算裁剪後的張量組的 global norm
global_norm2 = tf.math.sqrt(tf.norm(cw1)**2+tf.norm(cw2)**2)
print("global_norm2 = ",global_norm2)
```

程式輸出

```
未裁剪時 w1 : tf.Tensor(
[[0.375587  2.2630339 1.4474163]
 [2.3293686 3.211885  1.5504751]
 [2.048006  2.707767  3.8901324]], shape=(3, 3), dtype=float32)
未裁剪時 w2 : tf.Tensor(
[[0.24512148 1.3666172  0.41132975]
 [0.7609396  2.2504573  3.6780248 ]
 [3.8004198  0.02453041 1.2166982 ]], shape=(3, 3), dtype=float32)
global_norm =  tf.Tensor(9.452805, shape=(), dtype=float32)
global_norm_1 =  tf.Tensor(9.452805, shape=(), dtype=float32)
裁剪時 w1 : tf.Tensor(
[[0.11919858 0.7182103  0.4593609 ]
 [0.7392627  1.0193435  0.4920683 ]
 [0.64996773 0.85935354 1.2345963 ]], shape=(3, 3), dtype=float32)
裁剪時 w2 : tf.Tensor(
[[0.07779326 0.433718   0.13054213]
 [0.24149644 0.7142189  1.1672804 ]
 [1.2061245  0.00778512 0.38613877]], shape=(3, 3), dtype=float32)
global_norm2 =  tf.Tensor(3.0, shape=(), dtype=float32)
```

通過梯度裁剪，可以較大程度的抑制梯度爆炸現象。如圖 8-15 所示其中有一塊區域 $J(w,b)$ 函數的梯度變化較大，一旦網路參數進入此區域，很容易出現梯度爆炸的現象，使得網路參數更新數值變化太快。圖 8-15 右方演示了添加梯度裁剪後的優化軌跡，由於對梯度進行了有效限制，使得每次更新的步長得到有效控制，最後讓網路參數更新穩定變化。

關於 gradient clipping 的作用我們可以從圖 8-15 可更直觀的發現，圖中曲面表示的 $J(w,b)$ 函數在不同網路參數 w 和 b 下的誤差值 J，在圖中有一區域 $J(w,b)$ 函數的梯度變化很大，如果通過此區域則容易產生梯度爆炸現象，因此如果沒有做 gradient clipping 時，則優化算法會越過最優值的點。

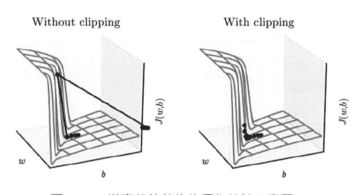

圖 8-15　梯度裁剪前後的優化軌跡示意圖 [1]

8-4　長短期記憶 (Long Short-Term Memory, LSTM)

在 8-3 節中我們討論當使用 RNN 的方式訓練一個網路時，最常遇到的一個問題就是當我們使用 RNN 的反向傳播算法 BPTT(back-propagation through time) 來優化參數時，考慮到其循環特性，損失後向傳播的步數相當於一個深度非常深的網絡。這種梯度的級聯計算可能會導致在最後階段的梯度值非常小又或者非常大，最後導致參數值無法被計算出而模型無法被訓練出。因此，如果你使用 RNN 模型嘗試處理一段文本來進行預測，梯度消失的問題變成權重只受到接近的詞影響，越遠的詞影響越小。換句話說，模型在做預測時，可能會遺失太遠之前的資訊。為了要處理這樣的問題，因此有學者提出了 LSTM(Long Short-Term Memory)[2] 和 GRU(Gate Recurrent

Unit)[3] 的網路模型。因此在本節中我們主要先來探討另一種循環神經網路：長短期記憶 (Long Short-Term Memory, LSTM) 模型。

8-4-1　LSTM 介紹

LSTM，全名稱為長短期記憶網路 (Long Short Term Memory networks)[2]，是一種特殊的 RNN，由 Hochreiter & Schmidhuber 於 1997 年提出，在提出時，LSTM 主要是解決傳統 RNN 在隨時間反向傳播中因為梯度消失而導致權重無法計算的問題，而接下來幾年開始由許多研究者對其改進進行並進行一系列的工作使之發揚光大。此網路比較著名的應用有：

(1) 2009 年，應用 LSTM 建立的神經網路模型贏得了 ICDAR 手寫識別比賽冠軍。

(2) 2016 年，Google 應用 LSTM 來做語音識別和文字翻譯，其中 Google 的翻譯使用的就是一個 7-8 層的 LSTM 模型。

(3) 而在同年，蘋果公司也使用 LSTM 來優化 Siri 應用。

8-4-2　LSTM 結構

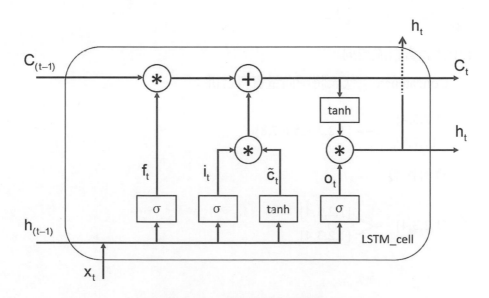

圖 8-16　LSTM Cell 結構圖

圖 8-16 是 LSTM 單元的結構圖，這裡我們先對圖內的符號做說明，如圖 8-17 所示：

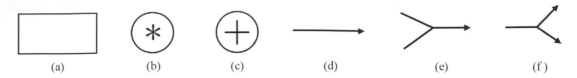

圖 8-17　圖 8-16 內部結構符號解釋圖　(a) 激勵函數計算　(b) 逐點乘運算　(c) 逐點加運算
(d) 資料流流向　(e)Concatenate　(f) 資料複製

在圖 8-17 中：

(a) 代表的是神經網路運算，中間的 σ 或者 tanh 代表的是運算後經過的激勵
函數種類。

(b) 逐點乘運算：例如：

$$\begin{bmatrix} 1.2 \\ 2.1 \\ 3.2 \end{bmatrix} \cdot \begin{bmatrix} 3.1 \\ 2.4 \\ 1.3 \end{bmatrix} = \begin{bmatrix} 1.2 \times 3.1 \\ 2.1 \times 2.4 \\ 3.2 \times 1.3 \end{bmatrix}$$

(c) 逐點加運算：例如：

$$\begin{bmatrix} 1.2 \\ 2.1 \\ 3.2 \end{bmatrix} + \begin{bmatrix} 3.1 \\ 2.4 \\ 1.3 \end{bmatrix} = \begin{bmatrix} 1.2 + 3.1 \\ 2.1 + 2.4 \\ 3.2 + 1.3 \end{bmatrix}$$

(d) 代表資料流流向

(e) Concatenate：代表將兩向量資料合併：

$$[1,2,3,4] \quad [6,7,8] \longrightarrow [1,2,3,4,5,6,7,8]$$

(f) 資料複製：

$$[1,2,3,4] \longrightarrow \begin{array}{l} [1,2,3,4] \\ [1,2,3,4] \end{array}$$

　　另外，當矩形的神經網路計算後要經過激勵函數運算時，若有三筆資料進入激勵
函數，則三筆資料要分開計算。

$$\tanh\left(\begin{bmatrix} 0.5 \\ 0 \\ -0.5 \end{bmatrix}\right) = \begin{bmatrix} 0.46 \\ 0 \\ -0.46 \end{bmatrix}$$

此外，在圖 8-16 中的 h 符號代表隱藏狀態，表示的是短期記憶；而符號 C 是 Cell 的狀態，表示的是長期記憶，而符號 x 表示輸入。另外，在 Cell 內部還包含了三個重要的組成，包括 Forget Gate(遺忘門)、Input Gate(輸入門) 和 Output Gate(輸出門)，這三個 Gate 分別負責決定上一時刻的記憶有多少要保留至當前時刻、當前輸入有多少要被加入長期記憶與當前狀態有多少需要輸出到當前的輸出值。而他是怎麼做這些決定，主要就是利用一種叫做 Gate 的結構來控制的，如圖 8-18 所示。

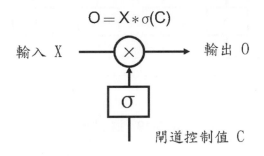

圖 8-18　Gate 結構圖

其中 Gate 是由一層 sigmoid 函數與一個點乘做運算決定，比如一個輸入資料向量 [1, 1, 1, 1]，假設 sigmoid 層的輸出為 [0, 0.2, 0.8, 1]，那麼資訊通過此門後執行點乘 (dot) 操作，結果為 $[1,1,1,1]\cdot[0,0.2,0.8,1]=[0,0.2,0.8,1]$。從數學是中可以看到輸入資訊可以藉由 sigmoid 函數來『選擇性』的決定最後的輸出的量值。

1. **Forget Gate(遺忘門)：**

   首先要先介紹的是 Forget Gate，在 Cell 中包含的部分如圖 8-19，此門主要的作用是決定了上一個時間的記憶 C_{t-1} 捨棄或保留多少，他的做法主要是先把 h_{t-1} 和 x_t 拼接起來，接下來再跟 W_f 進行矩陣運算，最後結果傳到 sigmoid 函式，該函式會輸出 0 到 1 之間的值並讓此輸出值直接決定了先前的記憶狀態保留或者是遺忘多少。

遺忘門可通過式 (8-7) 的函數來實現。

$$f_t = \sigma(W_f[h_{t-1}, x_t] + b_f) \tag{8-7}$$

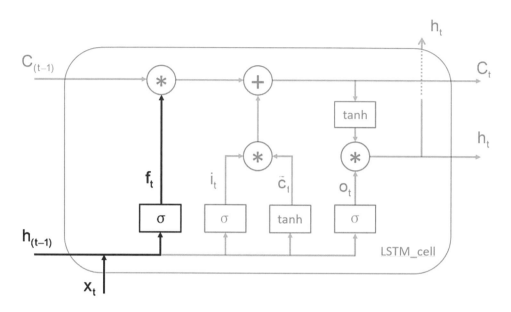

圖 8-19　遺忘門

2. Input Gate (輸入門)

接下來介紹輸入門 (Input Gate)，在 Cell 中包含的部分如圖 8-20，主要的目的是決定應該把哪些資訊新加到上一個時間的記憶 C_{t-1} 中，這裡包含了兩層，第一層是輸入層 (sigmoid 層) 他的做法是先把 h_{t-1} 和 x_t 拼接起來，接下來再跟 W_i 進行矩陣運算，最後結果傳到 sigmoid 函式，如式 (8-8)。另外，他的輸出值還必須與另一層 (tanh 層) 相乘，tanh 層主要是用來產生更新值的候選項 C_t，因為 tanh 出來的值會介在 [-1,1] 之間，因此可以對輸入層的值起一個放大或者是縮小的作用，此層的作法也是先把 h_{t-1} 和 x_t 拼接起來，接下來再跟 W_c 進行矩陣運算，最後結果傳到 tanh 函式如式 (8-9)。

$$i_t = \sigma(W_i[h_{t-1}, x_t] + b_i) \tag{8-8}$$

$$\tilde{C}_t = \tanh(W_c[h_{t-1}, x_t] + b_c) \tag{8-9}$$

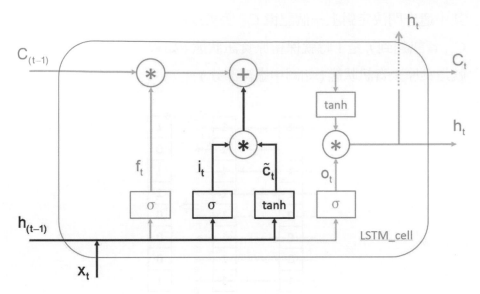

圖 8-20 輸入門

3. Cell 的狀態更新

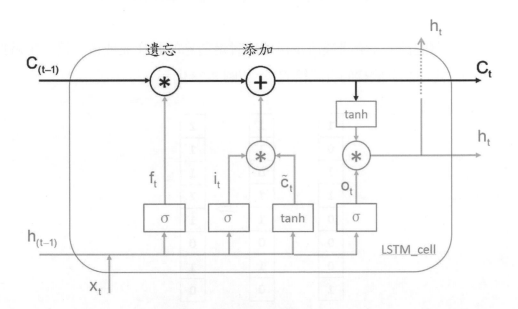

圖 8-21 Cell 的狀態更新表示圖

Cell 的狀態更新如圖 8-21，前一個時間記憶 C_{t-1} 的更新需要遺忘門和輸入門的同時處理，其運算方式如式 (8-10)。

$$C_t = f_t \otimes C_{t-1} + i_t \oplus \tilde{C}_{t-1} \tag{8-10}$$

其中遺忘門決定對上一個記憶 C_{t-1} 丟棄或保留那些資訊，如圖 8-22 所示。當 C_{t-1} 資訊遇到 f_t 是 1 時就保留原資訊狀態 (如圖中實線部分)，若遇到是 0 時就遺棄原來資訊狀態 (如圖中虛線部分)。

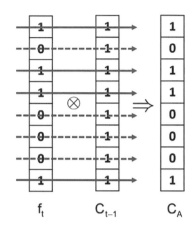

圖 8-22　遺忘門保留與遺忘記憶方式表示圖

當上一個記憶 C_{t-1} 資訊被決定保留或者是遺忘的動作完成後，接下來就換輸入門決定添加甚麼樣的資訊給 C_{t-1}，如圖 8-23 所示。

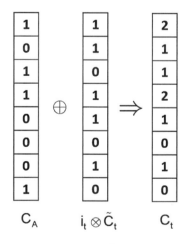

圖 8-23　輸入門增加新的資訊至 C_A 記憶方式表示圖

圖 8-23 可以看到，經過遺忘門運算後得到的 C_A 會與輸入門運算後的結果 ($i_t \otimes \tilde{C}_t$) 相加最後得到 C_t。

4. Output Gate（輸出門）

最後一步是決定輸出哪些資訊，其資料流動路徑如圖 8-24。首先利用 Sigmoid 層決定哪部分的訊息將要輸出，如式 (8-11)。接下來把記憶單元 C_t 通過 tanh 生成 [-1,1] 範圍內的值並與 Sigmoid 門的輸出相乘產生 h_t 輸出，最後得到我們想輸出的部分，如式 (8-12)。（注意：這裡的 h_t 會被複製為兩份，一份作為下個時間點 (t+1) 的 h_t，一份用於 LSTM 在這個時間 t 時刻的輸出。）

$$O_t = \sigma(W_o[h_{t-1}, x_t] + b_o) \tag{8-11}$$

$$h_t = \tanh(C_t) \otimes (\sigma([h_{t-1}, x_t] + b_o) \tag{8-12}$$

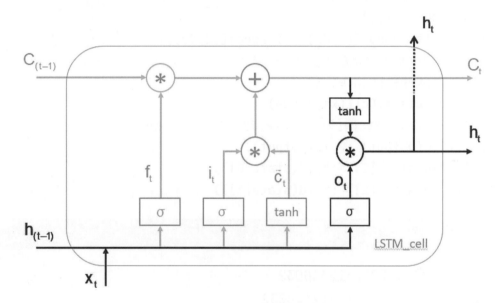

圖 8-24　輸出門

● 8-4-3　LSTMCell 層使用方法

與 RNN 相同，在 TensorFlow 中同樣有兩種方法可以實現 LSTM 網路。第一種是使用 LSTMCell 並加上迴圈來完成時間步上面的循環運算，而另一種方式則利用 LSTM 層方式自動完成前向運算。

LSTMCell 的用法和 SimpleRNNCell 基本上差不多，區別在於 LSTM 的內部狀態變量 List 有兩個，即 $[h_t, c_t]$，在開始前向計算時必須分別初始化，其中 List 第一個

數值為 h_t，第二個數值為 c_t。另外，當 cell 完成一個時間步的前向運算時，也傳回兩個數值，第一個數值為 cell 的輸出，也就是 h_t，第二個數值為 cell 的更新後的狀態 list，其內容為 $[h_t, c_t]$。

程式範例　　｜　ch08_16

```python
import tensorflow as tf
from tensorflow.keras import layers
# input 格式 =[句子數目, 每句單詞數目, 隱藏層數目]
input = tf.random.normal([2,10,50])
#   給定第一個時間步的輸入資料
xt = input[:,0,:]
state = [tf.zeros([2,32]),tf.zeros([2,32])]
# 創建 LSTMCell, 輸出空間為度為 32
Cell = layers.LSTMCell(32)
output,state = Cell(xt,state)
# 輸出 output, state[0], state[1] 記憶體空間 id
print("id(output) :",id(output))
print("id(state[0]) :",id(state[0]))
print("id(state[1]) :",id(state[1]))
```

程式輸出

```
id(output) : 2212612348032
id(state[0]) : 2212612348032
id(state[1]) : 2212612424624
```

從程式輸出可以發現，LSTMCell 的輸出 out 和 List 的第一個元素 h_t 的 id 是相同的，而這也是與最原始的 RNN 輸出是一致的。

註解：id() 函數是用於獲取對象的內存地址。

接下來我們要利用迴圈來完成完整的時間步上的循環運算，寫法與原始的 RNN 一樣。

程式範例	ch08_17

```python
import tensorflow as tf
from tensorflow.keras import layers
# input 格式 =[句子數目, 每句單詞數目, 隱藏層數目]
input = tf.random.normal([2,10,50])
state = [tf.zeros([2,32]),tf.zeros([2,32])]

# 創建 LSTMCell, 輸出空間為度為 32
Cell = layers.LSTMCell(32)
for xt in tf.unstack(input, axis=1):
    output,state = Cell(xt,state)
    print(id(output))
```

程式輸出

```
2367254036544
2367252483056
2367254039008
2367252483056
2367254038832
2367252483056
2367254038656
2367252483056
2367254038304
2367252483056
```

從程式輸出可以發現我們利用迴圈的方式完成了十次的時間步運算。

8-4-4　LSTM 層使用方法

在程式範例 ch08_17 中我們利用 LSTMCell 加上迴圈來完成一個時間序的運算，接下來我們使用 LSTM 類來完成相同的功能，LSTM 類與 LSTMCell 類的差異在於 LSTM 類在於可以方便的一次完成整個序列的運算。以下我們用程式範例 ch08_18 來解說。

程式範例 │ ch08_18

```python
import tensorflow as tf
from tensorflow.keras import layers

# 建立輸入資訊（批次大小, 時間步, 隱藏層數目）
inputs = tf.random.normal([2, 10, 8])
# 創建 LSTM, 輸出空間為度為 32
LSTM = layers.LSTM(32)

# 完成前向運算
out = LSTM(inputs)
print(out.shape)
```

程式輸出

```
(2, 32)
```

　　這邊要特別注意的地方是當經過 LSTM 層完成前向運算後，預設只會傳回最後一個時間步運算完成的結果輸出，如果需要返回每個時間步完成的輸出，則必須要設定參數 return_sequences=True。

程式範例 │ ch08_19

```python
import tensorflow as tf
from tensorflow.keras import layers
# 建立輸入資訊（批次大小, 時間步, 隱藏層數目）
inputs = tf.random.normal([2, 5, 8])
# 創建 LSTM, 輸出空間為度為 32
LSTM = layers.LSTM(32, return_sequences=True)
output = LSTM(inputs)
print("output.shape",output.shape)
```

程式輸出

```
output.shape (2, 5, 32)
```

比較程式範例 ch08_18 與範例 ch08_19 程式輸出可以看到，如果設定 return_sequences=False，則回傳 (批次大小，輸出維度) 的 2D 張量，但如果設置 return_sequences=True，則輸出全部序列，輸出為 (批次大小，時間步總數，輸出維度) 的 3D 張量。(讀者可以跟 SimpleRNN() 比較一下是否相同)

如果想要建立多層 LSTM 網路，可以利用 Sequential 容器加入多層 LSTM 層，此外，由於只有最末層網路不需要向上一層傳遞輸出結果，因此所有的非末端網路必須將參數 return_sequences 設置成 True，如圖 8-25。

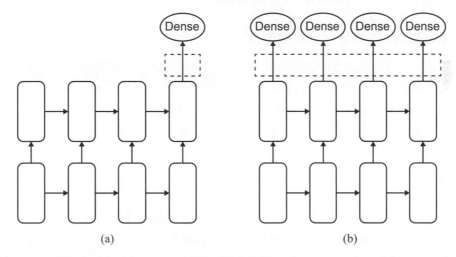

圖 8-25　(a) 最後一層 return_sequences = false (b) 最後一層 return_sequences = true

程式範例　ch08_20

```python
import tensorflow as tf
from tensorflow.keras import layers
from tensorflow import keras
# 建立輸入資訊（批次大小, 時間步, 隱藏層數目）
inputs = tf.random.normal([2, 5, 8])
model = keras.Sequential()
# 加入兩層 LSTM
model.add(layers.LSTM(32, return_sequences=True))
model.add(layers.LSTM(16))
# 呼叫模型名稱就可以完成所有的的層數與時間步的前向運算
output = model(inputs)
print("output.shape",output.shape)
```

程式輸出

```
output.shape (2, 16)
```

● 8-4-5 利用 LSTM 神經網路完成 IMDb 情感分析

在本節中我們將準備使用 LSTM 來完成 IMDb 情感分析，但由於 IMDb 的載入方式與資料集內部內容在前一章節已經介紹過，因此在此節中不再多加以介紹，這邊直接帶領讀者如何利用 LSTM 層來建造網路。

1. 下載 IMDB 數據集與資料預處理

程式範例 | **ch08_21**

```python
from tensorflow.keras.datasets import imdb
from tensorflow.keras.preprocessing import sequence
vocab_size = 10000
maxlen = 100
batch_size = 32
(trainData, trainLabel), (testData, TestLabel) = \
    imdb.load_data(num_words=vocab_size)
# 將訓練集與測試集的字串大小固定成 100 大小
trainData = sequence.pad_sequences(trainData, maxlen=maxlen)
testData = sequence.pad_sequences(testData, maxlen=maxlen)
print('trainData shape:', trainData.shape)
print('testData shape:', testData.shape)
```

程式輸出

```
trainData shape: (25000, 100)
testData shape: (25000, 100)
```

2. 模型建立

這邊我們建立了兩層的 LSTM，經過 LSTM 運算後的輸出皆為 64 個特徵數。

程式範例

```python
from tensorflow.keras.layers import LSTM
from tensorflow import keras
from tensorflow.keras import layers
model = keras.Sequential()
model.add(layers.Embedding(vocab_size,
                           output_dim=120,
                           input_length= maxlen))
model.add(LSTM(64,dropout=0.5,return_sequences=True))
model.add(LSTM(64,dropout=0.5))
model.add(layers.Dense(1, activation='sigmoid'))
print(model.summary())
```

程式輸出

```
Model: "sequential"
_____
Layer (type)                 Output Shape              Param #
=================================================================
embedding (Embedding)        (None, 100, 120)          1200000
_____
lstm (LSTM)                  (None, 100, 64)           47360
_____
lstm_1 (LSTM)                (None, 64)                33024
_____
dense (Dense)                (None, 1)                 65
=================================================================
Total params: 1,280,449
Trainable params: 1,280,449
Non-trainable params: 0
_____
None
```

3. 模型編譯與訓練

程式範例

```
model.compile(optimizer='adam',
              loss='binary_crossentropy',
              metrics=['acc'])
hist = model.fit(trainData, trainLabel,
                 epochs=30,
                 batch_size=batch_size
                 )
```

程式輸出

```
Epoch 15/15
782/782 [==============================] - 11s 15ms/step - loss:
 0.0358 - acc: 0.9885
```

4. 模型正確率估算

程式範例

```
loss,accuracy = model.evaluate(testData,TestLabel)
print("測試集的正確率 = ",accuracy)
```

程式輸出

```
782/782 [==============================] - 4s 5ms/step - loss:
 0.7369 - acc: 0.8286
測試集的正確率 =  0.8285999894142151
```

● 8-4-6　利用 LSTM 神經網路實戰路透社新聞分類

路透社資料集 (Reuters Dataset) 來源於英國路透社 (Reuters) 在 1986 年釋出的短新聞及對應話題的資料集，共有 11,228 條新聞文本，內容被分類爲 46 種主題，每一種主題至少有 10 個樣本，與 IMDB 數據集一樣，每條新聞都被編碼爲一個詞索引的序列。

在 Keras 中已經內建有路透社資料即可以進行下載，其中有 8982 條訓練集，2246 條測試集。

1. 下載 Reuters 資料集

程式範例 | ch08_22

```
from tensorflow.keras.datasets import reuters
# 下載最常見的多少字
num_word = 10000
(train_data,train_label),(test_data,test_label) = \
    reuters.load_data(num_words=num_word)
print("train_data.shape",train_data.shape)
print("train_label.shape",train_label.shape)
print("test_data.shape",test_data.shape)
print("test_label.shape",test_label.shape)
```

程式輸出

```
train_data.shape (8982,)
train_label.shape (8982,)
test_data.shape (2246,)
test_label.shape (2246,)
```

從程式輸出可以看到下載的資料中，訓練集資料有 8982 筆，而測試集的資料有 2246 筆，每筆資料都是新聞的內容，我們可以把它列印出來看看，如下所示：

程式範例 |

```
print("train_data[0] :",train_data[0])
print("train_label[0] :",train_label[0])
```

程式輸出

```
train_data[0] : [1, 2, 2, 8, 43, 10, 447, 5, 25, 207, 270, 5, 3095, 111,
  16, 369, 186, 90, 67, 7, 89, 5, 19, 102, 6, 19, 124, 15, 90, 67, 84, 22,
  482, 26, 7, 48, 4, 49, 8, 864, 39, 209, 154, 6, 151, 6, 83, 11, 15, 22,
  155, 11, 15, 7, 48, 9, 4579, 1005, 504, 6, 258, 6, 272, 11, 15, 22,
  134, 44, 11, 15, 16, 8, 197, 1245, 90, 67, 52, 29, 209, 30, 32, 132, 6,
  109, 15, 17, 12]
train_label[0] : 3
```

2. 顯示路透社新聞訊息

我們可以利用單詞的內容先去找出相對應的索引，例如我們想找出 "you" 這個單詞對應的索引值是多少，其程式碼可以撰寫如下：

程式範例

```
Index_of_word = reuters.get_word_index()
youIndex = Index_of_word["you"]
print("'you' index = ",youIndex)
```

程式輸出

```
'you' index =  1025
```

所以如果我們想看到整個文本內容，這時我們必須要把所有的單詞索引全部取出，並且反轉成對應的單詞，其對應程式碼撰寫如下：

程式範例

```
All_Word_Map = dict([(value, key) for (key, value)
                     in Index_of_word.items()])
print(youIndex,'=',All_Word_Map[youIndex])
```

程式輸出

```
1025 = you
```

最後，我們就可以利用索引的方式去找出相對應的單詞，但這邊要注意的是，索引單字字典的前面三個值 0 ～ 2 是保留索引，其內容為 "padding(填充)"， "start of sequence(序列開始)" 和 "unknown(未知)" 的保留索引，所以真正的評論索引是從第 4 個開始 (與前面介紹如何將 IMDb 內容顯示出相同)。因此如果我們想看第一條評論的內容，其程式碼撰寫如下：

程式範例

```
content_of_first = [All_Word_Map.get(i-3,"?")
                        for i in train_data[0]]
# 將 content_of_first 清單以空白字元連接起來
news_of_first = " ".join(content_of_first)
print(news_of_first)
```

程式輸出

```
? ? ? said as a result of its december acquisition of space co it
expects earnings per share in 1987 of 1 15 to 1 30 dlrs per share
up from 70 cts in 1986 the company said pretax net should rise to
nine to 10 mln dlrs from six mln dlrs in 1986 and rental operation
revenues to 19 to 22 mln dlrs from 12 5 mln dlrs it said cash flow
per share this year should be 2 50 to three dlrs reuter 3
```

3. 訓練前準備：資料預處理

這裡特別要注意的是由於每篇新聞的長度不同，但訓練時資料長度必須相同。因此我們需要統一新聞長度，將多餘的地方截除或者是不足長度的地方擴展為 0。

程式範例

```
# 資料預處理
from tensorflow.keras.preprocessing import sequence
# 將原始新聞長度裁剪成固定長度
wordMaxNum = 200
train_data_new = sequence.pad_sequences(train_data,
                                        maxlen = wordMaxNum)
test_data_new = sequence.pad_sequences(test_data,
                                        maxlen = wordMaxNum)
print(train_data_new.shape)
print(test_data_new.shape)
```

程式輸出

```
(8982, 200)
(2246, 200)
```

因為此資料庫有 46 類，所以這邊我們可以在預處理時對其數字轉換成 One-hot 編碼形式。

程式範例

```python
import tensorflow as tf
# 定義類別數目
num_classes = 46
One_hot_Train = tf.one_hot(train_label,depth=num_classes)
One_hot_Test = tf.one_hot(test_label,depth=num_classes)
```

4. 模型建立

程式範例

```python
from tensorflow.keras.layers import LSTM
from tensorflow import keras
from tensorflow.keras import layers
model = keras.Sequential()
model.add(layers.Embedding(num_word,
                           output_dim=200,
                           input_length= wordMaxNum))
model.add(LSTM(128,dropout=0.5,return_sequences=True))
model.add(LSTM(128,dropout=0.5))
model.add(layers.Dense(num_classes, activation='softmax'))
print(model.summary())
```

程式輸出

```
Model: "sequential"

_____
Layer (type)                 Output Shape              Param #
=================================================================
embedding (Embedding)        (None, 200, 200)          2000000
_____
lstm (LSTM)                  (None, 200, 128)          168448
_____
lstm_1 (LSTM)                (None, 128)               131584
```

```
-------------------------------------------------------------------
dense (Dense)                     (None, 46)                 5934
===================================================================
Total params: 2,305,966
Trainable params: 2,305,966
Non-trainable params: 0

-------------------------------------------------------------------
None
```

本任務的模型建立主要是先建立一層 Embedding 層，接下來堆疊兩層 LSTM 層，由於第一層必須要把結果往下一層送，因此參數 return_sequences 必須設定成 True，由於最後分類有 46 種，因此輸出層有 46 個神經元，激勵函數使用 Softmax 函數進行多元分類。

5. **模型編譯與訓練**

```
import matplotlib.pyplot as plt
batch_sizes = 32
epochs = 50
model.compile(optimizer='rmsprop',
              loss='categorical_crossentropy',
              metrics=["accuracy"])
hist = model.fit(train_data_new,One_hot_Train,epochs=epochs,
                 batch_size=batch_sizes,verbose=2,
                 validation_split=0.2)
```

在模型中我們採用 RMSprop 當作本次任務的優化器，此外，由於這次的任務是多分類的任務，因此採用的損失函數為 categorical_crossentropy 並搭配輸出神經元的激勵函數 softmax 來加以計算。

在本次訓練中我們總共訓練的 50 個週期，其最後結果如下：

```
Epoch 50/50
225/225 - 8s - loss: 0.1579 - accuracy: 0.9559 -
  val_loss: 1.4680 - val_accuracy: 0.7501
```

這邊我們也可以將每個週期訓練集與驗證集的正確率與損失率以圖表方式可

視化呈現，其可視化結果如下。

(1) 訓練集與驗證集正確率趨勢圖

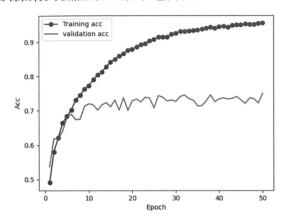

(2) 訓練集與驗證集損失率趨勢圖

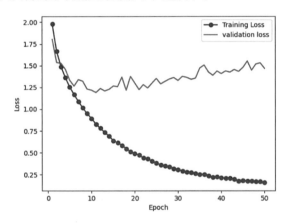

6. 模型正確率計算：

當模型訓練完成後，接下來可以用測試集加以驗證並計算其正確率，其程式碼撰寫如下：

程式範例

```
loss,accuracy = model.evaluate(test_data_new,One_hot_Test)
print("測試集的正確率 = ",accuracy)
```

程式輸出

測試集的正確率 = 0.7257346510887146

8-5 門控循環單元 (Gate Recurrent Unit, GRU)

為了解決標準 RNN 的梯度消失問題，因此在 8-4 節中我們介紹了 LSTM 網路，並也詳細說明了此網路的運作原理，接下來我們要介紹另一種也是為了解決長期記憶和反向傳播中的梯度等問題，並且與 LSTM 設計相似，名為門控循環單元 (Gate Recurrent Unit, GRU) 的循環神經網路。

● 8-5-1 GRU 介紹

GRU[3] 是由 K.Cho 等人在 2014 年引入。其單個網路內容架構如圖 8-26 所示，GRU 保留了 LSTM 的緩解梯度梯度特性，但 GRU 在內部構造卻比 LSTM 更簡單、運算速度更快。

圖 8-26 為 GRU 的輸入輸出結構中，x_t 為當前的輸入，h_{t-1} 為前一節點傳遞下來的隱藏狀態，其內容為前一節點的相關訊息。由 h_{t-1} 與 xt 經過內部運算後，GRU 得到當前節點的輸出 o_t 以及傳遞給下一節點的隱藏狀態 h_t。

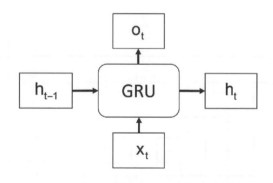

圖 8-26 GRU 的輸入輸出結構

接下來對它的內部結構進行分析。圖 8-27 為 GRU Cell 內部結構圖，在 GRU Cell 中，⊕ 符號為逐點加法運算，σ 符號為 sigmoid 函數，⊗ 符號為逐點乘法運算，另外還有 tanh 函數運算 (運算方式可以參考 8-4 節 LSTM 內部運算)

GRU 內部的原理與 LSTM 非常相似，即利用門閥 (gate) 機制控制輸入、記憶等訊息並且在當前時間步做出預測，GRU 有兩個門，即一個重置門 (reset gate) 和一個更新門 (update gate)。

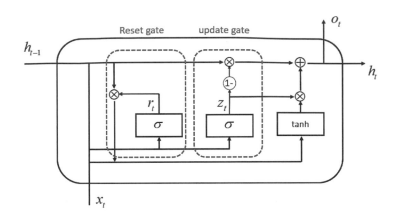

圖 8-27　GRU Cell 內部結構圖

1. 重置門 (reset gate)：

在第一步中，我們將創建重置門。這個門是使用前一時間步的隱藏狀態 h_{t-1} 和當前時間步的輸入數據 x_t 進行拼接，接下來再跟 W_r 進行矩陣運算，最後結果傳到 sigmoid 函式將輸入值轉換到 [0,1] 之間，其計算公式如式 (8-13)。

$$r_t = \sigma(W_r \cdot [h_{t-1}, x_t] + b_r) \tag{8-13}$$

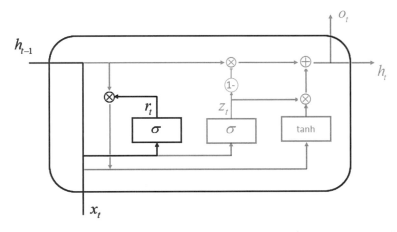

圖 8-28　GRU Cell 重置門 (reset gate) 運算構造圖

重置門是決定上一時刻隱藏狀態的信息中有多少是需要被遺忘的。在 sigmoid 操作中，當該值接近於 0，則說明上一時刻第 j 個訊息在當前記憶內容中被遺忘，接近於 1 則說明在當前記憶內容中繼續保留。

2. 更新門 (update gate)：

接下來，我們必須創建更新門。就像重置門一樣，門是使用先前的隱藏狀態和當前輸入數據計算的，其計算公式如式 (8-14)。

$$z_t = \sigma(W_z \cdot [h_{t-1}, x_t] + b_z) \tag{8-14}$$

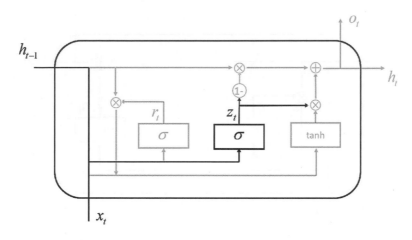

圖 8-29　GRU Cell 更新門 (update gate) 運算構造圖

更新門的作用是決定上一時刻隱藏層狀態中有多少訊息傳遞到當前隱藏狀態 h_t 中，或者說前一時刻的狀態訊息被帶入至當前狀態訊息的程度有多少 (在最後的公式中可以看到此功能的表示)。當 Z_t 越接近 0 時代表上一層隱藏狀態的第 j 個訊息在該隱藏層被遺忘，接近 1 則說明在該隱藏層繼續保留。

3. 確定目前記憶內容：

首先一開始計算重置門結果 r_t 和上一時刻隱藏層狀態 h_{t-1} 進行對應元素相乘。因為 r_t 是由 0 到 1 的向量組成的，因此，進行對應元素相乘的意義就在於使用重置門決定在當前記憶內容中要遺忘多少上一時刻隱藏狀態的內容，正如重置門處描述，值接近於 0 說明該信息被遺忘，接近於 1 則保留該信息。最後再將這兩部分信息相加放入 tanh 激活函數中，將結果縮放到 –1 到 1 中。

藉由式 (8-15) 的運算操作可以了解該時刻的記憶內容由兩部分組成，一部分是使用重置門儲存過去相關的重要信息，另一部分是加上當前時刻輸入的重要信息。這兩部分就組成了當前時刻的所有記憶內容。

$$\tilde{h}_t = \tanh(W_h \times [r_t * h_{t-1}, x_t] + b_h) \tag{8-15}$$

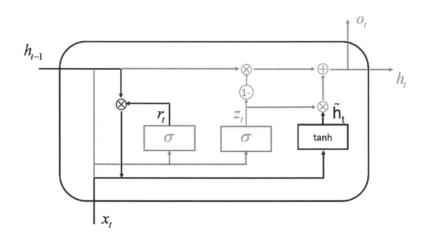

圖 8-30　GRU Cell 確定目前節點狀態運算構造圖

4. 當前狀態向量的決定：

接下來要進入最後一步，網路需要計算當前狀態向量 h_t 並傳遞到下一個單元中。當前狀態由兩部分組成，前一部分是過去訊息的影響，後一部分是當前輸入的影響，在這個過程中，我們需要使用更新門，它決定了過去訊息 h_{t-1} 需要保留多少與當前輸入內容 $\tilde{h}_t$ 的流入，前後兩部分的權重和為 1，並通過更新門計算二者所佔的比例。這一過程的計算方式可以藉由式 (8-16) 來表示：

$$h_t = (1 - z_t) * h_{t-1} + z_t * \tilde{h}_t \tag{8-16}$$

為了讓我們更了解更新門 (update gate) 與重置門 (reset gate) 的用途，以下做了個整理：

(1) 重置門 (reset gate)：『控制』前一隱藏層狀態 h_{t-1} 的多少比例來與新讀入的 x_t 計算產生目前暫存狀態的隱藏層 $\tilde{h}_t$。

(2) 更新門 (update gate)：『控制』目前暫存狀態的隱藏層 $\tilde{h}_t$ 與前一隱藏層狀態 h_{t-1} 以多少比例混合，最後得到最終的隱藏層狀態 h_t。

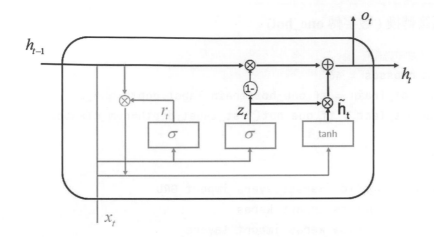

圖 8-31 GRU Cell 當前向量的決定路徑圖

8-5-2 利用 GRU 神經網路實戰路透社新聞分類

本節我們準備使用 GRU 網路完成路透社新聞分類，也藉由程式範例說明 GRU 的使用方式。

程式範例 | **ch08_23**

1. 下載 Reuters 資料集

```python
from tensorflow.keras.datasets import reuters
import tensorflow as tf
# 下載最常見的多少字
num_word = 10000
(train_data,train_label),(test_data,test_label) = \
    reuters.load_data(num_words=num_word)
```

2. 資料預處理

```python
# 資料預處理
from tensorflow.keras.preprocessing import sequence
# 將原始新聞長度裁剪成固定長度
wordMaxNum = 200
train_data_new = sequence.pad_sequences(train_data,
                                        maxlen = wordMaxNum)
test_data_new = sequence.pad_sequences(test_data,
                                       maxlen = wordMaxNum)
```

3. 標籤轉換 (數字轉 one_hot)

```python
# 定義類別數目
num_classes = 46
One_hot_Train = tf.one_hot(train_label,depth=num_classes)
One_hot_Test = tf.one_hot(test_label,depth=num_classes)
```

4. 創建模型

```python
from tensorflow.keras.layers import GRU
from tensorflow import keras
from tensorflow.keras import layers
model = keras.Sequential()
model.add(layers.Embedding(num_word,
                           output_dim=200,
                           input_length= wordMaxNum))
model.add(GRU(128,dropout=0.5,return_sequences=True))
model.add(GRU(64,dropout=0.5))
model.add(layers.Dense(num_classes, activation='softmax'))
print(model.summary())
```

5. 編譯與訓練模型

```python
batch_sizes = 128
epochs = 40
model.compile(optimizer='rmsprop',
              loss='categorical_crossentropy',
              metrics=["accuracy"])
hist = model.fit(train_data_new,One_hot_Train,epochs=epochs,
                 batch_size=batch_sizes,verbose=2,
                 validation_split=0.2)
```

程式輸出

```
Epoch 39/40
57/57 - 3s - loss: 0.2753 - accuracy: 0.9336 - val_loss:
 1.6896 - val_accuracy: 0.6706
Epoch 40/40
57/57 - 3s - loss: 0.2648 - accuracy: 0.9342 - val_loss:
 1.6065 - val_accuracy: 0.6822
```

6. 計算正確率

```
loss,accuracy = model.evaluate(test_data_new,One_hot_Test)
print("測試集的正確率 = ",accuracy)
```

程式輸出

```
71/71 [==============================] - 1s 10ms/step -
loss: 1.7385 - accuracy: 0.6719
測試集的正確率 =  0.6718611121177673
```

8-5-3　利用 GRU 神經網路完成 yahoo Finance 的股票預測

接下來我們將透過門控循環單元 (GRU) 來建立循環神經網路模型並完成 yahoo Finance 的股票預測範例。這邊我們先解釋為什麼可以用循環神經網路模型來完成股價預測，由於我們都知道股價具有時序的特性，也就是前面幾天的股價走勢對於今日的股價或多或少是會有影響的，甚至有很多股票玩家或者是研究股票走勢的專家都會利用透過 5 日、10 日、20 日均線甚至到 60 日均線觀察來看出股票最近的好壞並當作進行交易的進出準則。

由於循環神經網路就是將時間的資訊考慮進去，也就是當計算今日的股價時也會把前面幾日的股價考慮進來進行分析，因此在本單元中我們將採用門控循環單元 (GRU) 來建立分析模型並完成這次的股價分析。

1. 取得 **YAHOO Finance 股價資訊：**

首先我們可以先到 yahoo! Finance 去抓取一段時間的股價資訊，如圖 8-32 所示，並轉存成 .csv 檔以供分析利用。在本範例中我們從 2016 年 10 月 26 日至 2021 年 10 月 25 日總共抓取了 5 年的歷史股價資訊 1258 筆資料，每筆資料包含了每天的股價訊息，內容有 Date，Open，High，Low，Close，Adj Close，Volume。這邊分別解釋這些訊息的意思。

(1) Date：日期

(2) Open：開盤價格 (股票在某一天的一開始價格)

(3) High：最高價格

(4) Low：最低價格

(5) Close：收盤價格 (股票在某一天的最終價格)

(6) Adj Close：加權收盤價格

(7) Volume：總交易金額

Time Period: Oct 26, 2020 - Oct 26, 2021 ∨		Show: Historical Prices ∨		Frequency: Daily ∨		Apply

Currency in USD

Date	Open	High	Low	Close*	Adj Close**	Volume
Oct 25, 2021	4,553.69	4,572.62	4,537.36	4,566.48	4,566.48	-
Oct 22, 2021	4,546.12	4,559.67	4,524.00	4,544.90	4,544.90	3,062,810,000
Oct 21, 2021	4,532.24	4,551.44	4,526.89	4,549.78	4,549.78	3,016,950,000
Oct 20, 2021	4,524.42	4,540.87	4,524.40	4,536.19	4,536.19	2,671,560,000
Oct 19, 2021	4,497.34	4,520.40	4,496.41	4,519.63	4,519.63	2,531,210,000
Oct 18, 2021	4,463.72	4,488.75	4,447.47	4,486.46	4,486.46	2,683,540,000
Oct 15, 2021	4,447.69	4,475.82	4,447.69	4,471.37	4,471.37	3,000,560,000
Oct 14, 2021	4,386.75	4,439.73	4,386.75	4,438.26	4,438.26	2,642,920,000

圖 8-32　YAHOO Finance 股價資訊網頁

　　當我們將網頁股價資訊儲存後 (本範例將 yahoo Finance 股價資訊存成 .csv 格式)，首先我們可以先觀察這五年每一天的收盤價，也就是 Close 欄位的數值變化，這邊我們預計把數值以可視化的方式呈現，其程式碼撰寫如下：

程式範例 | **ch08_24**

我們可以利用 pandas 這套軟體所提供的 read_csv() 函數來讀取 yahoo_stock.csv 檔案資訊。由於資料共有 1258 筆，這邊我們可以利用其內部參數 skiprows 把前面八筆資料去除，其參數介紹如下：

(1) skiprows 參數：從檔案開始處算起需要忽略的行數

(2) skipfooter 參數：從檔案尾部開始算起多少列開始忽略

```python
import matplotlib.pyplot as plt
import numpy as np
from pandas import read_csv
# 用 pandas 載入數據及截取某一行的數據
# 分析引擎選擇 python,前面8筆資料不取
dataItem = read_csv('yahoo_stock.csv', usecols=[4],
                    engine='python', skiprows=8)
# 讀取dataItem Series 的 value
data = dataItem.values
# 將資料型態轉換成 float32
data = data.astype('float32')
print(data.shape)   # 秀出資料維度
plt.plot(data)      # 以圖表表示出
plt.show()
```

程式輸出

(1250, 1)

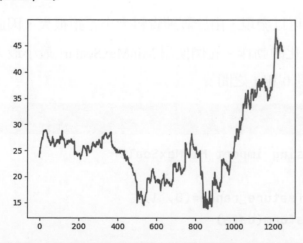

圖中呈現的是最近五年的股價收盤價的分佈曲線。

2. 製作訓練資料與標籤

在本次的任務中，我們將採用收盤價格當作這次任務的訓練資料。由於這五年內每天的收盤價格我們可以當作是一個時間序列資料，因此一開始利用此序列資料製作訓練集資料與標籤時可以如下定義：

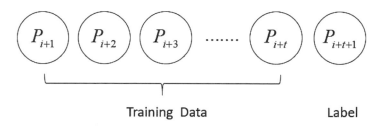

Training Data　　　　　　　　　　Label

這邊我們使用前面的每 t 天價格當作訓練資料，而第 $t + 1$ 天當作標籤，因此訓練資料與標籤的收集的程式碼撰寫如下：

程式範例

```
def GetDataAndLabel(data,TimeStep):
    trainData, trainLabel = [], []
    for i in range(len(data)-TimeStep):
        TrainDataOne = data[i:(i+TimeStep),0]
        trainData.append(TrainDataOne)
        trainLabel.append(data[i+TimeStep,0])
    return np.array(trainData), np.array(trainLabel)
```

3. 資料數據歸一化

由上面程式的輸出結果中可以發現，由於訓練資料大小差距很大，因此在訓練前必須對數據進行歸一化的動作。範例使用 MinMaxScalar(最小最大值標準化) 方法將所有數據歸到 0 和 1 之間。

程式範例

```
from sklearn.preprocessing import MinMaxScaler
# 將數據歸一化
scaler = MinMaxScaler(feature_range=(0, 1))
data = scaler.fit_transform(data)
```

注：在使用 MinMaxScalar() 函數前必須要先安裝 scikit-learn，安裝方式如下：

pip install -U scikit-learn

MinMaxScalar() 函式說明：可以在 MinMaxScaler 函數中是給定了一個明確的最大值與最小值 (預設值為 [0,1])，則每個特徵值中的最小值變成了 0，最大值變成了 1。數據會縮放到到 [0,1] 之間。

sklearn.preprocessing.MinMaxScaler(feature_range=(0, 1), copy=True)

參數介紹：

(1) feature_range：(min, max)，為元組類型，範圍預設為 :[0，1]，也可以取其他範圍值。

(2) copy：為拷貝屬性，默認為 True，表示對原資料數據組拷貝操作，這樣變換後原資料不變，False 表示變換操作後，原資料也跟隨變化。

補充：MinMaxScaler 的計算公式為：

$$X_{std} = \frac{(X - X_{min})}{(X_{max} - X_{min})}$$

其中 X 是欲正規的資料，Xstd 是正規後的資料，Xmax 是該批資料的最大值，Xmin 是該批資料的最小值。

4. 將資料切割為訓練集與測試集

這邊我們將訓練集切割一部分出來當作測試集使用，若訓練集與測試集的比例為 9：1，則程式碼撰寫如下：

程式範例 |

```
# 將資料切割成訓練集與測試集，分割比例為 9:1
TrainDataNum = int(len(data) * 0.9)
TestDataNum = len(data) - TrainDataNum
# 前面 0~ TrainDataNum-1 的資料為訓練集
trainData = data[0:TrainDataNum,:]
# 從 TrainDataNum 之後的資料為測試集
testData = data[TrainDataNum:len(data),:]
TimeStep = 6
traindataNew, trainLabelNew = GetDataAndLabel(trainData, TimeStep)
testdataNew, testLabelNew = GetDataAndLabel(testData, TimeStep)
print("traindataNew.shape :",traindataNew.shape)
print("trainLabelNew.shape :",trainLabelNew.shape)
print("testdataNew.shape :",testdataNew.shape)
print("testLabelNew.shape :",testLabelNew.shape)
```

程式輸出

```
traindataNew.shape : (1119, 6)
trainLabelNew.shape : (1119,)
testdataNew.shape : (119, 6)
testLabelNew.shape : (119,)
```

---

5. 修改資料維度

由於在此範例中我們並不利用 Embedding 層當我們的第一層，因此這邊我們必須要先將原始資料格式改為要輸入至 GRU 網路層的訓練資料格式，也就是把原本 (資料個數，時間步) 二個維度改為 (資料個數，時間步，特徵數) 三個維度，其程式範例碼撰寫如下：

程式範例

```
# 將訓練資料與測試資料的維度改為 [batch_size, time_steps, input_dim]
traindataNew = np.reshape(traindataNew,
              (traindataNew.shape[0], traindataNew.shape[1], 1))
testdataNew = np.reshape(testdataNew,
              (testdataNew.shape[0], testdataNew.shape[1], 1))
print("traindataNew.shape :",traindataNew.shape)
print("testdataNew.shape :",testdataNew.shape)
```

程式輸出

```
traindataNew.shape : (1119, 6, 1)
testdataNew.shape : (119, 6, 1)
```

6. 建立網路模型

這邊我們建立兩層的 GRU 來當作模型的訓練，由於最後輸出的結果是預測某天的收盤價格，因此輸出只要一個神經元即可，運算結果不經過任何的激勵函數。

程式範例

```
from tensorflow.keras.layers import GRU, Dense
from tensorflow import keras
model = keras.Sequential()
model.add(GRU(128,input_shape=(TimeStep,1),return_sequences=True))
model.add(GRU(64,input_shape=(TimeStep,1)))
model.add(Dense(1))
print(model.summary())
```

程式輸出

```
Model: "sequential"

_____
Layer (type)                 Output Shape              Param #
=================================================================
gru (GRU)                    (None, 6, 128)            50304

_____
gru_1 (GRU)                  (None, 64)                37248

_____
dense (Dense)                (None, 1)                 65

=================================================================
Total params: 87,617
Trainable params: 87,617
Non-trainable params: 0

_____
None
```

7. 網路編譯與訓練

程式範例

```
model.compile(loss='mean_squared_error',
              optimizer='adam',metrics=['accuracy'])
hist = model.fit(traindataNew,trainLabelNew,
                 epochs=250,batch_size=64,verbose=1)
```

在訓練模型中，我們使用均方誤差 (mean_squared_error) 的方式來計算每次訓練的損失值，優化的方式採用 Adam，整個訓練過程為 250 次。

8. 損失值可視化

這邊我們將訓練集每個週期的損失值以可視化的方式呈現。從最後結果可以看到，loss 的值有穩定的收斂。

程式範例

```
# 繪出每個訓練周期的損失值
loss = hist.history["loss"]
epochs = range(len(loss))
plt.plot(epochs,loss,'r-',label="Training loss")
plt.title('Training Loss')
plt.ylabel("Loss")
plt.legend()
plt.show()
```

程式輸出

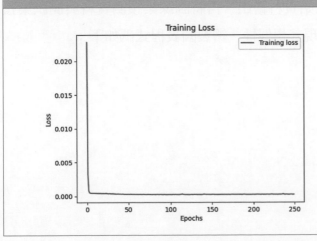

9. 預測訓練集與測試集

　　由於這次的任務是利用前面六天的收盤價資訊來預測第七天的收盤價，為了看出模型預測的結果好壞，因此我們把訓練集與測試集的每六天資訊輸入至模型中來預測第七天的收盤價格，最後繪出曲線並疊至原始資料曲線來比較兩者曲線差異多少。

程式範例

```
# 重新拿訓練集與測試集來預測股價資訊
trainPredict = model.predict(traindataNew)
testPredict = model.predict(testdataNew)
```

10. 對預測數值進行反歸一化計算

　　由於訓練資料與測試資料有經過歸一化計算，因此再拿來當預測資料時，預測出來的值必須經過反歸一化後才能對應到真實的股價值。

程式範例

```
# 對訓練集與測試集的預測結果進行反歸一化
trainRealPredict = scaler.inverse_transform(trainPredict)
testRealPredict = scaler.inverse_transform(testPredict)
```

11. 反歸一化數值圖表可視化

　　經過訓練集預測資料與訓練集預測資料經過反歸一化後，我們可以與原始資料比較，這邊我們可以先將原始資料繪出，再將訓練集預測資料與測試集預測資料畫出，最後由圖表來呈現其相似性，繪製圖表程式碼如下：

程式範例

```
# 創造一個與原始資料一樣的陣列,
PredtrainingData = np.empty_like(data)
PredtestData = np.empty_like(data)

# 將內部資料設定成 None (空類型)
originaldata = scaler.inverse_transform(data)
PredtrainingData[:, :] = np.nan
PredtestData[:, :] = np.nan
# 訓練集的預測資料是從 TimeStep 時間開始,
# 一直到 len(trainPredict) + TimeStep 結束
PredtrainingData[TimeStep:
            len(trainPredict) + TimeStep, :] = trainRealPredict
# 測試集的預測資料是從訓練集的長度 + (TimeStep * 2)-1時間開始,
# 一直到 len(trainPredict)-1結束
PredtestData[len(trainPredict) + (TimeStep * 2)-1:
        Len(data) - 1, :] = testRealPredict
# 繪製原始資料
plt.plot(originaldata,color = 'green',label="Original data")
# 繪製訓練集的預測資料
plt.plot(PredtrainingData, color = 'red',label="Train data Predict")
```

程式輸出

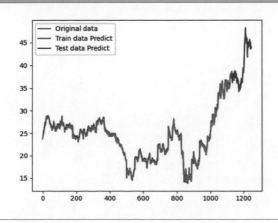

函式說明：scaler.inverse_transform() 是將標準化後的資料轉換為未標準化資料
(原始資料)。

　　由圖中我們可以看到綠色曲線是原始資料，紅色曲線是訓練集預測資料，而藍色曲線是測試集的預測資料，這邊我們發現其預測曲線其實蠻接近原始曲線，這邊讀者也可以試試用其它的欄位值來進行模型訓練（例如用高價格與最低價格的平均來進行訓練與估測），看看效果是否一樣。

參考文獻

ch06

[1] Hinton G E, Srivastava N, Krizhevsky A, et al," Improving neural networks by preventing co-adaptation of feature detectors[J]," arXiv preprint arXiv:1207.0580, 2012.

[2] Krizhevsky, Alex, Ilya Sutskever, and Geoffrey E. Hinton. " Imagenet classification with deep convolutional neural networks. " Advances in neural information processing systems. 2012.

[3] Nitish Srivastava, Geoffrey Hinton, Alex Krizhevsky, Ilya Sutskever, Ruslan Salakhutdinov, " Dropout: A Simple Way to Prevent Neural Networks from Overfitting," Journal of Machine Learning Research 15 (2014) 1929-1958.

ch07

1. Y. Lecun, L. Bottou, Y. Bengio and P. Haffner, "Gradient-based learning applied to document recognition," in Proceedings of the IEEE, vol. 86, no. 11, pp. 2278-2324, Nov 1998.

2. Krizhevsky, Alex, Ilya Sutskever, and Geoffrey E. Hinton, "Imagenet classification with deep convolutional neural network," Advances in neural information processing systems. 2012.

3. Karen Simonyan and Andrew Zisserman, "Very Deep Convolutional Networks for Large-Scale Image Recognition," ICLR 2015.

4. C. Szegedy, C. W. Liu, C. Y. Jia, P. Sermanet, S. Reed, D. Anguelov, D. Erhan, V. Vanhoucke, and A. Rabinovich, "Going deeper with convolution," IEEE Conference on Computer Vision and Pattern Recognition, pp. 1-9, 2015.

5. Min Lin, QiangChen and ShuichengYan, "Network in Network," ICLR, 2014.

6. Kaiming He, Xiangyu Zhang, Shaoqing Ren, Jian Sun, "Deep Residual Learning for Image Recognition," Proceedings of the IEEE Conference on Computer Vision and Pattern Recognition (CVPR), 2016, pp. 770-778.

7. Gao Huang, Zhuang Liu, Laurens van der Maaten, Kilian Q. Weinberger, "Densely Connected Convolutional Networks," Proceedings of the IEEE Conference on Computer Vision and Pattern Recognition (CVPR), 2017, pp. 4700-4708.

ch08

[1] Ian Goodfellow and Yoshua Bengio and Aaron Courville，"Deep Learning," MIT press, 2016.

[2] S.Hochreiter and J. Schmidhuber，"Long short-term memory," Neural Computation, 9(8):1735–1780, 1997.

[3] Kyunghyun Cho, Bart van Merriënboer, Caglar Gulcehre et. al，"Learning Phrase Representations using RNN Encoder–Decoder for Statistical Machine Translation," Proceedings of the 2014 Conference on Empirical Methods in Natural Language Processing (EMNLP).

國家圖書館出版品預行編目(CIP)資料

深度學習 ： 使用 TensorFlow 2.x / 莊啓宏編著.-
- 初版. -- 新北市 ： 全華圖書股份有限公司,
2022. 06
　面 ； 　公分
ISBN 978-626-328-222-3(平裝)

1.CST: 人工智慧
312.83　　　　　　　　　　　　111008409

深度學習－使用 TensorFlow 2.x

作者 / 莊啓宏

發行人 / 陳本源

執行編輯 / 張峻銘

出版者 / 全華圖書股份有限公司

郵政帳號 / 0100836-1 號

印刷者 / 宏懋打字印刷股份有限公司

圖書編號 / 06492

初版二刷 / 2023 年 12 月

定價 / 新台幣 600 元

ISBN / 978-626-328-222-3(平裝)

全華圖書 / www.chwa.com.tw

全華網路書店 Open Tech / www.opentech.com.tw

若您對書籍內容、排版印刷有任何問題，歡迎來信指導 book@chwa.com.tw

臺北總公司(北區營業處)
地址：23671 新北市土城區忠義路 21 號
電話：(02) 2262-5666
傳真：(02) 6637-3695、6637-3696

南區營業處
地址：80769 高雄市三民區應安街 12 號
電話：(07) 381-1377
傳真：(07) 862-5562

中區營業處
地址：40256 臺中市南區樹義一巷 26 號
電話：(04) 2261-8485
傳真：(04) 3600-9806(高中職)
　　　(04) 3601-8600(大專)

歡迎加入

全華會員

● 會員獨享

會員享購書折扣、紅利積點、生日禮金、不定期優惠活動…等。

● 如何加入會員

掃 QRcode 或填妥讀者回函卡直接傳真 (02) 2262-0900 或寄回，將由專人協助登入會員資料，待收到 E-MAIL 通知後即可成為會員。

如何購買

1. 網路購書

全華網路書店「http://www.opentech.com.tw」，加入會員購書更便利，並享有紅利積點回饋等各式優惠。

2. 實體門市

歡迎至全華門市（新北市土城區忠義路 21 號）或各大書局選購。

3. 來電訂購

(1) 訂購專線：(02) 2262-5666 轉 321-324
(2) 傳真專線：(02) 6637-3696
(3) 郵局劃撥（帳號：0100836-1　戶名：全華圖書股份有限公司）
※ 購書未滿 990 元者，酌收運費 80 元。

OpenTech.com.tw
全華網路書店

全華網路書店 www.opentech.com.tw
E-mail: service@chwa.com.tw

※ 本會員制如有變更則以最新修訂制度為準，造成不便請見諒。

讀者回函卡

掃 QRcode 線上填寫 ▶▶

姓名：＿＿＿＿＿＿　生日：西元＿＿＿＿年＿＿＿月＿＿＿日　性別：□男 □女

電話：（　　）＿＿＿＿＿＿　手機：＿＿＿＿＿＿＿

e-mail：（必填）

註：數字零，請用 ⊘ 表示，數字 1 與英文 L 請另註明並書寫端正，謝謝。

通訊處：□□□□□

學歷：□高中・職　□專科　□大學　□碩士　□博士

職業：□工程師　□教師　□學生　□軍・公　□其他

學校／公司：＿＿＿＿＿＿　科系／部門：＿＿＿＿＿＿

· 需求書類：

□ A. 電子 □ B. 電機 □ C. 資訊 □ D. 機械 □ E. 汽車 □ F. 工管 □ G. 土木 □ H. 化工 □ I. 設計
□ J. 商管 □ K. 日文 □ L. 美容 □ M. 休閒 □ N. 餐飲 □ O. 其他

· 本次購買圖書為：＿＿＿＿＿＿　書號：＿＿＿＿＿＿

· 您對本書的評價：

封面設計：□非常滿意 □滿意 □尚可 □需改善，請說明＿＿＿＿＿＿
內容表達：□非常滿意 □滿意 □尚可 □需改善，請說明＿＿＿＿＿＿
版面編排：□非常滿意 □滿意 □尚可 □需改善，請說明＿＿＿＿＿＿
印刷品質：□非常滿意 □滿意 □尚可 □需改善，請說明＿＿＿＿＿＿
書籍定價：□非常滿意 □滿意 □尚可 □需改善，請說明＿＿＿＿＿＿
整體評價：請說明＿＿＿＿＿＿

· 您在何處購買本書？

□書局 □網路書店 □書展 □團購 □其他

· 您購買本書的原因？（可複選）

□個人需要 □公司採購 □親友推薦 □老師指定用書 □其他

· 您希望全華以何種方式提供出版訊息及特惠活動？

□電子報 □DM □廣告 （媒體名稱＿＿＿＿＿＿）

· 您是否上過全華網路書店？（www.opentech.com.tw）

□是 □否 您的建議＿＿＿＿＿＿

· 您希望全華出版哪些書籍？

· 您希望全華加強哪些服務？

感謝您提供寶貴意見，全華將秉持服務的熱忱，出版更多好書，以饗讀者。

填寫日期：＿＿＿／＿＿＿／＿＿＿

2020.09 修訂

親愛的讀者：

感謝您對全華圖書的支持與愛護，雖然我們很慎重的處理每一本書，但恐仍有疏漏之處，若您發現本書有任何錯誤，請填寫於勘誤表內寄回，我們將於再版時修正，您的批評與指教是我們進步的原動力，謝謝！

全華圖書　敬上

勘 誤 表

書 號	頁 數	行 數	書 名	錯誤或不當之詞句	作 者	建議修改之詞句

我有話要說：（其它之批評與建議，如封面、編排、內容、印刷品質等・・・）

習題演練

Chapter 1
人工智慧概論

基礎題

1. 請簡單的說明何謂人工智慧，並簡單的描述人工智慧應用領域有哪些？

2. 請簡單的說明甚麼是機器學習，機器學習的種類分為哪幾種？

3. 請簡單的說明甚麼是深度學習，並簡單的列出一些常用的深度學習網路架構。

習題演練

Chapter 2
TensorFlow 環境安裝與介紹

1. 請簡單的敘述甚麼是 Anaconda。

解

2. 請簡單的說明甚麼是虛擬環境？並試著在 Anaconda 建立 Python 的虛擬環境。

解

3. 請簡單的說明甚麼是 CUDA，並且描述它的用途。

解

深度學習

4. 請簡單的說明甚麼是 cuDNN，並且描述它的用途。

 解

5. 請說明 PyCharm 的用途是甚麼？共分成幾個版本，並且說明每個版本的特色。

解

習題
演練

Chapter 3
常用工具介紹

得分欄

班級：＿＿＿＿＿
學號：＿＿＿＿＿
姓名：＿＿＿＿＿

1. 請利用 numpy.array() 函數創造一個 3×4 的陣列，裡面的數值可以隨機產生。

 解

2. 延伸題 1，請用切片的方式列出第一列的所有元素。

 解

3. 延伸題 1，請將原本維度為 3×4 的陣列改為 2×8 的陣列。

 解

深度學習

4. 試說明 numpy.dot() 函數作用的數學表示式,並撰寫一程式來表示其用法。

解

5. 請利用 plot() 函數來繪製 sin 函數與 cos 函數,並利用不同的圖示符號加以區隔,
   且在圖的右上方標示出其標籤註解。

解

習題
演練
Chapter 4
張量的基礎與進階應用

深度學習

得分欄

班級：_____

學號：_____

姓名：_____

1. 請簡單描述何謂張量？

   解

2. 請創建一個 3×4，內部全為 0 元素的二維張量。

   解

3. 請利用 arange() 函數創建一個 3×4 的二維張量，並利用切片 (slice) 的方式把第一列印出。

   解

4. 請隨機產生一個 3×4 與 4×2 的張量，並將這兩個張量做矩陣相乘運算。

   解

5. 請隨機產生一個 2×4×5 與 2×4×3 的張量，並在第三個維度上進行拼接的動作 (concat)。

6. 請描述張量拼接 (concat) 與堆疊 (stack) 的差異。

7. 請敘述何謂遮罩採樣，並撰寫一程式說明如何使用。

習題演練

Chapter 5 類神經網路

1. 請簡單的解釋甚麼是人工神經網路 (Artificial Neural Network, ANN)。

2. 請說明何謂多層感知機。

3. 請解釋何謂激勵函數，並簡單的列出幾種常見的激勵函數。

4. 請簡單的說明一個多層感知機有幾種不同功能的節點。

5. 請簡單的描述何謂梯度下降法。

6. 請說明甚麼是 One-hot 編碼。

7. 請試著設計一個網路來訓練 MNIST 手寫文字辨識，此網路有兩層隱藏層，第一層隱藏層有 128 個神經元，第二層有 64 個神經元，最後輸出層有 10 個節點，分別代表十個數字的機率大小。

Chapter 6
神經網路的優化與調校

1. 請解釋甚麼是過擬合 (overfitting)，甚麼是欠擬合 (underfitting) 問題。

2. 請說明一般要訓練模型的時候，可以把數據集分成幾種，並說明這幾種的用途為
何。

3. 試舉出幾種方法可以改善網路遇到過擬合狀況。

4. 試舉出幾種數據增強的方式。

解

習題
演練

Chapter 7
卷積神經網路

得分欄

深度學習

班級：_____
學號：_____
姓名：_____

1. 請簡單的解釋何謂感受野 (receptive fields)。

   解

2. 請簡單的說明在卷積神經網路中，池化層的主要作用。

   解

3. 請使用圖示的方式來說明卷積神經網路的基本架構。

   解

4. 請說明為何在卷積網路中有時候會用到「填充 (padding)」的技巧。

   解

5. 請說明何謂 CIFAR-10 與 CIFAR-100 數據集。

6. 請大略說明 AlexNet 網路改善了哪些地方而使此網路可以在設計時變得更深。

7. 請大略的說明 VGG 網路的創新之處。

習題演練

Chapter 8
循環神經網路

1. 請說明何謂 Embedding 層。

2. 請說明原始 RNN 的缺點，並解釋 LSTM 網路如何對這些缺點做了改進。

3. 請比較 LSTM 網路與 GRU 網路的差異。

4. 試利用 LSTM 網路完成路透社新聞分類。

解